電子ペーパー開発の技術動向
Technology Trends of Electronic Paper

監修：面谷　信

シーエムシー出版

刊行にあたって

　電子ペーパーに対する期待は昨今急速な高まりを見せ，大きな関心を集めています。今やその関心は表示媒体製作メーカーに限らず，媒体への素材提供メーカー，新しいビジネスとしての展開をめざす企画サイド，表示コンテンツ供給サイド，早く使ってみたいとするユーザーサイド等，多方面から寄せられています。これらの期待に対して，2004年は電子ペーパー元年とも呼ばれ，電子ペーパーのコンセプトに対応する本格的な商品の発売がいよいよ開始されています。

　本書は，ますます関心と期待の盛り上がりを見せつつある電子ペーパーの最新動向と今後の見通しについて，次のような複数の観点から整理しようとするものです。

　1）電子ペーパーに対して何が期待されているのか
　2）紙のような読みやすさをどう確保すれば良いのか
　3）表示媒体の最新開発動向はどうなっているか
　4）販売が開始されつつある電子書籍リーダーの技術とビジネス思想はどのようなものか
　5）市場として期待される電子書籍，電子新聞，オフィス文書への適用見通しはどうか
　6）ユビキタス社会との関連はどのように考えられるか

　本書は以上のような観点から電子ペーパーの全貌を解説し，現状のみならず将来への見通しについても一定の見解を示すことを意図しています。

　本書は表示媒体製作メーカー，素材提供メーカー，ビジネス企画サイド、コンテンツ供給サイド，ユーザーサイド等，多方面に渡る読者層を想定しております。この分野への取り組みを検討中の方々，すでに取り組みを開始された方々，あるいは今まさにその展開に頭を悩まされている方々，等々各段階の読者の方々にとって本書が恰好の道標や地図の役割を果たすものとなることを期待しています。

2004年7月

面谷　信

普及版の刊行にあたって

本書は2004年に『電子ペーパーの最新技術と応用』として刊行されました。普及版の刊行にあたり，内容は当時のままであり加筆・訂正などの手は加えておりませんので，ご了承ください。

2010年3月

シーエムシー出版　編集部

執筆者一覧(執筆順)

面谷　　信	(現)東海大学　工学部　光・画像工学科　教授	
小清水　実	富士ゼロックス㈱　研究本部　先端デバイス研究所　副主任研究員	
	(現)富士ゼロックス㈱　R＆D企画管理部	
眞島　　修	(現)㈲マジマ研究所　代表	
髙橋　泰樹	(現)工学院大学　工学部・情報通信工学科　准教授	
都甲　康夫	(現)スタンレー電気㈱　研究開発センター　主任技師	
水野　　博	コニカミノルタテクノロジーセンター㈱　システム技術研究所	
	プリント技術開発室　課長	
	(現)旭光精工㈱　開発部研究G	
前田　秀一	王子製紙㈱　研究開発本部　新技術研究所　上級研究員	
有澤　　宏	(現)富士ゼロックス㈱　研究技術開発本部（オプト＆エレクトロニクス要素技術研究所）チーム長	
重廣　　清	富士ゼロックス㈱　研究本部　先端デバイス研究所　マネジャー	
町田　義則	(現)富士ゼロックス㈱　研究技術開発本部　研究主任	
檀上　英利	(現)凸版印刷㈱　メディア事業開発本部　部長	
藤沢　　宣	(現)DIC㈱　液晶材料技術本部開発G　主任研究員	
林　　正直	大日本インキ化学工業㈱　総合研究所　R＆D本部　材料開発センター　主任	
丸山　和則	大日本インキ化学工業㈱　総合研究所　R＆D本部　情報材料開発センター　主任研究員	

(つづく)

高見　　　学	ナノックス㈱　技術開発部　取締役部長	
土田　正美	パイオニア㈱　研究開発本部　総合研究所　表示デバイス研究部　第三研究室長	
加賀　友美	松下電器産業㈱　パナソニック　システムソリューションズ社　電子書籍事業グループ　開発チーム　チームリーダー	
越知　達之	松下電器産業㈱　パナソニック　システムソリューションズ社　電子書籍事業グループ　開発チーム　主任技師	
宇喜多　義敬	ソニー㈱　パーソナルソリューションビジネスグループ　ネットワークサービス部門　e-Bookビジネス推進室　統括部長 (現)テルモ㈱　ヘルスケアカンパニー総轄　執行役員	
嵩　　比呂志	㈱東芝　マーケットクリエーション部　セキュアデジタル・ビジネス推進プロジェクトマネジャー	
小林　静雄	産経新聞社　役員待遇デジタルメディア局長 (現)㈱エフシージー総合研究所　常務取締役	
川居　秀幸	セイコーエプソン㈱　テクノロジープラットフォーム研究所　主任研究員	
橋場　義之	(現)上智大学　文学部　新聞学科　教授	
宮代　文夫	㈳エレクトロニクス実装学会　顧問；IMAPS　フェロー (現)よこはま高度実装技術コンソーシアム（YJC）理事	
歌田　明弘	(現)評論家	

執筆者の所属表記は，注記以外は2004年当時のものを使用しております．

目 次

第I編 総 論

第1章 電子ペーパーへの期待　　面谷 信

1 はじめに …………………………… 3
2 電子ペーパーに対する期待とその多様性
　…………………………………… 3
3 電子ペーパーの狙い ……………… 6
　3.1 電子ペーパーに対する様々な立場
　　………………………………… 6
　3.2 電子ペーパーの狙い ………… 7
3.3 電子ペーパーの達成目標 ……… 7
3.4 電子ペーパーの実現形態 ……… 8
4 電子ペーパーの候補技術…………… 9
　4.1 候補技術の整理 ……………… 9
　4.2 液晶技術の動向 ……………… 9
5 電子ペーパーの用途 ……………… 11
6 おわりに …………………………… 12

第II編　電子ペーパーのヒューマンインターフェース

第2章　読みやすさと表示媒体の形態的特性に関する検証実験　　小清水 実

1 はじめに …………………………… 17
2 読みやすさと表示媒体の諸特性に関する
　研究例 …………………………… 18
3 各種表示媒体を用いた文書読解性の評価
　実験 ……………………………… 19
　3.1 評価タスク …………………… 19
　3.2 実験に用いた表示媒体 ……… 19
　3.3 評価の進め方・被験者 ……… 20
　3.4 評価結果 ……………………… 20
　　3.4.1 行動観察 ………………… 20
　　3.4.2 主観評価の因子分析 …… 21
　　3.4.3 パフォーマンス評価 …… 22
4 電子ペーパー媒体の形態受容度の評価
　実験 ……………………………… 22
　4.1 評価タスク …………………… 23
　4.2 モックアップ表示媒体 ……… 24
　4.3 評価の進め方・被験者 ……… 24
　4.4 評価結果 ……………………… 25
　　4.4.1 行動観察 ………………… 25
　　4.4.2 主観評価の因子分析 …… 25

5	実験結果のまとめ	28	6	おわりに	28

第3章　ディスプレイ作業と紙上作業の比較と分析　　面谷　信

1	はじめに	30	3.2	客観評価（読取速度）	34
2	実験方法	31	4	考察	34
3	実験結果	32	5	おわりに	35
	3.1　主観評価	32			

第Ⅲ編　表示方式の開発動向

第4章　新規表示方式の最新開発動向

1	カラー化・リサイクル可能な超薄型磁気感熱式電子ペーパー「サーモマグ®」……眞島　修…	39	2.3.1	MFPDの構造及び表示原理	53
			2.3.2	MFPDにおける微粒子移動現象	55
1.1	はじめに	39	2.4	おわりに	62
1.2	電子ペーパーの定義と分類	39	3	交番磁場を用いたトナーディスプレイ……水野　博…	65
1.3	電子ペーパーの開発	41			
1.4	微粒子泳動型ディスプレイ	42	3.1	はじめに	65
	1.4.1　電気泳動型	42	3.2	開発した表示方式の概要説明	66
	1.4.2　磁気泳動型	42		3.2.1　開発目標	66
1.5	磁気感熱式電子ペーパー「サーモマグ®」	43		3.2.2　乾式方式の選定	66
				3.2.3　メディアの構成	67
1.6	おわりに	49		3.2.4　使用現像剤	67
2	異方性流体を用いた微粒子ディスプレイ……高橋泰樹, 都甲康夫…	52		3.2.5　メディアの想定	68
			3.3	予備実験	70
2.1	はじめに	52	3.4	振動磁場の効果	71
2.2	Mobile Fine Particle Display (MFPD)開発にあたり	53	3.5	現像剤粒子の改良	73
			3.6	実機使用による実験	73
2.3	異方性流体を用いた微粒子ディスプレイ(Mobile Fine Particle Display：MFPD)	53	3.7	メディアの仕様	75
			3.8	画出し実験結果	76
			3.9	おわりに	76

4　鞘エンドウ型表示方式 …… **前田秀一** 78
　4.1　はじめに ……………………… 78
　4.2　発想の原点 …………………… 78
　4.3　構成 …………………………… 79
　4.4　原理 …………………………… 79
　4.5　製造方法 ……………………… 82
　4.6　材料 …………………………… 83
　　4.6.1　表示素子（エンドウ）…… 83
　　4.6.2　透明中空繊維（鞘）……… 83
　4.7　応用分野 ……………………… 85
　4.8　おわりに ……………………… 85
5　光アドレス電子ペーパー…**有澤　宏**… 87
　5.1　はじめに ……………………… 87
　5.2　基本原理 ……………………… 87
　5.3　コレステリック液晶の電気光学応答
　　　　……………………………………… 89
　5.4　両側電荷発生層型有機光導電層 … 89
　5.5　白黒表示媒体 ………………… 91
　5.6　カラー化に向けて …………… 92
　5.7　おわりに ……………………… 94
6　摩擦帯電型トナーディスプレイ
　　　……………**重廣　清，町田義則**… 95
　6.1　はじめに ……………………… 95
　6.2　基本原理 ……………………… 95
　　6.2.1　基本構成 ………………… 95
　　6.2.2　表示駆動原理 …………… 95
　6.3　表示特性 ……………………… 96
　　6.3.1　表示コントラスト ……… 96
　　6.3.2　電圧印加方法と表示特性 … 96
　6.4　カラー表示 …………………… 98
　　6.4.1　カラー表示の基本構成と表示駆
　　　　　動原理 ……………………… 98

　　6.4.2　カラー表示特性 ………… 99
　　6.4.3　プラスワンカラー表示 … 100
　　6.4.4　マルチカラー表示 ……… 100
　6.5　特長 …………………………… 102
　6.6　応用 …………………………… 102
　　6.6.1　電子掲示板 ……………… 102
　　6.6.2　情報表示板 ……………… 103
　6.7　今後 …………………………… 103
7　マイクロカプセル型電気泳動方式
　　　…………………………**檀上英利**… 105
　7.1　はじめに ……………………… 105
　7.2　電子ペーパーとは …………… 106
　7.3　E Inkについて ……………… 106
　7.4　表示原理と特長 ……………… 107
　7.5　電子ペーパーの商用化 ……… 110
　7.6　研究開発課題 ………………… 110
　7.7　おわりに ……………………… 114
8　海外の技術動向 ………**前田秀一**… 118
　8.1　はじめに ……………………… 118
　8.2　電子ペーパー研究開発の原点 … 118
　　8.2.1　マイクロカプセル電気泳動方式
　　　　　（E Ink）……………………… 118
　　8.2.2　ツイストボール方式（ジリコン）
　　　　　……………………………………… 119
　8.3　E Inkの課題とその対応 …… 119
　　8.3.1　応答速度 ………………… 119
　　8.3.2　フレキシビリティ ……… 120
　　8.3.3　カラー化 ………………… 120
　　8.3.4　視認性 …………………… 121
　8.4　特長ある新規な候補技術 …… 122
　　8.4.1　エレクトロウェッティング方式
　　　　　―応答速度 ………………… 122

8.4.2 マイクロカップ方式―フレキシビリティ ……………………… 123
8.4.3 コレステリック液晶など―カラー化 ……………………………… 124
8.4.4 繊維ベースのエレクトロクロミック方式など―視認性 ……… 124
8.5 おわりに ……………………………… 124

第5章 液晶とELの最新開発動向

1 ポリマーネットワーク液晶による電子ペーパー
　　……藤沢　宣，林　正直，丸山和則… 127
1.1 はじめに ……………………………… 127
1.2 PNLCDの特徴 ……………………… 128
　1.2.1 PNLCDの作製方法 ………… 128
　1.2.2 PNLCDの動作原理 ………… 130
　1.2.3 PNLCDの反射率（白さ）…… 131
　1.2.4 駆動電圧 ……………………… 131
1.3 PNLCDを用いたペーパーライクディスプレイ ………………………… 132
2 コレステリック液晶ディスプレイ
　　………………………………高見　学… 134
2.1 はじめに ……………………………… 134
2.2 コレステリック液晶ディスプレイの歴史と概要 ……………………… 134
2.3 コレステリック液晶の光学的性質（波長選択反射）………………… 135
2.4 コレステリック液晶の動作原理（双安定性）………………………… 138
2.5 パネルの構造 ………………………… 139

2.6 液晶材料の調整 ……………………… 140
　2.6.1 ネマティック液晶の調整 …… 140
　2.6.2 カイラル剤の調整 …………… 140
2.7 駆動方法 ……………………………… 142
　2.7.1 スタティック駆動 …………… 142
　2.7.2 階調方法 ……………………… 143
　2.7.3 ダイナミック駆動 …………… 143
　2.7.4 温度補償 ……………………… 144
2.8 おわりに ……………………………… 144
3 有機ELフィルムディスプレイ
　　………………………………土田正美… 146
3.1 はじめに ……………………………… 146
3.2 有機ELフィルムディスプレイの構造 ……………………………………… 146
3.3 素子の外側の保護膜 ………………… 148
3.4 樹脂基板 ……………………………… 149
　3.4.1 バリア膜 ……………………… 149
　3.4.2 防湿性能の改善 ……………… 151
3.5 フルカラーパネルの試作例 ………… 154
3.6 おわりに ……………………………… 155

第Ⅳ編　応用展開

第6章　応用製品化の動向

1 Σbook―読書専用端末の開発―
　　………………加賀友美，越知達之 159
　1.1 はじめに ………………………… 159
　1.2 読書端末に必要な要件 ………… 160
　1.3 読書端末としての要件を満たす表示装置 …………………………… 162
　1.4 著作権保護機能 ………………… 164
　　1.4.1 読書端末への著作権保護機能の実装 ………………………… 165
　　1.4.2 セキュアなコンテンツ配信環境の整備 …………………… 165
　1.5 次期表示装置に対する期待 …… 166
　1.6 おわりに ………………………… 167
2 ソニーの進める電子書籍プロジェクト，LIBROプロジェクト　宇喜多義敬 168
　2.1 プロジェクトの概要 …………… 168
　2.2 電子ペーパーの出現 …………… 168
　2.3 LIBRIé誕生 …………………… 170
　2.4 出版データを安全に読者に届け，その対価を公平に分配する仕組み … 173
　2.5 コンテンツを紙の出版にあわせて電子化する共通基盤 ……………… 174
　2.6 まさに始まる電子出版ビジネス … 175

第7章　電子書籍普及のためには　　嵩　比呂志

1 はじめに ……………………………… 177
2 市場に現存する不安要素の洗い出し … 178
3 魅力あるコンテンツが数多く，安心して市場投入されるには ………………… 179
4 電子書籍をどこでも読める環境が整うには ……………………………………… 184

第8章　電子新聞の動向

1 産経新聞「新聞まるごと電子配達」の挑戦 ……………………小林静雄 186
　1.1 はじめに ………………………… 186
　1.2 「電子配達版」の経緯と展開 … 187
2 表示技術者から見た電子新聞への期待
　　………………………………川居秀幸 189
　2.1 はじめに ………………………… 189
　2.2 電子新聞の意義 ………………… 190
　　2.2.1 ユーザーとして ………… 190
　　2.2.2 開発者として …………… 192
　2.3 電子新聞の将来像 ……………… 194
　2.4 おわりに ………………………… 196
3 未来の新聞はどうなるか…橋場義之 198
　3.1 はじめに ………………………… 198
　3.2 新聞とはなにか ………………… 198
　　3.2.1 ニュース媒体の主役だった新聞 ……………………………… 198
　　3.2.2 主役の座の交代 ………… 199

3.2.3 新聞の特性 …………… 200
3.3 デジタル化が新聞にもたらすもの
　……………………………… 201
3.3.1 新聞と新聞社にもたらしたもの
　……………………………… 201
3.3.2 ニュース接触の変化 …… 202
3.4 未来の新聞 ………………… 205

第9章　ユビキタス社会の到来と電子ペーパー　　　　宮代文夫

1 はじめに ……………………… 208
2 ユビキタス社会の到来 ……… 208
2.1 「ユビキタス」とは何か？ ……… 208
2.2 現在考えられているユビキタスネットワークの概念 ……… 210
2.3 あるべき姿のユビキタスネットワークと電子ペーパー ……… 210
2.4 ユビキタス社会は本当に到来するのか？ ……………………… 211
3 ユビキタスネットワークの主役としての電子ペーパー ………… 212
3.1 電子ペーパーの備えるべき条件と仕様 ……………………… 213
3.2 仕様を満足させるための要素技術開発の必要性 …………… 214
4 おわりに ……………………… 215

第10章　「本の未来」はほんとうに来るのか
　　　　　—電子ペーパーが超えなければならないもの—　　　　歌田明弘

1 電子ペーパー発展の必然性 …………… 216
2 ナノテク技術と「本の未来」 ………… 217
3 電子ペーパー端末の問題点 …………… 218
4 アーカイヴ型電子書籍の可能性 ……… 221
5 専用端末はただで配るしかない？ …… 221
6 本を超えて …………………………… 223

第Ⅰ編 総論

第1章　電子ペーパーへの期待

面谷　信*

1　はじめに

　電子ペーパーという言葉は最近色々なところで耳にする機会が多くなってきている。但し，何か未来を感じさせる言葉ではあるが，どうもその実態がよくつかめないと思われている状況も感じられる。実は電子ペーパーという技術領域は全く新規なものというわけではなく，ハードコピーの世界ではリライタブルペーパーとして，ディスプレイの世界ではペーパーライクディスプレイとして以前から標榜されてきた開発ターゲットの延長上にある[1,2]。但し狙いや必要性については，より明確になってきている。これらは，スペースをとる本や文書，読むと疲れるディスプレイや場所をとるテレビ等々，現在の表示媒体に対する積もる不満や要望に応える次世代の表示媒体をめざす方向性を示す言葉としてとらえられる。

　本章の前半では電子ペーパーに対する期待や狙いについて，まず整理をしてみたい。実は，この分野では色々な概念が入り乱れて若干混乱しやすい点があるので，交通整理をしておこうということである。後半では前半で整理を行った狙いの中で特に"読む"行為の快適性という狙いに焦点を絞って，電子ペーパーの狙いや動向について掘り下げた解説を行う。

　いずれにせよ，この分野は人間が情報ハンドリングをもっと快適に行えるようにしようとする有益性と，それを実現する技術やサービスの開発・製造に関しての市場性について，今後きわめて大きな期待の持てる領域である。

2　電子ペーパーに対する期待とその多様性

　電子ペーパーという言葉は様々な期待を持って捉えられており，その期待の多様性をまず認識しておかないと話が混乱してしまいがちである。表1は電子ペーパーに対する期待の方向性を大きく3つに整理して示したものである。電子ペーパーに関して論ずる際には，この新しい媒体の概念に対する期待の方向の多様性を認識し，どの期待に関して議論しているのかを明確にしておくことが必要である。

＊　Makoto Omodani　東海大学　工学部　応用理学科　光工学専攻　教授

電子ペーパーの最新技術と応用

表1　電子ペーパーに対する多様な期待の方向性

期待の方向性	機能・性能	応用
1) 紙のように薄くフレキシブル	・フレキシブル ・薄型 ・軽量	・ウェアラブルコンピュータ ・巻き取りディスプレイ ・ポケッタブルTV
2) 紙のように読みやすい	・疲れない ・快適	・電子書籍 ・電子新聞
3) 紙を超えて多機能（何でもできる紙）	・追記機能 ・読み取り機能 ・音機能 ・無線通信機能	・ユビキタスディスプレイ ・ペーパーPC

表2　フレキシブル性のねらい整理

達成レベル	達成内容	実現メリット	想定用途例
1) 弾性あり	落としても壊れない 結果的に薄く軽い	気楽に取り扱える 持って歩ける	電子本，電子新聞，携帯TV
2) 曲面形成可能	曲面に表示可能	曲面部品等に表示可能	車載機器ディスプレイ
3) 曲げ戻し可能	曲げる物に表示可能 巻ける	服につけられる 巻取収納による小型化	電子服，電子布，携帯電話用サブディスプレイ
4) 折り曲げ可能	折り畳める	大画面をポケット収納	？？

　表1におけるひとつの方向性としてのフレキシブル性については，その達成レベル分けを明確にしておく必要がある。一口にフレキシブルと言っても色々な達成段階があり，その段階別に何がメリットとして期待されるかが当然異なる。従って単にお題目のようにフレキシブル化を標榜するのではなく，どのようなメリットを期待してのフレキシブル化かを明確に意識する必要がある。

　表2にフレキシブル性を4段階に分類し，各々の段階でどんな特別なことが実現され，どのような使い道が生まれるかということを整理してみた。何のためにフレキシブルにしたいのかを先に考え，そのためにはどのレベルのフレキシブル性が必要かについて冷静に目標設定する必要がある。

　この表中で特に次のようなことを指摘しておきたい。例えばレベル1（弾性有り）という段階は一見フレキシブル性と言えないようなレベルに感じられるが，落とせば壊れて当然というガラス製の重いディスプレイと異なり，落としても壊れない紙や本に近い気軽な取り扱いを達成する意義の大きなステップと考えられる。一方レベル4（折り畳める）は紙に近い究極の理想の様に感じられるが，折り畳む機能が欲しければ，硬いディスプレイにコンパクトな蝶番を付ければよ

第1章 電子ペーパーへの期待

く,折れ目をつけても大丈夫な表示媒体という大変難しい課題をわざわざ達成する必要性は低いと思われる。すなわちレベル4は,難しいわりにはあまり実入りの多くなさそうなステップと考えられる。また,これらの中間的なレベル3(曲げ戻し可能)は,巻き取り収納による小型化や着衣等柔らかい対象物への搭載を可能とする重要な段階と考えられる。その前のレベル2(曲面形成可能)は,やや中途半端で応用範囲は限定的であろう。このようにフレキシブル性ということに関しては,使用目的に対応させた達成目標のレベル分けを明確に意識すべきである。

第3の期待の方向性である多機能性については,他の二つに比してそれほど大きく取り上げられているものではないが,電子的な紙としてマルチメディア性を取り込む方向として考えられる。この紙一枚持っていれば何でもできますという,いわば魔法の紙を実現しようという方向性であるが,ユビキタスというキーワードとの関連も考えられる部分である。

一方,表1におけるもうひとつの期待の方向性,すなわち「紙のように読みやすい」については,ディスプレイの守備範囲を次の2つに分類すべきだという考え方[32]に関係している。
(a) 動画を含む映像表示用ディスプレイ
(b) 文書表示用ディスプレイ

従来この2つを分けて考えることは少なく,(a)の映像表示用ディスプレイにすべてを受け持たせる考え方が一般的であったと考えられる。その結果として,現状の問題として,(a),(b)兼用のディスプレイが一般に使用され,そのディスプレイ上で文書を読むことが必ずしも好まれないという状況が生じている。

図1はディスプレイ技術の守備範囲の領域分類を表してみたものである。分類には,①色表現(モノクロ～カラー),②動き(静止画～動画),③表示内容(文書～映像)という3つの軸を設

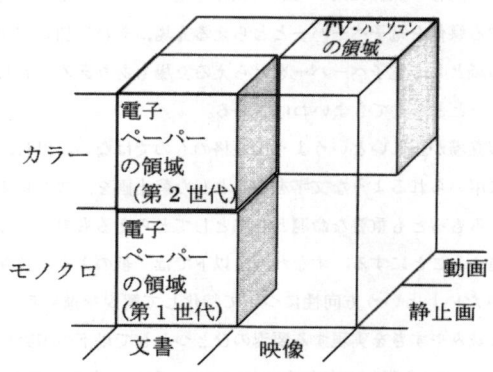

図1 表示技術の狙う領域
(表示内容,動き,表示色)の3軸で整理

定した。このような分類をしてみると，例えばテレビやパソコンに用いられているディスプレイは，カラーで動画の映像が表現できるものであるので，モノクロで静止画の文字を表現することは自動的に守備範囲に入っていると考えがちであるが，ここに大きな盲点があると考えられる。確かにその領域は守備範囲内にあるのであるが，そのようなディスプレイで読みにくさや疲れやすさを感じているのが実情である。読みやすさを期待しての電子ペーパーの着眼点はこのような部分にある。すなわち，静止画の文書をモノクロで表すような領域をカラー動画用の映像ディスプレイの付録的機能としてではなく，そこに目標を定めて狙おうということである。

　もちろんカラー表示性能を伴っていることに越したことはないが，例えば本を読むための電子ペーパーの狙う性能項目は，静止画かつモノクロでも視認性が良ければ第1世代として充分に存在価値があると考えられる。そのような電子書籍などで文字を読むための媒体と，テレビとして動画を見るための媒体とでは，達成すべき性能の領域が図1の中で対局的に異なっていることに注目すべきである。もちろんすべてが達成できる全能的な技術を手中にしているのなら，用途別に分けて考える必要はないが，そのようなオールマイティ技術はまだ存在していないのが実態である。

3　電子ペーパーの狙い

3.1　電子ペーパーに対する様々な立場

　前節で述べたように"電子ペーパー"に対する期待には複数の方向性があるので，そのうちのどの方向性を重視しているかにより，電子ペーパーに対しては色々な立場や見解があり得る。両極端には電子本などの"読む"媒体に用いられる媒体を電子ペーパーととらえる立場，フレキシブルなテレビを実現する媒体を電子ペーパーととらえる立場，それに加えてマルチメディア性を備えた，いわば魔法の紙として電子ペーパーをとらえる立場もありえる。もちろん，包括的にそのすべてを電子ペーパーととらえてもよいわけである。

　もちろん前記のどの立場が正しいというような性格のものではない。但し，本報告中での筆者の視点は，電子書籍に用いられるような文字を中心とした静止画を，ストレスなく読ませることを電子ペーパーに対するもっとも重要な命題としてとしてとらえるものである。以下では，その視点に立って議論を進めることにする。すなわち，以下では"紙のように読みやすい"媒体により，快適に「本を読みたい」という方向性について特化して解説を進める。"紙のように薄い"という狙いについては読みやすさを実現する要素のひとつとして以下の議論に含まれる部分もあるが，「テレビを見たい」という狙いの方向性については，別途の議論に譲ることとしたい。

第1章 電子ペーパーへの期待

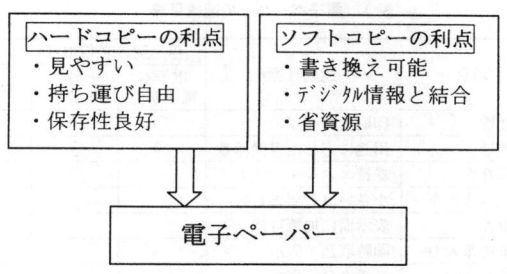

図2　電子ペーパーのコンセプト

3.2　電子ペーパーの狙い

　ディスプレイ技術の進歩はめざましく，その進歩には目を見張るものがある。しかし，例えば小説を一冊読むような行為を現状のディスプレイ装置で行うであろうか。この"読む"という行為をストレスなく可能にすることが，電子ペーパーに求められている最も切実な要望項目と考えられる。図2にハードコピー（印刷物），ソフトコピー（ディスプレイ表示）との関係からとらえた電子ペーパーのコンセプトを示す[3]。電子ペーパーは現状のハードコピーとソフトコピーの各々の長所を併せ持つ理想メディアをめざす技術目標としてとらえることができる。

3.3　電子ペーパーの達成目標

　電子ペーパーの達成目標のリストを表3に示す。これらの達成目標はあくまで理想であり，すべての項目の最終達成目標が同時に満たされることを要求するものではない。すなわち，このリスト中の特定項目の組み合わせをあるレベルまで達成することにより，特定の使用目的に合致した実用製品を生み出すことが可能と考えられる。表中には例として電子本や電子新聞に求められるであろう必須項目と，一時使用書類（色々な必要文書を机上に並べて作業する形態を想定）に求められる必須項目とを個別に想定して記入した。このように用途によって求められる達成項目が異なることに注意すべきである。

　このため各項目の重要度は用途次第であり順位付けをすることは難しいが，表中にはある程度一般的に考えられる必須度をA＞B＞Cのランクに分けて筆者の私見として示した。この中で，例えばカラー表示に敢えて低いCランクが与えてあるのは，見やすい表示を例え白黒でも早期に実現することを現状に対する最優先課題と位置付ける考え方に基づくものである。

表3　電子ペーパーの達成目標

分類	項目	達成目標	用途別の必須項目 電子本・電子新聞	用途別の必須項目 一時使用書類	一般的必須度
基本機能	視認性	印刷物レベル	○	○	A
基本機能	書換性	用途に応じた書換回数	○	○	A
基本機能	像保存性	維持エネルギー不要		○	B
基本機能	書込エネルギー	小さいほど望ましい			B
付加機能	加筆性	表示面に加筆可能			C
付加機能	加筆情報入力	即時取込・表示			C
付加機能	カラー表示	フルカラー表示			C+
取扱性	可搬性	手軽に持ち運べる	○	○	B
取扱性	薄型性	紙の厚さが理想			B+
取扱性	屈曲性	巻ける〜畳める			C

（A：第1世代の必須項目，B：第1世代の要望的項目，C：第2世代で狙う項目）

表4　電子ペーパーの実現形態

分類	プレート型	巻物型	ブック型	シート型
書換装置	内蔵	付属	内蔵, 付属／別置き	別置き
長所	リアルタイム書き換え可能	媒体は1枚でよい 小型化可能	一覧性良好	媒体は紙ライク化可能
短所	コンパクト化には限界	一度に複数画面は見られない	ペーパー型よりはかさばる	一覧したい情報が多ければ複数枚必要

3.4　電子ペーパーの実現形態

　電子ペーパーの形態は，大きくは(a)現状のLCDのように自身で書き換え機能を持つもの，(b)サーマルリライタブルのように書き換え機能は別置きとなるもの，(c)自身で書き換え機能を持たない表示部に書き換えユニットを一体化させたものの3つに分類することができる。それらの中間形も含む具体的な実現形態として4つの典型的な形態と，その長・短所等について整理した結果を表4に示す[3]。表に示した様々な形態は，各々用途によって使い分けられるべきものであると考えられる。この中で，例えば巻物型は携帯電話等の小型の装置に一体化可能な形態であり，携帯性と表示の見やすさを両立する新しい商品コンセプトの可能性を示すとも考えられる。

第1章 電子ペーパーへの期待

表5 像書き込み手段と媒体変化の組み合わせ表

媒体 駆動	物理変化				化学変化
	粒子レベル		分子レベル		
	移動	回転	移動	回転	
電界	電気泳動[4~8] 粉体移動[21,22]	ツイストボール[9~13]		液晶[17~19]	エレクトロクロミー[24] エレクトロデポジション[23]
磁界	磁気泳動	磁気ツイストボール[14,15]			
光				液晶[20]	フォトクロミー
熱	磁気通電感熱[30]			液晶[31]	ロイコ染料[16] サーモクロミー

4 電子ペーパーの候補技術

4.1 候補技術の整理

表示技術は一般に「像書き込み手段」と「表示媒体」の2つの要素から構成されると考えることができる。そのような観点で電子ペーパー実現用の候補技術についての可能性について分類整理し，表5に示した（個々の方式についての詳細は，表中に記した参考文献を参照されたい）。例えば像書き込み手段としては，電界・磁界・光・熱等のいずれを利用するかによって様々な方式の可能性があり，媒体側についても何を変化させるかによって様々な方式があり得る。表中にはこれまでに報告されている代表的な方式を挙げてあるが，多くの空欄が残されていることは色々な新方式の潜在可能性を示していると考えられる[25]。

4.2 液晶技術の動向

前節の表5中に挙げた色々な方式について，各方面で精力的な開発が進められているが，ここではその一例として液晶方式の動向について述べる。

現在広く用いられている偏光板を用いるタイプの液晶表示技術は，視野角等の問題により印刷物に近い視認性を得ることは容易ではないが，解像度等の点では印刷物に近いものも開発されつつある。視野角の点では透過性の変化を利用する高分子分散型の液晶や，さらに液晶分子と染料分子を共存させ，長い染料分子の向きを制御してコントラストを生じさせるゲスト・ホスト型の液晶は，視野角の問題を生じないため印刷物に近い視認性の高い表示を実現できる可能性がある。特に液晶に高分子のネットワーク構造中に立体的な連続相を形成させるポリマーネットワーク型の液晶により視認性の高い表示を実現した報告例[17]は注目される。

また一方で，駆動回路と一体で自己完結型のディスプレイ装置として発達を遂げてきた一般的な液晶表示方式とは対照的に，液晶の媒体部分と駆動回路をあえて分離する方式は電子ペーパー

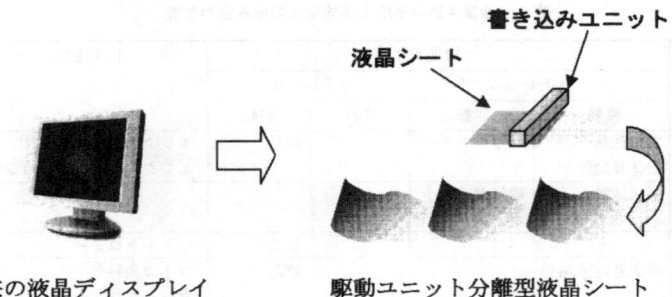

図3　駆動部と媒体を分離した液晶表示の新しい概念

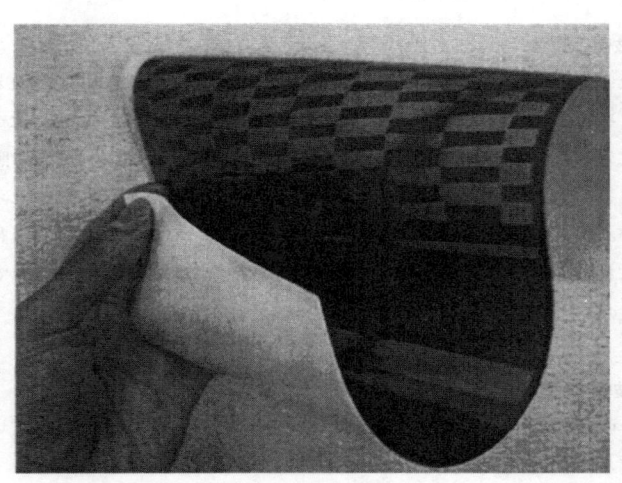

図4　ゲスト・ホスト型高分子分散型液晶の表面電荷駆動方式を用いた液晶表示シート

用として注目される。液晶媒体と書込装置とを分離すれば，液晶は紙に近い本来の薄さを取り戻し，またコスト的にも媒体自体は非常に安価なものとなる。図3はそのような液晶の新しい利用形態についての概念を示したものであるが[18]，分離型はよりペーパーライクな形態，ハンドリング性，ならびに媒体コストを実現できる可能性を有している。

分離型の一例として，イオン流等の照射により形成する表面電荷パターンによりゲスト・ホスト型の高分子分散型液晶を駆動する方式により実現した液晶表示シートを図4に示す[19]。この他に感光体層と積層したコレステリック液晶に光書込を行うことによる，分離型の表示方式につい

第1章 電子ペーパーへの期待

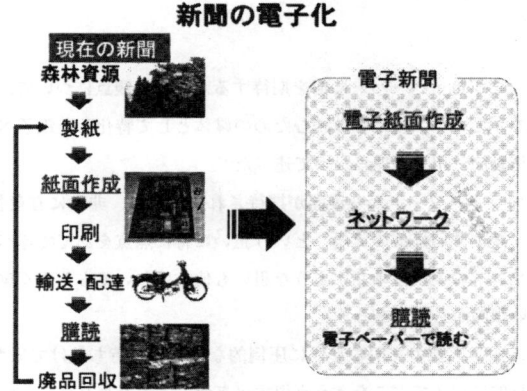

図5 紙の新聞と電子新聞の比較

ても開発が進められている[20]。

5 電子ペーパーの用途

　電子ペーパーには色々な応用分野が考えられるが，特に際だって市場が大きいと考えられるのは電子新聞と電子本であろう。どちらも従来は紙媒体で普及してきたものであるが，情報の配信が通信網の利用により迅速・低コスト・省資源的に行えるようになりつつある状況下において，新聞や紙において情報が紙の束として流通する形態は種々の非効率性の原因となっている。具体的には新聞における紙資源・配送エネルギー・配達稼働・情報遅延等の問題，本における店頭展示販売システムの非効率性や保管スペースの問題等がある。図5に一例として現在の紙新聞システムと電子新聞システムの比較を示す。情報の配信技術と普及が急速に進みつつある現在，これらの電子化を推進するための大きなネックのひとつは，読みやすい電子表示媒体がないことにある。電子ペーパーはこのネック解消を狙うものであり，新聞や書籍の世界において新しい電子化システムの構築に不可欠の技術と考えられる。新聞，書籍の世界とも巨大な既存システムの電子化は容易な遷移ではないと予想される。しかし例えば，新聞においては宅配システムを前提とすることに代表される高コスト体質，書籍においては平均40％という高い返本率に示される非効率性などが考慮すると，効率的な電子システムへの軸足移行は時間の問題とも思われる。

6 おわりに

本章では,前半でまず電子ペーパーに何を期待するかという観点について,方向性や達成レベルを分類した整理を示した[26]。後半では読むための媒体として特化した電子ペーパーの概念,目標,実現形態,技術動向,用途展開について述べた[27]。

電子ペーパーというキーワードから展開が期待される世界は,非常に有意義かつ広大である。本章ではその中で"読やすい媒体の実現"という狙いに特に焦点をあてて述べたが,紙のようなテレビやシートパソコンの実現をめざすような狙いも他方においてもちろん重要であり,これについても別途詳しい議論が必要であろう。

いずれにしても,永年人類の文明の形成に圧倒的な重要性を持ち続けて来た"紙"について,その優れた点を分析的に捉えてどこをどう真似すべきか,どこを乗り越えたいのかを良く整理して考えることが重要である[28]。特に,電子ペーパーの狙いとしては紙を駆逐しようという考え方ではなく,紙である必然性のないところにまで紙を使わないで,紙と電子媒体とで合理的に分担するという考え方により快適かつ省資源的な情報ハンドリングをめざすことが,狙うべきゴールであると考える[29]。

文 献

1) 塩田玲樹,「デジタルペーパー」,電子写真学会1997年度第3回研究会,P.26 (1998)
2) 面谷信,「ディジタルペーパーのコンセプトと動向」,日本画像学会誌,128号,pp.115-121 (1999)
3) 面谷信,「ディジタルペーパーのコンセプト整理と適用シナリオ検討」,日本画像学会誌,137号,pp.214-220 (2001)
4) 太田勲夫,特公昭50-15115
5) B. Comiskey, J. D. Albert, J. Jacobson, *Electrophoretic Ink: A Printable Display Material*, SID 97 Digest, pp. 75-76 (1997)
6) Nakamura *et al*, *Development of Electrophoretic Display Using Microcapsulate Suspension*, SID 98 Digest, 1014-1017 (1998)
7) 小倉一哉,面谷信,高橋恭介,川居秀幸,「イオンフローヘッドを利用したマイクロカプセル型電気泳動表示体の検討」,日本画像学会*Japan Hardcopy' 99*論文集,pp.241-243 (1999)
8) 貴志悦郎,「*In-Plane*型電気泳動ディスプレイ」,日本画像学会2000年度第2回技術研究会,pp.11-18 (2000)
9) N. K. Sheridon, *The Gyricon as an Electric Paper Medium, Japan Hardcopy'98*, pp.83-86 (1998)

第1章 電子ペーパーへの期待

10) M. Saitoh, T. Mori, R. Ishikawa, *An Electrical Twisting Ball Display*, SID 82 Digest, pp. 96-97 (1982)
11) N. K. Sheridon, *The Gyricon - A Twisting Ball Display*, SID 77 Digest, pp.114-115 (1977)
12) 谷川智洋, 面谷信, 高橋恭介, 「ツイストボール記録方式の表示球回転特性」, *Japan Hardcopy 2000*論文集, pp.65-68 (2000)
13) S. Maeda, H. Sawamoto, H, Kato, S. Kayashi, K. Gocho, M. Omodani, *Characterization of "Peas in a Pod", a Novel Idea for Electronic Paper*, Proceedings of IDW'02, pp.1353-1356 (2002)
14) 代田友和, 小鍛治徳雄, 「ツイストボール磁気ディスプレイの検討」, *Japan Hardcopy 2001* 論文集, pp.127-130 (2001)
15) 片桐健男, 吉川宏和, 面谷信, 大谷紀昭, 河野研二, 「磁性体塗布球を用いた磁気ツイストボール表示方式の検討」, *Japan Hardcopy* 2001*Fall Meeting*論文集, pp.44-47 (2001)
16) 堀田吉彦, 「リライタブルマーキング技術の最近の動向」, 電子写真学会誌, **35** (3), pp.148-154 (1996)
17) 藤沢宣, 日本画像学会第1回フロンティアセミナー予稿集, **43-47** (2002)
18) 面谷信, 「液晶を用いたデジタルペーパー」, 液晶, 第5巻1号, pp.42-49 (2001)
19) 吉川宏和, 面谷信, 高橋恭介, 「イオン流照射によるG-H型液晶を用いたデジタルペーパーの検討」, 1999年日本液晶学会討論会, pp.264-265 (1999)
20) 有沢宏ほか, 「コレステリック液晶を用いた電子ペーパー----有機感光体による光画像書き込み----」, 日本画像学会*Japan Hardcopy 2000* 論文集, pp.89-92 (2000)
21) Gugrae-Jo, K. Sugawara, K. Hoshino, T. Kiamura, *New toner display device using conductive toner and charge transport layer, IS&T's NIP*15 Conference, pp.590-593 (1999)
22) 重廣清ほか, 「絶縁性粒子を用いた摩擦耐電型トナーディスプレイ」, *Japan Hardcopy 2001* 論文集」, pp.135-138 (2001)
23) K. Shinozaki, *Proceeding of SID*, vol.33,1, p.39 (2002)
24) 小林範久, 「無機・有機化合物のエレクトロミズムと書換型記録材料としての新展開」, 日本画像学会学会誌, **38** (2), pp.122-127 (1999)
25) 面谷信 (分担執筆), 「第9章 デジタルペーパー」, 「デジタルハードコピー技術 (監修:岩本明人, 小寺宏曄)」, 共立出版, pp.244-246 (2000)
26) 面谷信, 「表示媒体のフレキシブル化・ペーパーライク化の技術動向」, *O plus E*, **25** (3), pp. 275-279 (2002)
27) 面谷信, 「電子ペーパーの現状と展望」, 応用物理, **72** (2), pp.176-180 (2002)
28) 面谷信, 「紙への挑戦 電子ペーパー」, 森北出版 (2003)
29) 面谷信, 「表示媒体のフレキシブル化・ペーパーライク化の技術動向」, *O plus E*, vol.25, No.3, pp.275-279 (2003)
30) O. Majima, *Development of Thermal Magne-dynamics Electronic Paper Thermo-Mag*, IDY2004-**36**, pp.1-16 (2004)
31) W. Saito, A. Baba, K. Sekine, *Rewritable medium using smectic A polymer dispersed liquid crystal films, IDW'98*, pp.311-314 (1998)
32) 宮下哲哉, 内田龍男, 「新しいディスプレイ -新規カラーフィルターレスLCDを中心としたLCDの現状と将来展望」, 高分子学会1997年度印刷・情報記録・表示研究会講座 (印刷・情

第Ⅱ編　電子ペーパーのヒューマンインターフェース

第2章 読みやすさと表示媒体の形態的特性に関する検証実験

小清水 実[*]

1 はじめに

　人々が電子ペーパーに期待している基本的な効用は，電子情報を紙の印刷物と同様な見やすさや扱いやすさで快適に「読める」ことであるという単純かつ明快な指摘がある[1]。情報のデジタル化とネットワーク化により，どこにいても情報を受け取ることのできるユビキタス環境が整いつつある一方で，文書をじっくり読み，理解する必要性が高い作業では，あいかわらず紙媒体が活用される場面が多く見られる。その原因は大きく2つの観点に集約されると言える。一つは，視覚的なインタフェースとして，現状のディスプレイ画面が紙面と同等の見やすさに達していないという点であり，もう一つは，触知的なインタフェースとしての紙媒体の役割を継承した電子表示媒体が実現できていないという点である。電子ペーパーは，上述した2つの課題を一挙に解決しうる技術と位置づけられ，その実現に向けた方向での様々な技術開発が多くの企業や研究機関により進められている。本章では，まず電子ペーパーに期待される基本的な効用である「文書情報の読みやすさ」とその結果としての「情報理解のしやすさ」に影響すると考えられる表示媒体のさまざまな特性を検討した関連研究を簡単に概観する。それらの多くは，紙やディスプレイの表示特性に着目したものだが，最近では人間の「読む」行為への親和性を多角的に捉えようという活動も増えてきている。特に上述した触知的なインタフェースとして電子ペーパーが紙から学ぶべき特性に焦点をあてた研究は，まだ十分な知見が蓄積されていない段階だが，今後さらに科学的な検証の重要性が高まる領域であると考えられる。本章の大部分をそのような検証活動の初期的な実験例を紹介することに費やした。そして，最終的にはそれら具体的な検証実験が電子ペーパー技術開発と歩調を合わせて進められることの重要性を再確認しつつ，ユーザーにとって真に使いやすい電子ペーパー実現への一助となることを本章の狙いとしている。

---

[*] Minoru Koshimizu　富士ゼロックス㈱　研究本部　先端デバイス研究所　副主任研究員

2 読みやすさと表示媒体の諸特性に関する研究例

ディスプレイ画面と紙面での文章の読みやすさを比較した研究は、1980年代の米国において、コンピュータ利用労働者数の急増という社会情勢を背景として活発に行われた経緯がある。当時の研究を概観した文献[2]によると、多くの実験からの共通のメッセージとして、画面での文章読み取り速度が紙面に比べ遅くなること、校正作業における誤りの発見率も劣ることなどが示されている。また、両者の差の原因は単一の特性によるものではなく、文字や画面の特性、文字と下地のコントラストや色彩、一画面内の文字表示量など、複合した要因の結果であるとされている。一方、内容の理解度には有意差が認められず、その原因としては作業者が一定の理解度水準を保つ速度で読むためと推定された。コンピュータ利用作業がより広まる中で、90年代以降はLCD（液晶ディスプレイ）がVDT（Visual Display Terminal）作業の視覚インタフェースとして多用されるようになり、LCDに対する人間工学的評価が重点的に進められた。窪田は実際のオフィス環境を想定した照明条件下において、反射型LCD上の文字の視認性や文章の可読性に関する主観的な許容限界を、明度指数とコントラスト比の2軸空間で明らかにしている[3]。そして、一連の実験結果から人間の視覚特性に即した文字表示用の反射型LCD開発目標を、反射率35〜40%、コントラスト比5以上と設定している[4]。これらの値は電子ペーパーの画質目標としても当てはめられる重要な指針と言える。

上述した研究例は、読みやすさと表示媒体の特性を主に視覚刺激の観点から導き出したものだが、文書を読む作業を主とする実務的なタスクへの取り組みを観察する手法から、紙がディスプレイより優れている点を総合的に明らかにしようとする研究も徐々に増えつつある。O'Haraらは、文書の要約を作るという知的なタスクに取り組むオフィスワーカの行動観察を通じて、紙上の作業がディスプレイ上のそれよりも優れる3つのキーファクターを導き出した[5]。それらは①読みながら下線やメモなどの追記できること、②同一文書もしくは異なる文書間を自在に移動しながら読めること、③複数のページを並べるなどの空間的レイアウトが自由であること、である。また、思考作業効率の観点から、紙とディスプレイ上のソフトコピーを比較した実験[6]も報告されており、水平置きした表示媒体での作業効率が垂直状態の場合より優れるなどの興味深い結果が得られている。以上のような観点からの研究は、電子ペーパーの効用を認識し、目指すべき仕様を明確にする上で極めて有用なメッセージを与えてくれる。視覚的インタフェースの観点からの指針に加え、今後益々具体的な開発指針が得られることが期待される。このような検討の一例として表示媒体の形態的な特性が、人間の知的判断を伴う文書読解作業のやりやすさにどのように関わっているかを明らかにする実験結果[7,8]について以下に詳しく紹介し、電子ペーパー開発のために紙の何を、どこまで学ぶべきかについて考察する手掛かりとしたい。なお、以下で紹介

第2章 読みやすさと表示媒体の形態的特性に関する検証実験

する実験は，大きく既存の表示媒体を用いた文書の読解作業に関する評価と，表示媒体の形態を意図的に変えたモックアップ媒体による評価に分けられる。

3 各種表示媒体を用いた文書読解性の評価実験

ユーザーが実際の読解作業を行なう際，表示媒体のさまざまな特性が作業のやりやすさにどのように影響しているかを大局的に把握するため，形態や画質条件の異なる既存のディスプレイ（CRTとLCD），紙及び富士ゼロックスで試作されたパネル状の電子ペーパー試作品を用い，ある程度の判断を伴う文書読解作業（タスク）のやりやすさに関する主観評価とユーザーの行動観察などを実施した。

3.1 評価タスク

電子ペーパーは一定レベル以上の思考・判断を伴う文書処理作業に用いる表示媒体と想定されるため，文書の読み直し，比較，判断などの要素を含む読解作業を中心とするタスクを設定した。以下にタスクの詳細を示す。

被験者には，各表示媒体を用いて2セクションからなる3ページの読み物と，それらの内容に関する課題1ページ，合計4ページの文書を提示する。読み物は，セクション1，2とも一つ数行程度の笑い話集となっている。文書通読後，課題に従って文書を見直しながら，紙の回答用紙に手書きで答えを記入してもらう。被験者への課題を以下に示す。

① 各セクションの笑い話を面白かった順に並べる。
② 両セクションを通じて面白かった上位3つを列挙する。
③ 文書全体に含まれる特定記号「」（鍵括弧）を数える。
④ 読み物の内容に対する質問（文書中に正解あり）。

3.2 実験に用いた表示媒体

評価には以下の4種類の表示媒体を用いた。写真1にそれらの例を示す。

① 17" XGA CRTモニタ（1ページ全面表示不可／スクロール要）　1台
② 8.4" SVGA 透過型LCD（1ページ全面表示可能／ページ間の表示切替え可能，ノートPC画面を180°開き水平置きで使用）　1台
③ 9.1" VGA 反射型 FLCD（高分子強誘電性液晶）電子ペーパー試作品（1ページ全面表示可能／無電源表示保持可能）厚み8mm，重さ320g　4枚使用
④ コピー用紙A4サイズ4枚使用

19

(a) 水平置きLCD　　　　　　　　(b) 電子ペーパー試作品（FLCD）

写真1　評価に用いた表示媒体の例

3.3 評価の進め方・被験者

各表示媒体に対して4人づつ，合計16人の20代～40代の男女を被験者としてタスクを実施し，被験者の行動観察，タスク後のアンケートによる主観評価，そして作業時間の計測，特定記号数のカウントの正誤把握によるパフォーマンス評価を実施した。被験者は電子ペーパーのユーザー候補と想定される日常的にコンピュータやネットワークを使用しているオフィスワーカとした。

CRTと水平置きしたLCDは，ページ送りなどの操作方法の説明後，1ページ目を画面に提示した状態で評価を開始した。紙は左上をクリップで綴じた状態で重ね，電子ペーパー試作品は，4ページ分のパネルを重ねた状態でそれぞれ被験者に手渡した。媒体を手渡すことで，被験者に媒体の重さを実感してもらい，その後どのような姿勢で読むかを観察した。タスク終了後のアンケートでは，表示媒体の操作性や画質などに関する6つの項目に対して，タスクを行う上での支障の度合いを5段階で評価してもらった。それらの結果は，被験者がタスクを行う上で，使用した表示媒体の作業性や画質などをどのような観点で捉えているか，あるいはタスク全体のやりやすさと相関が高い要因は何かなどを明確にするため，因子分析を行った。

3.4 評価結果

3.4.1 行動観察

写真2は各表示媒体使用中の被験者の様子を示したものである。

タスク中の被験者の様子から，各表示媒体ごとに以下のような特徴的な行動が抽出された。

① CRT及びLCDを用いた被験者は，マウス操作等，必要最小限の動きだけの固定した姿勢で表示画面を見続け，作業を行う傾向が見られた。

第2章　読みやすさと表示媒体の形態的特性に関する検証実験

(a) CRT使用時　　　　　　　　　　　　　(b) 電子ペーパー使用時

写真2　実験における被験者の様子

② 電子ペーパー試作品の場合は，表示媒体を手で持ち，姿勢を変えながら読む動作が見られたが，慣れないものを丁寧に扱う様子が見られた。また，複数ページの比較時には全員が机上にパネルを並べた。

③ 紙の場合には，読む行為に直接関係ない姿勢（足組み，片肘を付く等）の変化や媒体配置を積極的に変えながら観察する様子が見られた。また，半数が読む段階でクリップをはずし，問題に回答する際には全員がクリップをはずして並置した。

以上のことから，手持ち性などの自由度が高い表示媒体ほど，ユーザー自身の姿勢もリラックスし，表示媒体の空間的配置を積極的に利用して読む傾向があることがわかった。

3.4.2　主観評価の因子分析

表示媒体の操作性や画質などに関する6項目の主観評価の結果に作業時間を加えた7変量に関して因子分析を行った。各変量の因子負荷量などから，7変量は画質に関する因子1，タスクのやりやすさの総合評価因子2，1ページ内の閲覧性に関する因子3，作業時間の因子4などで表現されることがわかった。図1にバリマックス回転後の因子負荷量プロット（因子1vs因子2）を示す。

総合評価項目であるタスクやりやすさに関する因子2は因子1の画質因子と直交しており，両者の相関は低い。一方，タスクやりやすさは複数ページの閲覧性と同じ因子群に属しており，主観評価値間の相関も高いことがわかった。また，作業時間変量は，因子2軸上で負側に位置しており，タスクのやりやすさと相反する傾向が見られた。

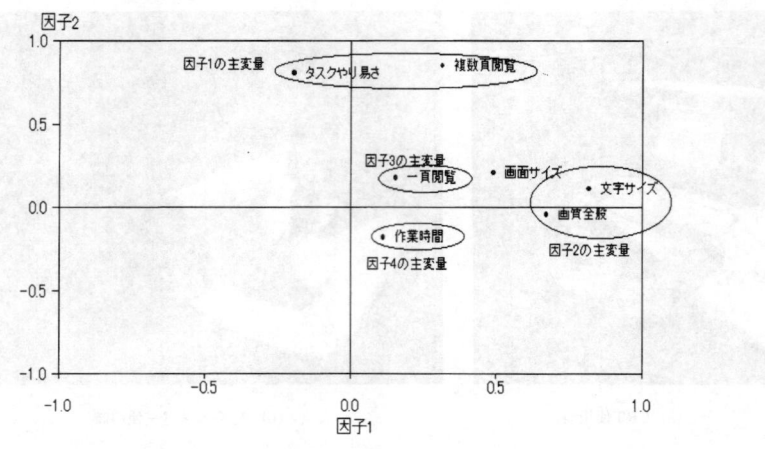

図1　バリマックス回転後の因子負荷量プロット

3.4.3　パフォーマンス評価

図2に，各表示媒体別のタスク作業時間と「」数カウントの正誤状況を示した。

表示媒体ごとの明確な傾向はみられなかったが，タスクがやりやすいと評価された紙は若干作業時間が長めな反面，正解率が高かった。一方，タスクが最もやりにくいとされたCRTは，時間は短いが正解率も低かった。今回のタスクでは，作業を早く終了させる動機付けを特にしなかったため，やりやすい紙は念入りに取り組む一方，CRTでは早く済ませたいという被験者の心理が働いた結果と推測できる。

以上，複数種類の既存表示媒体を用い，判断を伴う文書読解に関する評価を行った結果，表示媒体の複数ページ閲覧性が画質項目と独立して，タスクのやりやすさと相関が高い因子であることがわかった。また，パネルタイプの電子ペーパー試作品では，ユーザーはまだ紙のように安心して使えない形態であると判断された。

4　電子ペーパー媒体の形態受容度の評価実験

複数ページ閲覧性の重要度が明らかになった結果を踏まえ，複数枚を手に持ちながら読むことが想定される電子ペーパーの物理仕様を具体的に求めるため，厚み，重さ，密度，柔軟性を変えた表示媒体のモックアップを作製し，それらのユーザー受容性を調べた。モックアップの利用により，見慣れない試作品を扱って気軽さを失うことも防げると考えた。また，表示媒体の画質の

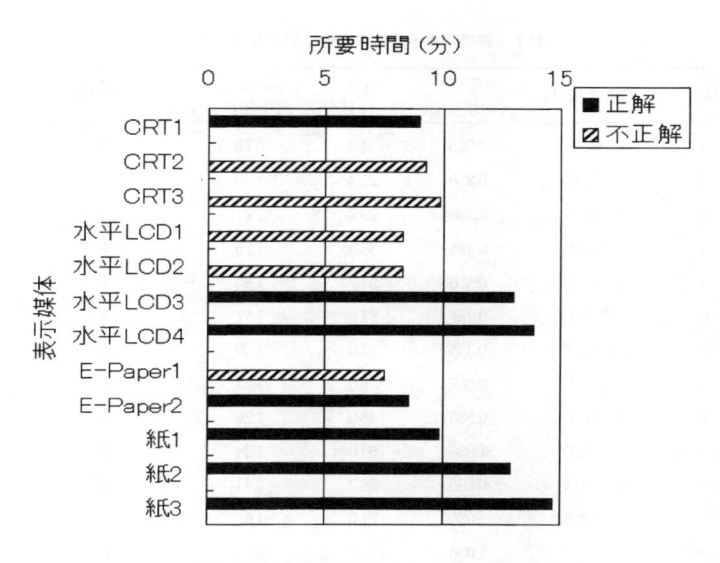

第2章　読みやすさと表示媒体の形態的特性に関する検証実験

図2　作業時間と「」数カウントの正誤状況

影響を排除するため，表示面にはレーザプリンタでA4用紙に出力した600dpiの白黒プリント画像を貼り付ける構成とした。

4.1　評価タスク

表示媒体の形態に対する被験者の直感的印象を出来るだけ感度良く検出するため，タスクは負荷が少なく気楽に読んで回答できるものとした。以下に内容を示す。

① A4サイズ2枚分のモックアップ媒体に文庫本1ページ相当の読み物を4編レイアウトする。

② 2ページ分のモックアップ媒体を重ねた状態で被験者に手渡し，好きな姿勢で読んでもらう。

③ 文書の内容に関する簡単な質問を7問行う。この際，2枚の媒体を手に持ってもらい，それらを参照しながら口頭で回答してもらう。

④ タスク後のアンケートとして，媒体の物理特性への印象，読解性，ページ操作性，タスク全体の作業性，心理状態に分類される28項目について5段階で評価してもらう。

表1 評価用表示媒体の形態に関する物理量

No.	ベース素材	厚さ $\times 10^{-3}$(m)	質量 (g)	密度 $\times 10^3$(kg/m^3)	Flexibility
1	紙	0.086	4.3	0.78	F
2	0.2塩ビ	0.286	21.4	1.20	F
3	0.3塩ビ	0.386	29.2	1.21	F
4	0.4塩ビ	0.486	38.3	1.26	F
5	0.5塩ビ	0.586	54.7	1.50	F
6	0.2PET	0.286	21.0	1.17	F
7	0.25PET	0.336	27.0	1.29	F
8	0.3PET	0.386	29.5	1.23	F
9	0.5PET	0.586	46.0	1.26	F
10	1.0PET	1.086	84.0	1.24	R
11	0.5アルミ	0.586	88.2	2.41	R
12	1.0プラ板	1.086	71.0	1.05	F
13	1.0アルミ	1.086	171.3	2.53	R
14	1.0ゴム×2	2.086	212.5	1.63	F
15	2.0プラ板	2.086	138.5	1.06	R
16	2.0アルミ	2.086	327.9	2.52	R
17	2.0発泡	2.086	15.7	0.12	F
18	3.0ゴム	3.086	312.9	1.63	F
19	3.0アクリル	3.086	224.6	1.17	R

F:Flexible R:Rigid

・質量は紙を貼った状態、密度は紙も含む
・紙はWR紙（富士ゼロックス製）

4.2 モックアップ表示媒体

表1に評価に用いた表示媒体モックアップの形態に関する物理量の一覧を示す。紙以外は実在しない形態の表示媒体である。厚さは 86μmから3mm，重さは約4gから 330 g，密度は約 0.1 g/cm^{3}から 2.5 g/cm^{3}の範囲内である。また，基材としてプラスチック，アルミ板，ゴムなどを用いることで柔軟性/剛性を変化させた。

4.3 評価の進め方・被験者

表1中に示す19 種類の媒体に対して各2〜4人，合計 60人（内24人は女性）の20〜40代のオフィスワーカにタスクを実施し，被験者の行動観察，質問に対する口頭による回答，タスク後の

第 2 章　読みやすさと表示媒体の形態的特性に関する検証実験

写真 3　モックアップ媒体における観察姿勢

主観評価アンケートを行った。

4.4　評価結果
4.4.1　行動観察
　モックアップ媒体を用いた作業中の特徴的な行動として，写真 3 に示すように媒体のコシの強さを活かし，手で支持する以外に組んだ足にのせたり，机のヘリに立てかけるなど，紙では出来ない姿勢で観察する様子が見られた。

4.4.2　主観評価の因子分析
　媒体の物理的特性，タスクの作業性などに対する28項目についての主観評価の結果に対し因子分析を行った結果，表 2 に示すような主な 6 つの因子が抽出された。
　また，図 3 に評価に用いた各媒体の因子得点を因子 1 と因子 2 座標に対しプロットした結果を示す。因子得点が高い程，その因子の意味する性質を強く有している媒体と言える。さらに，図 4 に因子 1 と因子 3 座標上に因子得点をプロットした結果を示す。図中，紙の位置は四角で囲んだ。
　図 3，4 より，紙は軽薄感に大変優れるが，必ずしも本評価でのタスクを行う上での快適感・読みやすさではベストではなく，また，媒体の剛性感・持ちやすさの点では一部のモックアップ媒体よりも評価が低いことがわかった。
　さらに，評価に用いたさまざまな素材のモックアップ媒体のうち，PETを基板とした媒体の評価が各因子プロット上で相対的に高い点に着目し，より詳細な検討を行なった。図 5 はPET基板

表2　各因子の物理的意味

因子	物理的意味	寄与率
1	媒体の軽薄感	0.3999
2	タスクの快適感・読みやすさ	0.1345
3	媒体の剛性感・持ちやすさ	0.1173
4	ページ操作感・一覧性	0.0585
5	媒体の取りやすさ・置きやすさ	0.0547
6	媒体の高級感・媒体のエッジ違和感	0.0504

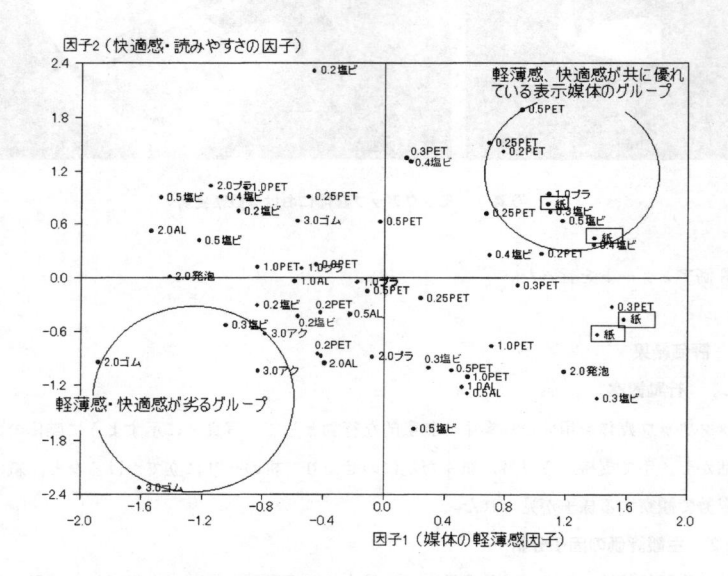

図3　各表示媒体の因子得点プロット（因子1 vs 因子2）

厚みをパラメータとして，先に抽出された6つの主要な因子を代表する評価項目と総合評価項目である「日常使用上の問題の有無」を加えた7つの主観評価値の全被験者平均をプロットしたものである。図5より，PET基板サンプルは1.0mm厚の媒体を除き，全ての項目で評価平均値が使いにくさを感じないレベルの「3」を超えていることがわかった。

また，特に厚さ0.25～0.5mmの範囲に評価の高い領域を有する山なりの傾向を示しており，薄過ぎず，厚過ぎない望ましい厚みがあることを意味している。ここではPET基板厚さをパラメータとしたが，本質的には先に述べた本評価のタスクのように，複数ページの文書を手に持って読む表示媒体としての望ましい物理特性（軽薄性と剛性の両立）が，その厚さのPET基板媒体でちょうど達成されていたと考えられる。この結果は，電子ペーパーに求められる物理的仕様への定

第 2 章　読みやすさと表示媒体の形態的特性に関する検証実験

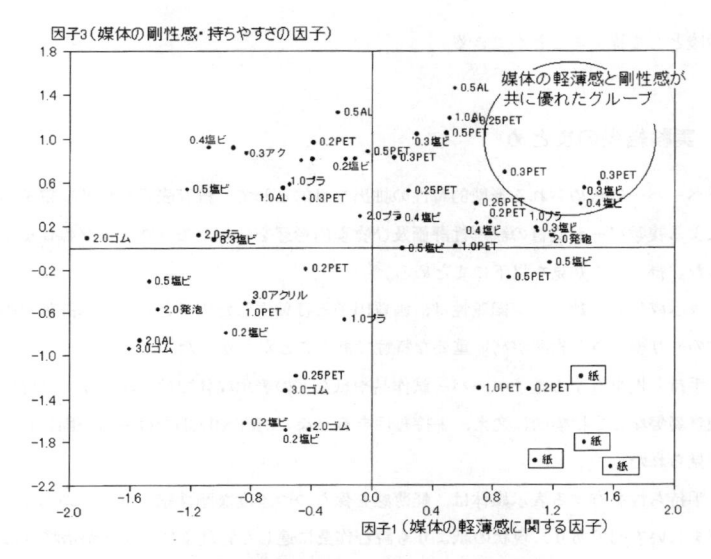

図4　各表媒体の因子得点プロット（因子1 vs因子3）

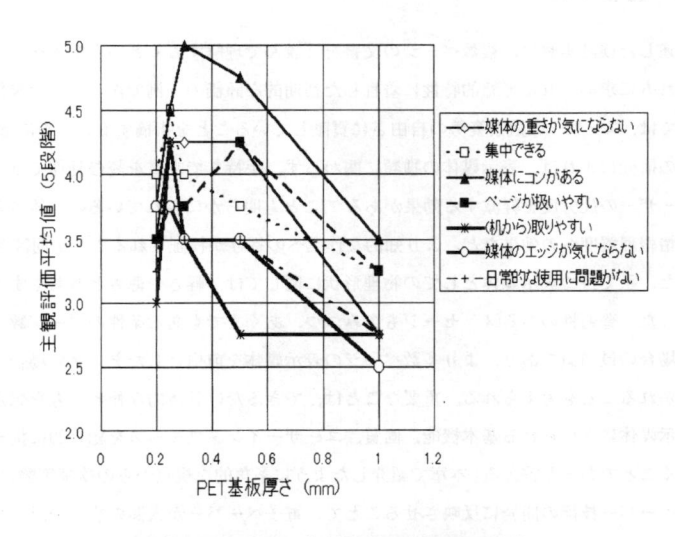

図5　PET媒体の厚さに対する代表的項目の主観評価平均値

量的示唆として捉えることができる。

5 実験結果のまとめ

電子ペーパーに求められる形態的特性の抽出を目的として，既存表示媒体及び電子ペーパー試作品による複数ページ文書の読解性評価及び物理的形態を変えたモックアップ媒体を用いた評価を行った。得られた知見を以下にまとめる。

① 表示媒体の複数ページ閲覧性は，画質因子とは独立した因子として，本評価でのタスク全体のやりやすさと相関が高い重要な特性であることがわかった。

② 手持ち性を有する電子ペーパー試作品や紙などの表示媒体では，ユーザーは媒体の配置や観察姿勢などを積極的に変え，手持ち性を有しないCRTやLCDでは姿勢が固定化される傾向が見られた。

③ 手持ち性を有する表示媒体は，軽薄感を保ちつつ適度な剛性感（コシ）のある形態が最も望ましい方向であり，現状の紙よりも読む作業に適した物理条件の存在が示唆された。

6 おわりに

上述した検証実験は，複数ページの文書を「読んで理解する」という電子ペーパーの基本的な使われ方に求められる形態的特性に着目した初期的な評価の一例である。表示媒体の手持ち性については，ユーザーの観察姿勢の自由さに貢献していることを指摘するレベルに留まっているが，最近の研究によれば，表示媒体の種類に関わらず，手持ちで文書を読む動作では，固定表示に比べユーザーの疲労度を軽減する効果がある[9]ことも明らかにされている。今後さらに手持ち性による情報理解度への効果など，より知的な作業への寄与が検証されることが期待される。

また，手で持つ表示媒体としての物理形状に関しては，軽さや薄さと持ちやすさの両立が重要といった，普遍性のあるメッセージも含みつつ，あくまでもある条件のページ数の文書を前提とした場合の最適値であり，より多数ページの表示媒体を前提としたタスクの場合は，異なる結果が導かれることも考えられる。重要なことは，できるだけ具体的な使われ方を想定した上で，その表示媒体に求められる基本機能，画質，ユーザーインタフェースを総合的に捉えた評価を行っていくことであると言える。本章で紹介したように多角的な視点からの検証実験の知見を蓄積し，電子ペーパー技術の開発に反映させることで，電子ペーパーが人間の感性や思考プロセス，行動特性に親和性を有する使いやすいものとなり，真の意味でユビキタス環境時代のヒューマンインタフェースになることが期待される。

第2章 読みやすさと表示媒体の形態的特性に関する検証実験

文　　献

1) 面谷，紙への挑戦 電子ペーパー，森北出版（2003）
2) Carol Bergfeld Mills,Linda J. Weldon, *Reading Text From Computer Screens, ACM Computin Surveys*, **19**（4）329-358（1987）
3) 窪田，反射型LCDに求められる文字表示条件,映像情報メディア学会誌，**51**（10）1754-1760（1997）
4) 窪田，液晶ディスプレイの生態学，（財）労働科学研究所出版部（1998）
5) Kenton O'Hara,Abigail Sellen, *A Comparison of Reading Paper and On-Line Documents, Proceedings of CHI' 97*（1997）
6) 内山，面谷ほか，ハードコピー上とソフトコピー上における思考作業効率の比較，*Japan Hardcopy' 99*論文集，77-80（1999）
7) 小清水，津田，馬場，電子ペーパーに求められる形態的特性，ヒューマンインタフェースシンポジウム2000論文集，105-108（2000）
8) 小清水，津田，馬場，電子ペーパーに求められる形態的特性の研究，映像情報メディア学会技術報告，**25**（10）29-44（2001）
9) 社団法人ビジネス機械・情報システム産業協会，平成15年度拡大する電子ペーパー市場と機械産業の取り組みについての動向調査報告書（2004）

第3章　ディスプレイ作業と紙上作業の比較と分析

面谷　信[*]

1　はじめに

　電子ペーパーにはディスプレイのように書き換え機能を持つこととともに，紙のような読みやすさが求められている。[1～4] 本章では，紙の利点である読みやすさの要因を明確にすることで，電子ペーパーのめざすべき読みやすさの条件を明確にしようとする検討の一例を紹介する。従来，表示媒体の読みやすさについては，媒体の呈示角度[5]や形状[6]，コントラスト[7,12]，周囲の照明環境[8]などについての報告があり，その影響の有無などが明らかにされつつある。しかし，読みやすさの要因は複雑であり，どのような要素が各々どれだけ寄与をしているのかまだ明らかではない（図1）。本検討ではこれまであまり注目されていない要因の候補として媒体の呈示条件に着目した。一般に紙は手で持ったり机上に置いたりというような自由な状態で読むことが多い。これに対し，ディスプレイは机上に固定された状態で読むことが多い。このような呈示条件の違いが読みやすさの違いをもたらす重要な要因のひとつではないかと考え[9,10]，被験者を用いた読

図1　媒体の見やすさ・見にくさの典型的な要因候補

＊　Makoto Omodani　東海大学　工学部　応用理学科　光工学専攻　教授

第 3 章　ディスプレイ作業と紙上作業の比較と分析

表1　読書作業の作業条件

自由条件	・手持ち/机上置きどちらでも可 ・体は自由に動かしてよい
固定条件	・机上の書見台に固定 ・作業中の角度調整不可 （ただし作業前の角度調整は可） ・体は自由に動かしてよい

表2　読書作業実験の実験条件

評価室	防音室
	222 cm（W）×315 cm（L）×210cm（H）
机上照度	約800（lx）
光源	電球型蛍光灯（消費電力22W，6,000K）8個
被験者	20-21才，男女4名（男：3，女：1）

表3　使用媒体

ディスプレイ	10.4inch，透過型 TFT LCD（SVGA）
	ノートPCより分離し460gに軽量化
	コントラスト5.3（輝度比）
紙	B5版コピー用紙にインクジェットプリンタで印刷
	約80枚をホルダにセット（約460 g）
	コントラスト9.8（輝度比）

表4　読書作業に用いた媒体と内容

フォントサイズ	9pt
フォント	MS 明朝
書式	30字×45行
	縦書き
内容	小説
表示ソフト（LCD）	Adobe Acrobat 4.0

表5　被験者の回答項目

読みやすさ （1：読みにくかった〜5：読みやすかった）	
Q1	ページのめくりやすさ
Q2	ページめくり以外の部分の読みやすさ
疲労度 （1：疲れた〜5：疲れなかった）	
Q3	腕や肩など体（眼以外）の疲れ
Q4	眼の疲れ
Q5	総合的な疲れ

書作業実験によりその検証を行った。

2　実験方法

　呈示条件による読みやすさの影響を調べるために，ディスプレイと紙の2媒体と，媒体提示に関して自由な状態と固定した状態の2条件との組み合わせによる合計4つの条件において被験者に読書作業を行わせた（呈示条件についての詳細を表1に示す）。

　表2に実験環境と被験者に関する実験条件を示す。また，実験風景を図2に示す。実験に用いたディスプレイと紙の詳細について表3に示す。また，表示内容について表4に示す。作業内容としては，被験者に4条件（被験者別にそれぞれ異なる順序を設定）においてそれぞれ30分間文章を黙読させた。疲労の蓄積などを考慮し，1回目と2回目の作業間には15分の休憩（3回目と

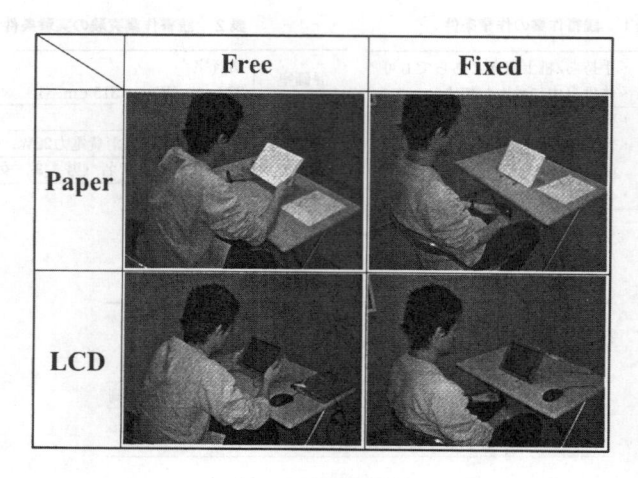

図2　4つの作業条件

4回目の作業間も同様），2回目と3回目の作業間には1時間以上（もしくは翌日まで）の休憩を挟んだ。

　被験者には，各作業後にアンケートによる5段階主観評価を複数の質問項目に対して行わせた。主観評価の質問内容を表5に示す。また30分間に読んだ文字数から読み取り速度から作業効率を算出した。評価結果は全被験者の平均値を算出し集計した。

3　実験結果

3.1　主観評価

① 読みやすさ

　媒体の呈示条件による操作のしやすさではなく読みやすさに関する評価を抽出するために，敢えてQ1としてページめくりのしやすさに関する質問をすることで，Q2においてそれ以外の部分の読みやすさに関する主観評価を抽出できるよう質問項目を設定した。結果として，Q1のページめくりのしやすさは図3に示すようにディスプレイの固定条件が顕著に高い評価を得た。Q2のページめくり以外での読みやすさに対する質問の結果は，図4に示すように各媒体とも固定条件より自由条件の方が高い評価を得ていることが注目される。また，ディスプレイよりも紙の方が高い評価となっている。

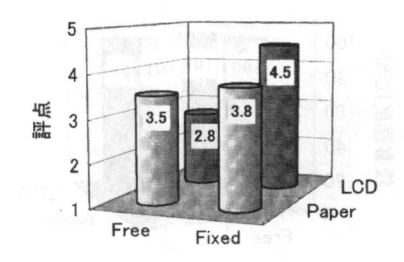

第3章　ディスプレイ作業と紙上作業の比較と分析

図3　ページめくりのしやすさに関する評価結果

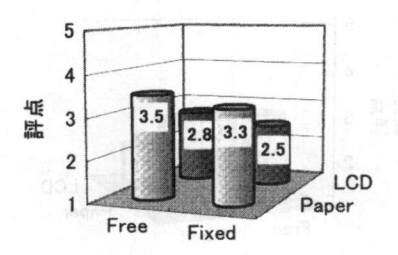

図4　読みやすさに関する評価結果

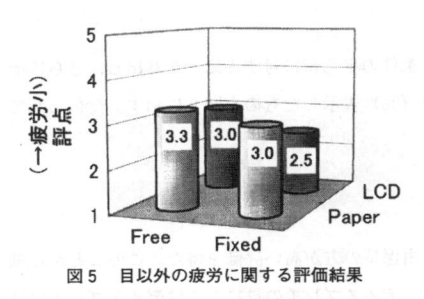

図5　目以外の疲労に関する評価結果

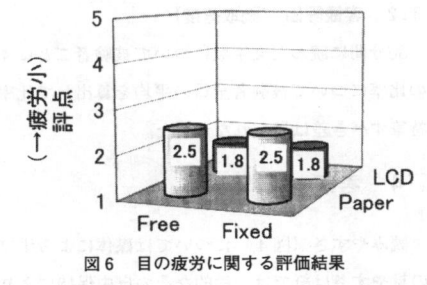

図6　目の疲労に関する評価結果

② 疲労度

疲労度に関して眼以外の腕や肩などの体の疲れ（Q3）と，眼の疲れ（Q4），という二つの項目に分類して質問した。また，総合的にどの程度疲れたか（Q5）を質問した。これらの結果を図5, 6, 7に示す。

眼以外の疲れに対する評価を整理した図5では各媒体共に自由条件の方が高い評価を得た。結果的に，ディスプレイの自由条件と紙の固定条件が同等になった。しかし，眼の疲れに関する図6ではディスプレイよりも紙の方が高い評価を得ているものの，呈示条件による差は見られなかった。

総合的な疲れに関する図7ではディスプレイの固定条件のみが低い評価となりディスプレイの自由条件では紙と同程度まで高い評価が示された。結果的におよそ図5と同様の傾向となった。

33

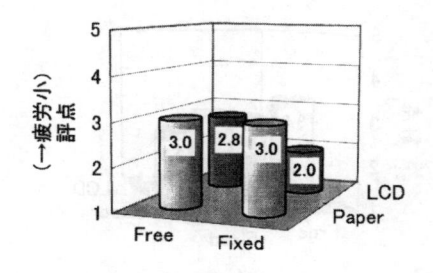

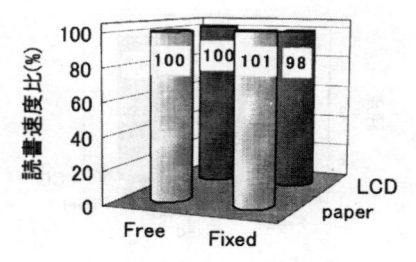

図7 総合的な疲労に関する評価結果　　　図8 読書速度に関する測定結果

3.2 客観評価（読取速度）

30分間に読んだ文字数について被験者ごとに4条件の平均値に対する比率を算出し、さらにその比率について被験者全員の平均を算出して比率（％）表示したものを図8に示す。全体として特筆すべき差は見られなかった。

4 考察

読みやすさ（図4）については媒体によらず自由保持の方が高い評価を得た。このことから紙の見やすさは紙では一般的なその自由保持により、ディスプレイの見にくさはディスプレイでは一般的なその固定呈示により、ある程度もたらされていると推測される。

また、今回ページめくりのしやすさに関してはディスプレイの固定条件が顕著に高い評価を得ているが（図3）、これは手が空いている状態でのマウスクリック操作が、他の条件に比べて簡単であったためであると考えられる。このことも考慮し、手持ち保持状態のディスプレイから手を離さずにページめくりができるようにすれば、ディスプレイの自由条件の読みやすさの総合評価は、より高くなるものと期待される。

今回の実験では疲労度の評価について、眼以外の疲れ（図5）に関しては呈示条件による差が見られたが、眼の疲れ（図6）に関しては呈示条件による差は見られなかった。このことから今回の実験に関する限り、二つの呈示条件（固定/自由）による疲労度の差に関し姿勢固定に起因する腕や肩などの体の疲れが主原因となっていると考えられる。但し、図6において目の疲れに関してディスプレイと紙との差は示されているので、目の疲れに関しては両媒体間での差の発生原因を媒体呈示条件以外の要因に求めることの必要性が、今回の実験では示されたことになる。

以上の結果を総合すると、一般に読みにくいとされるディスプレイに関して、軽量で持ちやすい形状として自由保持条件を可能にすることによって、読みやすさや疲れにくさについて向上をはかれる可能性が示されたと言える。但し、本実験は限られた被験者数に基づく限定的な予備実

第3章　ディスプレイ作業と紙上作業の比較と分析

験と位置づけるべきものである。例えば疲労原因を目の疲労以外の要因によると最終判断すべきかどうかをはじめとして確認不足の点も多い。

　そのような限定的な実験に基づくものではあるが，本実験の結果からは読みやすい電子ペーパーを実現するための推奨指針として次のようなことが示唆される。
① 　手で持てる自由な保持が可能なこと。
② 　手持ちの際に腕や肩などに負担の少ない形状や重量であること。
③ 　ページめくりなどの操作は媒体から手を離さずに行えること。

5　おわりに

　ディスプレイ（LCD）と紙の両媒体において自由・固定の呈示条件による読書作業実験を行い，疲労度，作業効率等について評価を行った結果，次のような評価結果を得た。
① 　表示媒体の読みやすさについて，ディスプレイ・紙とも自由呈示条件において若干高い評価結果を得た。
② 　読書作業に伴う疲労度について，ディスプレイ媒体においては自由保持により疲労度が減少する評価結果を得た。
③ 　読書速度による作業効率評価結果に関して，媒体，呈示条件の違いはいずれも作業効率の特段の差異を生じさせなかった。

　以上の結果より，ディスプレイ媒体において通常の使用状態である固定呈示条件が見やすさおよび疲労に関する悪影響要因であり，自由保持により改善傾向が期待できることが示唆された[11]。この結果は電子ペーパーのコンパクト性に対して重要な推奨指針を与えるものとして考えられる。これまで，表示媒体の見やすさや疲れにくさに関しては，媒体画面そのものの性能・機能のみが注目される傾向にあったが，媒体が人間とのインタフェース部分を担う以上，外形や重量等を含め，人がその媒体を使用して何らかの作業を行う際の影響要素を総合的に考えなければならない。

　そのような観点で更に言えば，紙を使った作業のように複数画面を同時閲覧容易な場合と，ディスプレイ作業のように単一の画面内で，すべてを行わなければならない場合との作業のやりやすさや目の使い方の差などにも注目する必要がある。このような観点についても若干の貴重な検討例はあるが[6]，今後より詳細な検討を行っていく予定である。

文　献

1) 面谷信,「ディジタルペーパーのコンセプトと動向」, 日本画像学会誌, 128号, pp.115-121 (1999)
2) 面谷信,「ディジタルペーパーのコンセプト整理と適用シナリオ検討」, 日本画像学会誌, 137号, pp.214-220 (2001)
3) 面谷信,「電子ペーパーの現状と展望」, 応用物理, 第72巻, 第2号, pp.176-180 (2003)
4) 面谷信,「紙への挑戦 電子ペーパー」, 森北出版, pp.6-7, 49-76 (2003)
5) 増田勝彦, 面谷信, 高橋恭介,「ディスプレイ上作業と紙上作業の作業効率比較」日本画像学会誌, Vol.129, pp.159-165 (1999)
6) 小清水実, 津田大介, 馬場和夫,「電子ペーパーに求められる形態的特性の研究」, 映像情報メディア学会技術報告, vol.25, No.10, pp.19-24 (2001)
7) 桜木一義, 面谷信,「反射型表示媒体における読みやすさの文字濃度・背景濃度に関するマップ化」, 第51回応用物理学関係連合講演会, No.3, p.1075 (2004)
8) 川上満幸, 松本修一, 明道成,「VDT作業における適正照明環境要因に関する研究」照明学会誌, Vol.83, No.5, p.326-321 (1999)
9) 岡野翔, 面谷信,「電子ペーパー・紙・ディスプレイ上での文章通読における作業性比較」第64回応用物理学会学術講演会, No.3, p.907 (2003)
10) 岡野翔, 面谷信,「読書作業性に及ぼすディスプレイおよび紙の保持状態の影響評価」第51回応用物理学関係連合講演会, No.3, p.1075 (2004)
11) 岡野翔, 面谷信,「電子ペーパーのめざす読みやすさの検討～読書作業性に及ぼす媒体提示条件の影響～」, *Japan Hardcopy 2004* 論文集, pp. 193-196 (2004)
12) 桜木一義, 面谷信,「印刷物の読みやすさについての文字濃度・背景濃度に関するマップ化～電子ペーパーに対する設計指標として～」, *Japan Hardcopy 2004* 論文集, pp. 197-200 (2004)

第Ⅲ編　表示方式の開発動向

第Ⅱ編　英語力の開発動向

第4章　新規表示方式の最新開発動向

1　カラー化・リサイクル可能な超薄型磁気感熱式電子ペーパー「サーモマグ®」
眞島　修*

1.1　はじめに

　IT技術の発達によって急速に減少すると言われてきたハードコピー分野における紙の需要は，ペーパーレスが叫ばれていながら，その消費量は逆に増加しているのが現状である。

　これは我々の眼が紙に描かれたデータに慣れ親しんでいるからだけではなく，多くの利点が紙にはあるからであり，どれだけディスプレイ（ソフトコピー）の画面が高精細であっても，多くの人は印刷された紙によってデータの最終確認をしている。すなわち，紙は電子ディスプレイ内部からの光よりも，より多くの照明光を反射するばかりでなく，広い視野角を持っているため，あらゆる照明条件下において，紙は電子ディスプレイより読みやすいと言える。また，曲げる，折ると言った高い柔軟性を有して，捲るというランダムアクセスができるうえ，保持電圧等，電源の供給なしに独立して表示し続ける事ができるからである。

　反対に，紙とインク等には，電子ディスプレイが持っている重要な機能の一つが欠けている。すなわち，消耗することなしに，何百万回でも表示内容を瞬時に消去し，書き換えることはできない。

　しかし現在，この状況を変えられる可能性のある電子ディスプレイの開発が本格化している。これが「電子ペーパーまたはデジタルペーパー」と称されている表示メディア技術である。この表示メディアは一般的な電子ディスプレイとは異なり，紙に匹敵するほどの視野角と，自由に曲げられる柔軟性を持ち，使用時に保持電圧等の電力を供給し続けなくても良いという特徴を持っている。

1.2　電子ペーパーの定義と分類

　現在までにすでに発売または発表されている，コピー表示システムを並べて見ると表1のようになり，表示速度の速いソフトコピー（ディスプレイ）から，静止画を表示するハードコピー（印刷）まで並べることができ，その中間に位置するデジタル信号で，電子的に書き換え可能で静止画を表示できる，セミハードコピーとも称すべき領域が存在することが分かる。

---

　*　Osamu Majima　㈲マジマ研究所　代表

表1 コピー表示システム

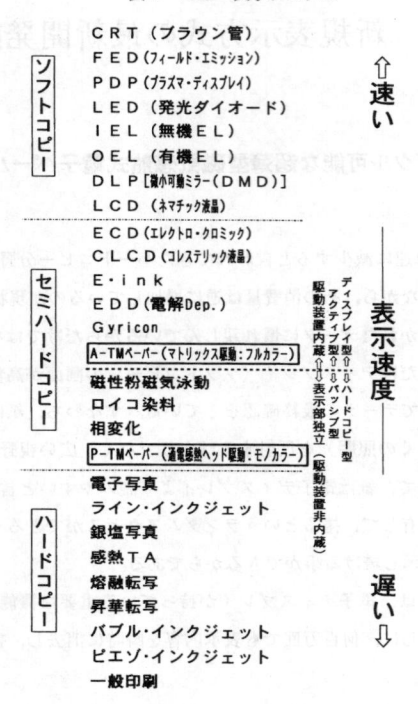

分類	方式	駆動/表示区分
ソフトコピー	CRT（ブラウン管） FED（フィールド・エミッション） PDP（プラズマ・ディスプレイ） LED（発光ダイオード） IEL（無機EL） OEL（有機EL） DLP［微小可動ミラー（DMD）］ LCD（ネマチック液晶）	速い ⇧ ディスプレイ型⇕ハードコピー型 アクティブ型⇕パッシブ型 駆動装置内蔵⇕表示部独立（駆動装置非内蔵） 表示速度 遅い ⇩
セミハードコピー	ECD（エレクトロ・クロミック） CLCD（コレステリック液晶） E・ink EDD（電解Dep.） Gyricon A-TMペーパー（マトリックス駆動：フルカラー） 磁性粉磁気泳動 ロイコ染料 相変化 P-TMペーパー（通電感熱ヘッド駆動：モノカラー）	
ハードコピー	電子写真 ライン・インクジェット 銀塩写真 感熱TA 熔融転写 昇華転写 バブル・インクジェット ピエゾ・インクジェット 一般印刷	

その領域が一般的に「電子ペーパーまたはデジタルペーパー」と呼ばれている分野である。更に，その電子ペーパー（セミハードコピー）領域中を2つに分けることができる。

一つは，ソフトコピー（ディスプレイ）に限りなく近く，駆動回路が内蔵され，「ペーパーライクディスプレイ」と称されるもの，もう一つは紙と同等の用途でハードコピーに近く，印刷装置（プリンター）を別途必要とする「リライタブルペーパー」と称するものに分けられる。現在発表され，開発中で一部電子ブックとして発売され，注目されているものの多くはペーパーライクディスプレイである。また，実用化され発売されて，ポイントカード等に利用されているものの多くはリライタブルペーパーかそれに近いものである。前者の代表的なものを挙げると，米国MITメディアラボからのE Ink社とXeroxパロアルト研究所からのジリコン・メディア社，この2つのベンチャー企業がそれぞれ開発している，E Ink及びジリコンであり，その他，一部コレステリック液晶方式等が複数の企業で開発中である。一方，後者の代表的なものは感熱紙に用いられているロイコ染料で，すでに多くの製品実績があり，JRのスイカやポイントカード及び紙に

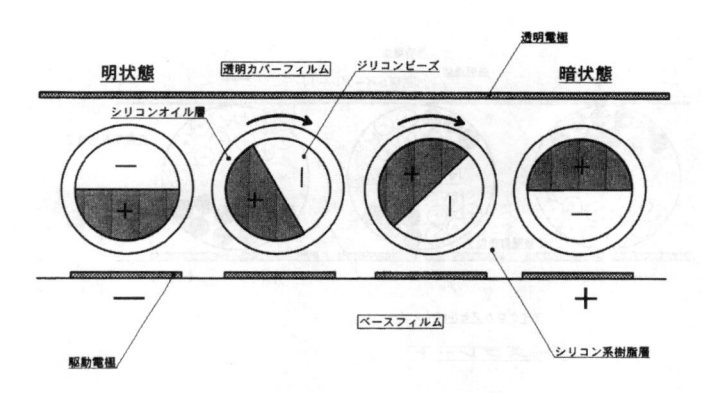

第4章　新規表示方式の最新開発動向

図1　ジリコン原理図

塗布され，実用化されている。

しかしながら，いずれの方式も，全ての電子ペーパー用途の要求を満たし，多くの製品応用技術に対応できる柔軟性に富んだものは未だ開発されていないのが現状である。

1.3　電子ペーパーの開発

過去，電子ペーパーの開発は 30 数年以上にわたって断続的に行われてきたが，開発に本格的に着手されたのは，最近になってのことである。最初に電子ペーパーのコンセプトを示したのは，Xeroxパロアルト研究所のNicholas K.Sheridonで1970年「Electric paper」（電子ペーパー）と名づけられたディスプレイを発表し，後に「Electronic reusable paper」（電子再使用紙）として表示媒体の試作品を紹介したのが最初である。

これは後のジリコン・メディア社の電子ペーパー「ジリコン」につながるものである（図1）。

一方，スタンフォード大学のJoseph Jacobsonは1995年印字機能を内蔵した紙を目標として，電気泳動を利用したマイクロカプセルを「Electric ink」（電子インク）と名づけて，MITに移り研究を続けた。これが，後のE Ink社の電子ペーパー「E Ink」と呼ばれるものである（図2）。

その他，感熱紙に使用されていたロイコ染料があり，化学的可逆反応を利用し，温度コントロールによって発色と消色を繰り返させる原理で，リライタブルペーパーとして上記の方式よりかなり以前に開発発表されていた。

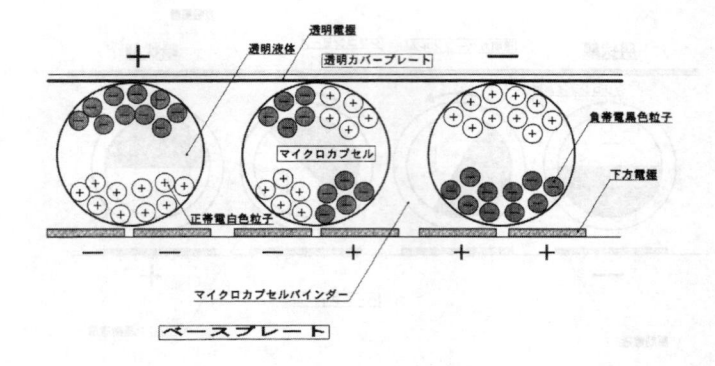

図2　E Ink原理図

1.4　微粒子泳動型ディスプレイ

　最近最も注目されている，電子ペーパー（デジタルペーパー）方式の多くは，微細粒子を液体または気体内で移動させ，その粒子の反射光を表示に使用している。すなわち，液体または気体内に懸濁している微粒子を電界または磁界を用いて移動させ，その移動部分を文字または画像表示として見る方式である。その代表的なものは電気泳動型の方式であり，一方，あまり注目はされていなかったが磁気泳動型の方式がある。いずれの方式も電気的駆動システムが複雑か大きいもので，柔軟性やそのハンドリング及びコストの面で問題があり，用途が限定されている。

1.4.1　電気泳動型

　微粒子泳動型の代表的なものとして挙げられ，単一荷電粒子の白色液体中での電界による移動方式から，黒と白に色分けされた2種荷電粒子の液体中での電界による入れ替え等，セル中またはマイクロカプセル中で行う方式がある。後者は前記したE Inkで，図2のような構造を持っている。このシステムはその駆動用回路として液晶パネルと同様，複雑なシフトレジスタ，ＴＦＴ等，多くの半導体素子を必要とする。

1.4.2　磁気泳動型

　昔から玩具に使用されていた最もポピュラーで古い表示技術方式で，電子ペーパーとは呼びがたいものもあるが，構造が簡単で作り易いことが特長である。その構造はセルまたはマイクロカプセルの中の白色の顔料を懸濁させた液体に磁性粉を混入し，磁界でその磁性粉を移動させ表示するシステムであり，図3に示す。

　永久磁石を使用した磁気ペンを使って書く玩具的なものが一般的であるが，磁気ヘッドによる電気信号の印字も行われている。これは後述する磁気感熱式電子ペーパー「サーモマグ®」の発

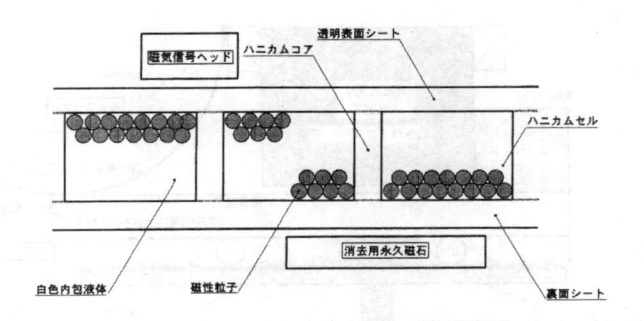

第4章　新規表示方式の最新開発動向

図3　磁気泳動表示パネル原理図

想の原点であり，それに繋がる技術として，ここでその改良点である短所を挙げてみる。
① 解像度の決定要因の一つはマイクロカプセルまたはハニカムセル等の液体封止手段で異なるが，その解像度はその大きさから100dpi以下と考えられる。一方，磁気ヘッド，磁気ペンの解像度は磁気ダイポールの一方を用いているため，磁界を狭い範囲にフォーカスさせることが困難であり，更に低いものとなる。
② コントラストレシオはマイクロカプセルまたはハニカムセル等の結合部が必ず存在することで，その部分に白色または灰色のバインダーまたは構造材が入り込むため低下し，強磁界を集中させることが困難なため，マイクロカプセルまたはハニカムセル壁面への磁性粉の密着性は悪く，更にコントラストレシオを低下させる。
③ 印字安定性はマイクロカプセルまたはハニカムセル内部の白色液体と大きく密度の異なる磁性粉を懸濁させているため，重力，振動，磁界等の外乱の影響を受け易く，不安定で磁性粉は容易に移動するため，長期間の印字部の保持は難しい。

その他，マイクロカプセルまたはハニカムセルの大きさの制限でパネルの厚みが薄くできない事，及びセル，マイクロカプセルの製造は単純コーティングに比較してコスト高になる。磁気泳動型ディスプレイは原理的には非常に簡単であるが，多くの問題点を持っていた。この古い技術である磁気泳動型のディスプレイを電子ペーパーと称される新しいメディアに応用できないものかと考え，新しいアイデアを注入し，磁気感熱式電子ペーパー「サーモマグ®」へと発展させていった。

1.5　磁気感熱式電子ペーパー「サーモマグ®」

磁気感熱式電子ペーパー「サーモマグ®」は，サーマルプリンターと磁気泳動型のディスプレ

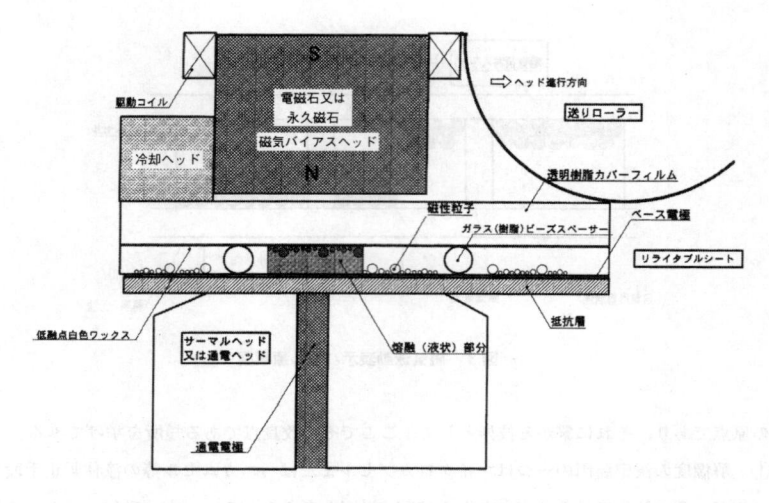

図4 サーモマグ®システム原理図

イ技術を融合させて考えられた，全く新しいタイプの電子ペーパー（デジタルペーパー）である。磁気泳動型ディスプレイの問題点を踏まえ，それらを解決する手段を検討して行った結果，次のようなアイデアを基に「サーモマグ®」を開発して行った。

　解像度に関しては，磁界を直接解像度単位にフォーカスさせて使うのではなく，広い範囲にバイアス磁界として掛け，解像度単位ではサーマルヘッドまたはマトリックス電極を使った微細ヒートスポットを利用して微細部分を熔融液化し，磁気泳動印字して行く方式とした。

　この方式により，マイクロカプセルまたはハニカムセルを使用せず，その大きさに左右される事なく，磁性粒子の大きさまで解像度が上げることが可能となった。コントラストレシオに関しては，磁性粒子を直接使用することで，磁性粒子の大きさを制限し，印字部は白色部がより少ない密着細密構造として，より濃度を上げることに成功した。安定性に関しては，常温で固体の低融点ワックスを磁性粒子の保持媒体として使い，常温で保存する限りでは磁性粒子の移動は起こらず，永久に印字状態を保つことを可能とした。メディアの構造と通電またはサーマルヘッドによる印字機構を図4に示す。磁気感熱式電子ペーパー「サーモマグ®」の原理は図4に示すようなメディアシートの断面構造を持っている。磁性粒子を混入懸濁させた低融点白色（顔料（酸化チタン）分散）ワックスまたは樹脂層を透明カバーフィルムとベースフィルム（透明または抵抗体）で挟んだ構造である。表示法は図に示すように，ベースフィルム側にサーマルヘッドまたは通電感熱ヘッドを接触させ，サーマルヘッドまたは通電感熱ヘッドによる抵抗体フィルム内部の

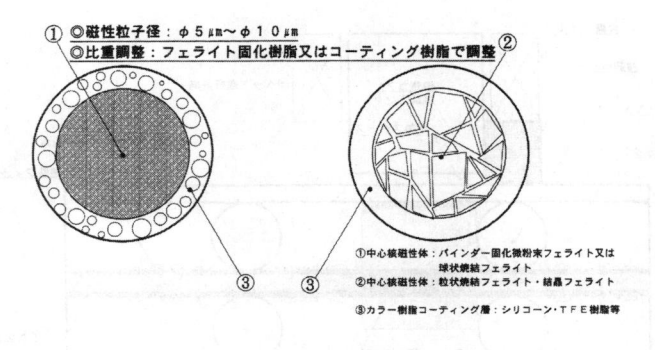

第4章　新規表示方式の最新開発動向

① ◎磁性粒径：φ5μm～φ10μm
◎比重調整：フェライト固化樹脂又はコーティング樹脂で調整 ②

③ ③ ①中心核磁性体：バインダー固化微粉末フェライト又は球状焼結フェライト
②中心核磁性体：粒状焼結フェライト・結晶フェライト
③カラー樹脂コーティング層：シリコーン・TFE樹脂等

図5　磁性粒子構造図

微細スポット加熱で，低融点ワックス層（以下表示層）を広範囲に掛けた磁気バイアスヘッド下の磁界内でドット単位の加熱熔融液化をさせる。磁性粒子は液化部分のみを自由に移動できるため，その中で磁界に従って上部に移動，表示される。次に熔融している低融点ワックスを冷却ヘッドで常温にまで冷却することで，印字部は固体化し，完全に定着される。この方式により，解像度はサーマルヘッド解像度及び通電感熱ヘッドの電極の太さに従うこととなり，飛躍的な向上が可能となった。磁界は大面積で掛けることで強力な永久磁石または電磁石（ACまたはDC）が使用可能となり，より濃度が向上した画像が得られる。しかも，通常では表示に関与する部分は固体であるため，熔融している部分を除いては，磁性粒子の不用な移動を防止する隔壁と同ような働きが得られ，セル構造やマイクロカプセルは不要となり，隣接するドットとのクロストークや滲みも皆無となった。

　すなわち，サーマルヘッド熱源の大きさの選択で自由にセルまたはカプセル構造の直径を変えられ，解像度を選択し，ドット変調までできる磁気表示装置である。このようなメディア構造であるため，磁性粒子，スペーサーを混合した低融点ワックスインクをコーティング・ラミネートする工程のみで製造可能であり，安価で高性能なリライタブルメディアを作成できる。更に，カラー表示の「サーモマグ®」を考えると，カラー化にはC. M. Y. K（Black）の図5に示すようなコーティング層を持った磁性粒子が必要である。カラー化するには，4色の磁性粒子をストライプ状に塗り，位置を合わせた電極ヘッドで各色に対応する位置のワックス（樹脂）を熔融して，磁性粉を移動させる方法がある。フルカラー化に際してそれに伴う階調表現は，各色表示粉の粒子径のばらつきを利用し，その移動速度の違いを利用，電極・磁気，各ヘッドの通電時間及び電圧・電流・磁界強度の変化（変調）で到達粒子の数が変化する事を利用するか，印字時間変化による面積変調で表現できる。同様に，ヘッド及びプラテンに相当する押圧は両ヘッド間の磁界磁

電子ペーパーの最新技術と応用

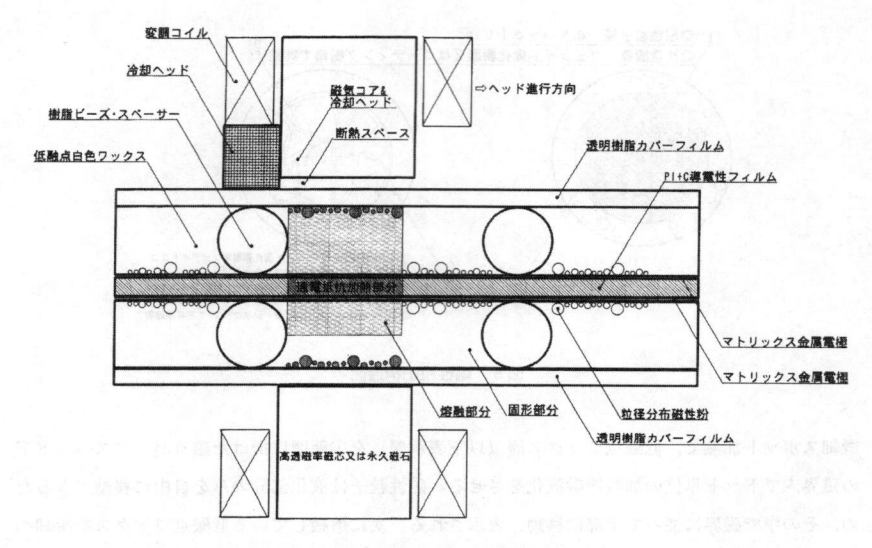

図6　両面サーモマグ®原理模式図

束による吸引力が良好に働くようにコントロールし，最適化できる。

また，各色の混色化の防止には，セル構造は必要ないまでも，簡単な土手構造が各色粒子を分けて混色を防ぎ，耐久性を向上させるためには必要かもしれない。更に，発展型を考えると，抵抗加熱用抵抗体フィルムの表裏にXYマトリックスを形成できるようなストライプ状の通電電極を備えたものを作り，その交点を加熱するシステムも可能である。

また，図6に示すように，そのフィルムのマトリックス抵抗加熱フィルムを挟んで両面に同一構造の表示層部分を形成，ラミネートし，片側印字面に磁界を掛け，もう一方の面を冷却すれば，その片面のみに紙同様に印字でき，裏面も同様に片面ずつ印字できる，両面印字「サーモマグ®」ペーパーも可能で，正に紙と同様な製品となるであろう。

このような原理で動く磁気感熱式電子ペーパー「サーモマグ®」を，すでに発表されている多くのリライタブルペーパー及びペーパーライクディスプレイの中で，比較対象しながら，抜きん出た特長をまとめてみると，下記のような特長性能項目を見出す事が出来る。

(1) 高解像度

一般的なペーパーライクディスプレイに使用されているマイクロカプセル，セル及び表示ビーズ等の構成素材・機構の大きさに比較して，「サーモマグ®」の磁性粒子径サイズは3～10μmと解像度に影響する程大きくなく，サーマルヘッド解像度，レーザースポット径あるいは通電電極

第 4 章　新規表示方式の最新開発動向

径等，高精細な熱源の大きさに追従する事で，サーマルヘッドで最高600dpi，レーザー光書き込みでは1,200dpi以上もの高解像度化が可能となる。

(2) 階調表現

低融点ワックス充填材に含有される磁性粒子の大きさの相違による移動速度の差を利用し，その加温熔融時間コントロールで濃度変調を，ヒートスポットの大きさの変化で面積変調をさせ，ほとんど無段階調に近い濃度表現が可能となる。

(3) 高コントラストレシオ

低融点ワックス充填材に含有される高濃度顔料磁性粒子と酸化チタン等白色顔料の磁界による完全分離で，高コントラストレシオの実現が可能となる。

(4) 低価格

マイクロカプセル化，ハニカムセル構造の作成または表示ビーズ作成等，高度な技術や液晶パネルに使用されている保持電圧用TFT等の高価なデバイス・材料を使用せず，単純な塗布・ラミネート及び封止工程のみで連続的に製造可能であるため，紙に匹敵する低価格を実現できる。しかも，最も簡単な印字装置はサーマルプリンターのプラテンに磁石を使うだけであり，本来のサーマルプリンターとしての機能は生かせ，共通使用までも可能となる。

(5) 高安定性

熱と磁界を同時に掛け，高温熔融液相での磁性粒子の移動を起こさせた後，急速に固化させることで，常温では粒子の移動のない固相を保っている。従って，磁性粒子の移動は通常保管状態では起こり得ない，熱と磁界を同時に掛ける必要があるため困難であり，印字後の磁性粒子の挙動は極めて安定であり，永久的に印字パターンを保つことが可能である。

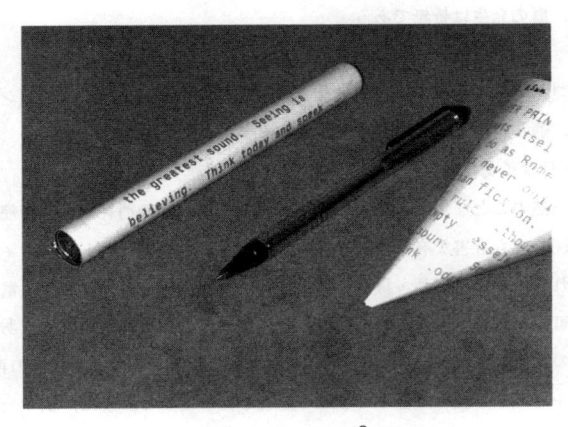

写真 1　サーモマグ®

(6) 薄型

微粒子の磁性粒子と超微粒子で高遮蔽性の白色顔料（酸化チタン）を使用することで，表示層を15～20μmと極めて薄くすることが可能で，フィルム部分を含めても全厚を70μm以下にでき，紙のハンドリングに近い製品となり，写真1に示すように，細く巻きこむことも可能となった。

(7) 超小型駆動システム

駆動が通電感熱の場合，電極ヘッドは構造が簡単でありヒーター部がないことで，サーマルプリンターに比較して非常に小型化できる。更に単純マトリックス電極での駆動では，磁石の移動のみであるため，カードサイズ程度の大きさの「サーモマグ®」書き込み装置ならば，手のひらサイズのポケッタブルも可能となる。

(8) 豊富なアプリケーション

駆動方式はサーマルヘッド及び通電感熱を使用するパッシブタイプと，マトリックス電極を使用するアクティブタイプがあり，製造工程の簡便さと材料や駆動方式の選択幅の広さと相俟って，名刺サイズから巨大なビルの垂れ幕まで可能であり，あらゆるハードコピーと静止画ディスプレイの用途に対応可能である（表3）。

(9) カラー表示

磁性粒子表面を着色することで，比較的簡単にモノカラー化が可能となり階調表現能力との組み合わせでフルカラー表示の可能性も示唆している。

(10) 無塵性

紙の主材料であるセルロース繊維やインク中の顔料・バインダー等，塵が発生するような材料を表面に一切使用せず，表示層の低融点ワックスをベースフィルムとカバーフィルムで密封シールしているため，塵の発生は皆無である。

(11) 加筆性

複雑な電子的コントロールなしに，簡単なマグネット付きサーモペンでプリンター印字後，手書き加筆ができ，通常動作で一括消去が可能である。

(12) 省資源・リサイクル性

本システムは当然のことながら，印字に際して紙・インク等の消耗品は一切使用せず，そのメディアの製造に関しても有害な有機溶剤等は一切使わず，ホットメルトコーティングが主体であり，その使用されている構成部品・材料，特にワックス充填材は温水，磁界，電界等で簡単に各構成素材に分離可能な材料でできているため，分離後の再利用が非常に容易であり，公害の発生するような媒体の使用もない。同様に，充填材を取り除いた後の樹脂フィルムの再利用も可能で，全体のリサイクルコストを極めて低くできる可能性を持っている。また，紙や一般のディスプレイに使用されているような木材等の天然資源をほとんど使用せず，廃棄物を出さない，地球環境

第4章　新規表示方式の最新開発動向

表2　電子ペーパー方式比較図

方式 性能	磁気通電感熱 TMペーパー	E.ink	Gyricon	ロイコ染料	G・H型液晶	高分子/低分子	磁気泳動
動作原理	熱-磁界（磁界と熱での磁気決象）	電界（帯電粒子の電気的決象）	電界（帯電球の電界での回転）	熱（化学可逆反応の発・消色）	熱・電界（熱発色・電界消色）	熱（加熱冷却条件での白濁透明）	磁界（磁性体の移動）
表示素子材料	磁性粒子・白色顔料(TiO2) 入低融点ワックス	白黒・正負帯電 顔料分散液入μカプセル	2色塗り分け 正負帯電シリコーンビーズ	ロイコ染料 顕色剤	ゲストホスト型 高分子分散液晶	低融点結晶樹脂	磁性粉懸濁液 入μカプセル
駆動方式	通電感熱・マトリックス通電感熱	TFTアクティブマトリックス	単純マトリックス	サーマルヘッド（特殊プリンター）	サーマルヘッド・レーザー	サーマルヘッド	磁気ヘッド
薄さ・軽さ	レーザー加熱・熱・磁界 ◎（厚さ約70μm）	電界 ◎（厚約500～700μm）	電界 △（厚さ2.54m）	熱 ◎	熱・電界 ◎	熱 ◎	磁界 ○
解像度	◎（600dpi以上）	○（166～200dpi）	△（約100dpi）	◎（400dpi以上）	◎	◎	×
発制要因・使用素子デバイス	無発径（磁性粒径8μm以下）	μカプセル径100(40)μm	ツイストボール径100μm	サーマルヘッド解像度（分子径）	熱発色・電場密度（分子）	サーマルヘッド解像度（結晶径）	μカプセル径100μm
コントラストレシオ	◎	○	○	◎	△	△	×
階調表現	◎（16階調以上）	△（4階調以下）	△（階調無）	◎（無段階表可）	◎（無段階）	○（階調）	×（階調無）
カラー化	◎	△	×	×	△	△	×
加筆性	◎	△	△	×	△	△	△
表示保持性	◎（固体）	○（液体）	○（周辺液体）	◎（液相反応）	○（液体）	○（固体）	○（液体）
白地	◎	○	△	◎	○	○	○
大面積	◎	◎	◎	◎	◎	◎	◎
書換性	◎	◎	◎	◎	◎	◎	◎
表示速度	○（1枚/秒）	○（6枚/秒）	◎	◎	◎	◎	◎
価格（A4当り）	◎（¥100以下）	△（¥13,000）	○（¥5,000）	◎（¥100）	○（¥6,000）	◎（¥100）	◎（¥200）
保持電力	◎	○	○	◎	○	○	◎
耐候性	◎	○	○	×	○	○	◎
省資源・リサイクル性	◎	×	△	×	○	○	△
備考・問題点等	サーマルプリンターにアダプター 付加で可能・共通使用可能	屈曲Rが大きい（200R以上） TFT取り付け困難	屈曲Rが大きい（200R以上）	特殊で高価なプリンターが必要 ヘッド温度制御が問題	屈曲Rが大きい（200R以上）	黒色は無理	原理的に解像度は上げられない

＊注（！:特長性能　!:注目性能）

に優しい省資源のシステムでもある。

　以上のような特質を持った磁気感熱式電子ペーパー「サーモマグ®」をすでに発表されているリライタブルメディアと比較して見ると，表2のように表すことができ，そのアプリケーションは同様に表3に示すことができる。

1.6　おわりに

　電子ペーパー（デジタルペーパー）の用途を考えるとき，最近TVコマーシャル等の生活スタイルの未来像で，紙のように薄いディスプレイを見ることがあるが，このように薄いディスプレイはかえって動画を見るための装置としては，曲がり易く，保持が難しく，見にくい装置になると考えられる。

　しかし，電子ペーパーとしての「サーモマグ®」はあくまで，薄い静止画表示の装置で，リライタブルペーパーであり，紙の領域を受け継ぐ物で，紙と同様のハンドリング（ページ捲り等）ができるものである。また，ペーパーライクディスプレイ（ソフトコピー）自体がリライタブルペーパーと同位置に考えられているが，これとは一線を画して，異なる物と考えるのが妥当であ

49

表3　電子ペーパーサーモマグ®応用製品

◎ビル外壁垂れ幕（P）
◎書込型電子黒板（P・A）
◎インフォメーション・ボード（A）
◎日替看板（A）
◎駅時刻表（A）
◎新聞（P・A）
◎メニューボード（A）
◎中吊広告（P・A）
◎レストラン・メニュー（P）
◎オーケストラ楽譜（A）
◎会議配布試料（P）
◎カタログ・パンフレット（P）
◎宅急便発送伝票（P）
◎スーパー棚札・値札（P・A）
◎電子バインダーノート（P・A）
◎クーリーンルーム用工程タグ（P）
◎商品券(残高表示)（P）
◎電子システム手帳（P・A）
◎ダイレクトメール（P）
◎葉書（P）
◎電子文庫本・雑誌（P・A）
◎一般イベントチケット（P）
◎航空券（写真入）（P）
◎定期券（写真入）（P）
◎クレジットカード（支払履歴・残高記入）（P）
◎プリペイドカード（残高表示）（P）
◎ポイントカード（P）
◎表示付ICカード（P）（A）
◎診察券・カード（予約日書込）（P）
◎商品（IC）タグ（P・A）
◎鉄道切符（P）
◎名札（P）

P：passive type
A：active type

⇑
大画面

⇓
小画面

　る。
　一方，冒頭で述べた紙の消費量の増加を考えるとき，その無駄な消費の例としては一般印刷機械の調整過程におけるヤレ（印刷不良），会議後のコピーや印刷資料の廃棄，データ確認のためのハードコピー等々，紙の浪費がいかに多いかがわかる。紙の製造の増加によってパルプが多量に消費され，森林の伐採につながり，これによる森林資源の減少で炭酸ガスの増加等，地球温暖化の原因ともなりかねない事が考えられる。

第 4 章　新規表示方式の最新開発動向

　また，省エネルギーの観点から考えても，単位当たりの紙の製造に要するエネルギーや，例えその資源を再利用し，再生させたとしても，それに関わるエネルギーは少なくないと考えられる。従って，これらの地球環境を改善する一助としては，紙をなくさないまでも，その消費をいかに少なくするか，その代替えになり得る性能を持ち，再生可能であり，製造に要するエネルギーが少ない（紙 1 枚に換算して），電子ペーパー（デジタルペーパー）システムをいかに普及させるかが課題となる。紙の特徴を最も多く実現できる「サーモマグ®」の普及をどのように進めるかを考え，森林資源の保護，しいては地球環境の改善に貢献できればと，当社は出来る限り多くの企業がこの新技術の開発事業に参加して，この日本発の省資源，省エネ新技術であるこの技術を世界的なデファクトスタンダードに持って行きたいと希望している。

文　　献

1) Steve Ditlea, *SCIENTIFIC AMERICAN*, November 2001
2) 眞島　修，磁気通電感熱電子ペーパー・サーモマグ®の開発，映像情報メディア学会技術報告，**28**（9）1-15（2004.2）
3) 眞島　修，リサイクル・カラー化可能な磁気感熱式電子ペーパー「サーモマグ®」，月刊ディスプレイ，**10**（3）41-48（2004.3）

2 異方性流体を用いた微粒子ディスプレイ

高橋泰樹[*1], 都甲康夫[*2]

2.1 はじめに

コンピュータやネットワークの急速な発達と普及に伴い，多くの家庭にもコンピュータや電子情報機器が入り込んできている。これらの機器から人間へのデータや情報の伝達手段の1つとして「ディスプレイ」があり，マン・マシンインターフェイスとして重要な部分を占めている。電子技術の発展と共に高性能なコンピュータチップが小型化する中で，当然，ディスプレイも従来とは異なる多種多様な性能が求められてきている。

テレビやデスクトップパソコンのモニターにも液晶ディスプレイ（LCD）が多く使われるようになってきたが，LCDは従来のブラウン管（CRT）に比べ，小型軽量，スペースの有効利用，低消費電力などの点で優れているので導入することが多い（置き換え）。一方，携帯電話のディスプレイはCRTでは到底使い物にはならず，LCDが存在していたからこそ利用できたわけである（新規用途）。このように，従来よりも優れたディスプレイ方式が新しく提案されることで，従来方式の置き換えや，新規応用への採用などにより市場が一気に広がる可能性を秘めている。

また，紙消費量は年々増加しており，それに伴い森林伐採，オゾン層破壊，ゴミ問題といった環境破壊が深刻化している。その対策としてペーパーレス社会となることが急務である。

これらの社会的背景もあり，特に従来のディスプレイにない特徴である，曲げられる（持ち運びが楽），超低消費電力，高コントラスト，低価格などを満たす「紙に近い」，あるいは「紙に代わる」次世代ディスプレイ，すなわち電子ペーパーの出現が期待されている。

現在，様々な企業・研究機関で電子ペーパーの開発が活発に行われている。電子ペーパーを実現するため現在検討されている主な表示モードとして，マイクロカプセル型電気泳動ディスプレイ[1~3]，インプレーン型電気泳動ディスプレイ[4,5]，トナーディスプレイ[6,7]，ツイストボールディスプレイ[8]，電子粉流体を用いる方式[9]，電気化学変化方式[10]，感熱方式[11]，フォトクロミック方式[12~14]，双安定モードLCD方式[15~22]等が挙げられる。

電子ペーパーに必要な項目として，紙・印刷物のように見易く長時間読んでも目が疲れないこと，超低消費電力を実現するために表示のメモリー性を有することが重要である。また人類が長年慣れ親しんできた紙の代替となるための項目として，薄いこと，軽いこと，折りたためること，書き込み／消去ができること，低価格であること等が要求される。さらにノートパソコン，携帯電話といった電子メディアの利便性を付与するため，ワープロ機能やワイヤレス通信機能等を有

[*1] Taiju Takahashi 工学院大学 工学部 電子工学科 講師
[*2] Yasuo Toko スタンレー電気㈱ 研究開発センター

第 4 章　新規表示方式の最新開発動向

することも望まれる。

2.2　Mobile Fine Particle Display （MFPD）開発にあたり

　MFPD方式に限らず，新規表示モードの電子ペーパーとして単なる電子ブックのような小型閲覧用の用途では，電子ペーパーとしての魅力があまり発揮できず，また LCD や有機 EL 等と競合する可能性もある。このような分野に対しては，すでに価格も下がっている現在の LCD 等に打ち勝つだけのかなりのインパクトが必要である。例えば，コントラスト，反射率，メモリー性，価格等である。中途半端なモノを投入すると初めは物珍しさもあり注目されるが，やがて飽きられてしまう。このような観点からは，電子ペーパーとしてはポスター等の大型の使用用途を狙う方がいいのかもしれない。このような分野には電子ペーパーとしてのオリジナルの用途があり，大型の電子ペーパーが入り込む余裕は十分あると思われる。そのような表示機能を満たす電子ペーパーの表示モードとして我々は，異方性流体を用いた微粒子ディスプレイ（Mobile Fine Particle Display: MFPD）を開発中である[23, 24]。ただし，現在この方式が他方式に比べ特に優れているわけではなく，問題点もあり改良中であることを付け加えておく。

2.3　異方性流体を用いた微粒子ディスプレイ（Mobile Fine Particle Display: MFPD）
2.3.1　MFPDの構造及び表示原理

　MFPDのセル断面構造を図1に示す。上基板には不透明電極を形成し，下基板には光吸収層と透明電極を形成する。現在のところ，異方性流体としてネマティック液晶を用いており，その中に粒径 $2～20\mu m$ の白色の微粒子を $10～25$ wt%添加し分散させている。微粒子を分散している異方性流体層の厚さは $50～100\mu m$ 程度である。基板内側最表面には垂直配向膜を形成しており，液晶分子は基板平面からほぼ垂直の方向に配向される。

　ここで，ネマティック液晶のモデルを図2に簡単に示す。液晶は液体と結晶の中間の性質を持ち，液体のように流れる性質と，結晶のような規則性のある分子配列の両方の性質を有する。ネマティック液晶はお互いが分子長軸方向に沿って並ぶという規則性を持つ液晶である。配列構造からも推測されるように，流体として粘性に異方性を有し，分子長軸方向に沿った方向の粘性が一番小さい。また，誘電率も異方性を有し分子長軸方向に沿った方向と，分子短軸方向に沿った方向では一般に値が異なる。

　各画素内における微粒子の位置は直流電界もしくはオフセット電圧を加えた交流電界により制御できる。図3はMFPDの表示原理を示したものである。同図(a)では微粒子が表示部全体に分散し，外光は白色微粒子の光散乱により反射されるため白表示が得られる。(b)では微粒子が不透明電極パターンの下に移動した状態であり，外光は異方性流体層（透明）をそのまま透過し光

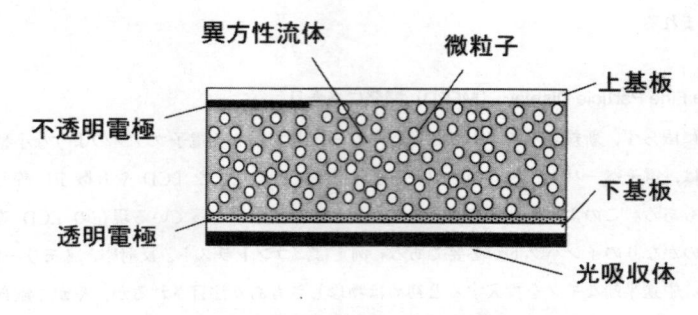

図1　MFPD基本セル断面構造図

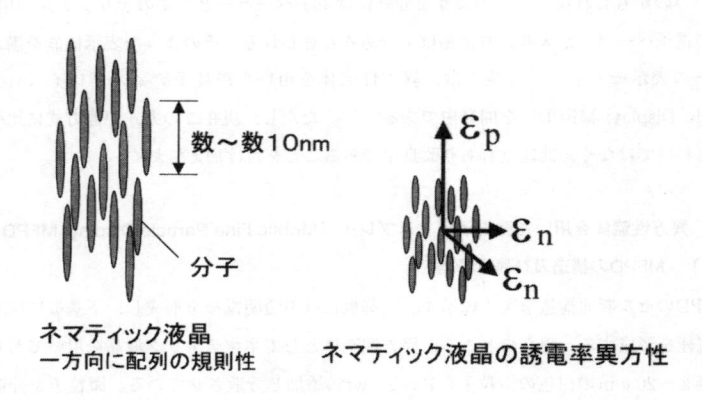

図2　ネマティック液晶モデル図

吸収層に吸収されるため黒表示が得られる。図3では白色微粒子を用いる場合について示したが，白色微粒子の代わりに黒色微粒子を用い，光吸収層の代わりに光反射板を用いる場合もディスプレイ形態をとることができる。ただし微粒子の位置と白表示，黒表示の関係は図1とは逆になる。カラーフィルタを用いたり，あるいは白または黒以外の色付き微粒子を用いたり，光吸収層部に色付き反射膜を用いることでカラー表示も対応可能である。将来，MFPDセルを用いてカラー表示を行う際，無彩色白黒表示のパネルにカラーフィルタを付すべきなのか，あるいは着色微粒子を用いるべきなのか，どちらも一長一短あり現在検討中である。つまり，カラーフィルタを用いると構造は比較的簡単になるが，電子ペーパーの売りである「明るさ」が犠牲になってしまう。また数種類の着色微粒子を用いる場合，明るい表示は実現できるが構造が複雑になったり解像度に影響が出てしまったりすることが予想される。

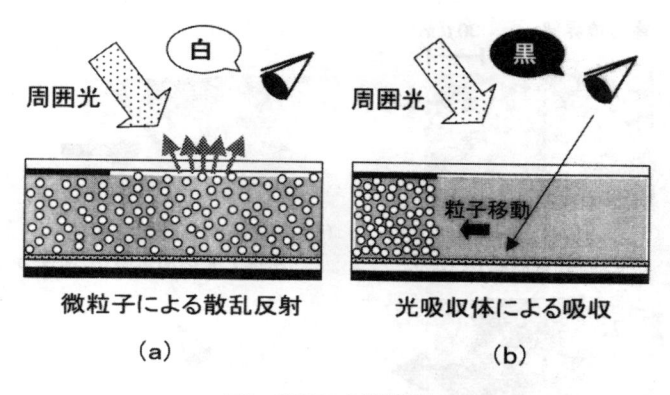

第4章 新規表示方式の最新開発動向

図3 MFPDセル表示原理図

2.3.2 MFPDにおける微粒子移動現象
(1) 微粒子移動状態

MFPDにおける微粒子の移動状態をセル上面から顕微鏡により観察した例を写真1に示す。初期状態(a)では均一に分散していた微粒子が直流成分を含む電界印加により横方向に移動することが解る((b), (c))。印加電界の極性を逆にすると微粒子は逆方向に移動し，元の均一分散状態に戻る((d))。この動きは何度でも繰り返して行えることを確認している。また微粒子を移動させている途中で電界を切ると微粒子はその位置で動かなくなり，このような状態を用いることで中間調表示も実現できる。この状態は長時間（数カ月以上）保持する（表示メモリー性が高い）ことを確認している。これは異方性流体として用いた液晶は分子同士が揃って並ぼうとする自発的な分子配向性を有しており，それにより微粒子を安定に固定する作用が働いていると考えている。

(2) 異方性流体流動現象

直流成分を含む電界により微粒子が移動する原因を調べるため，微粒子を分散させていない状態での異方性流体（液晶）の電界に対する挙動を調べた。偏光顕微鏡による観察の結果，電界印加により液晶だけでも流れが生じることを確認した。その流れを分析すると図4に示すように負電荷側の電極から正電荷側の電極に向かって液晶が流動する傾向があり，それにより電極が重なり合っているエッジ部分では円運動を描くような流れが生じる（図中[X]部分）。しかし電極エッジでも，図中[Y]で示した部分では流れの円運動は観測されない。さらに図中[Z]で示したような部分では時によってはセル厚方向に対して上下方向の円運動（対流）が見られるが，[X]部分に近づくに従いその上下方向の対流円運動は徐々に面内の円運動へと変形する。その様子を横から

(a) 直流電圧印加開始
（初期状態）

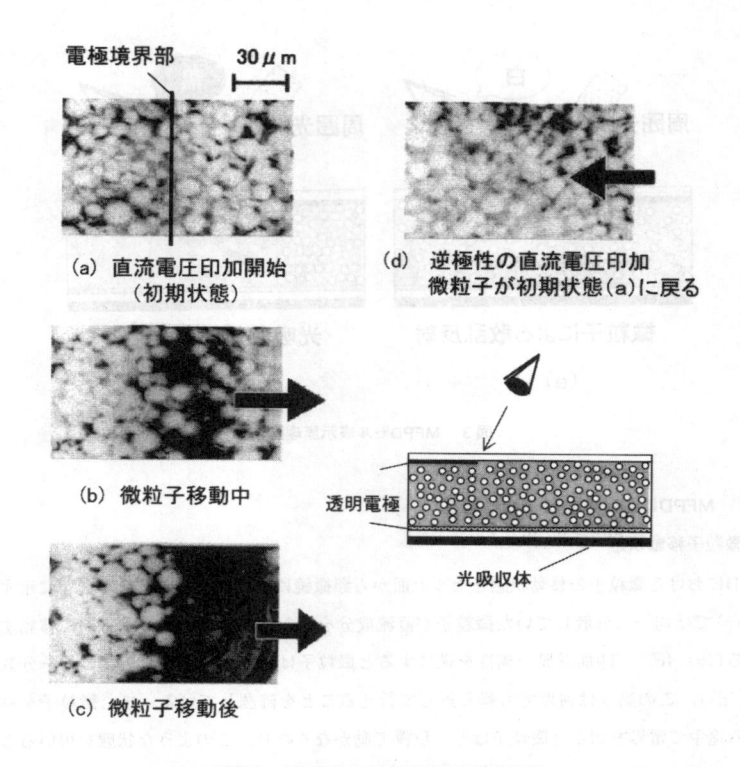

(b) 微粒子移動中

(c) 微粒子移動後

(d) 逆極性の直流電圧印加
微粒子が初期状態(a)に戻る

電極境界部　30μm

透明電極
光吸収体

写真1　MFPDにおける微粒子の移動状態

見たモデルを(c)に示す。[X]部分の円運動の流れにより周囲の液晶が引き込まれて大きな流れが発生しているようにも見える。印加電界の値が大きいほどその影響は顕著であった。電界の極性を逆にすると異方性流体の流れる方向も逆になり，エッジ部分での円運動方向も逆になる。以上のような直流成分を含む電界により液晶が流動する原因として，不純物イオンの流動による影響，不純物イオンと液晶の電気的異方性により生じる電気流体力学的不安定性による乱流効果等が考えられる。

　液晶に微粒子を添加したとき，この異方性流体の流れに微粒子が乗る形で移動することが微粒子移動現象の要因の一つであると考えられる。例えば，(d)に示すような形状の電極構造のセルにおいて，図に示した方向の電界を印加すると微粒子は上側電極の囲みの内側に集まる。印加電界の方向を逆にすると微粒子は囲み電極の外，あるいは真下（上下電極が存在する部分）に集まる。上下ベタ電極のセルではこのような液晶と微粒子の流れは生じない。上下電極がずれて重な

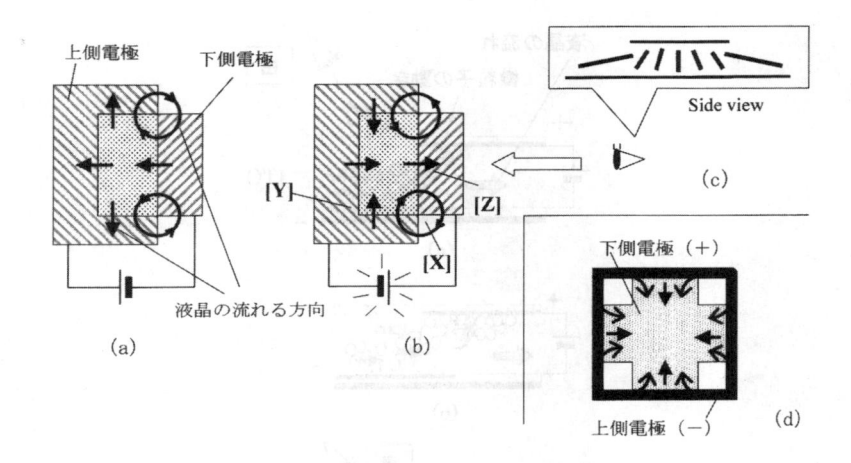

第4章　新規表示方式の最新開発動向

図4　異方性流体（液晶）の流動現象

ることによる横電界により生じる面内方向の流れをいかに制御するかがポイントとなる。また，微粒子の表面電荷と電極間に働くクーロン力も影響している（後述）と思われる。今回実験に用いた液晶では，電界印加により液晶が流れる方向とクーロン力により微粒子が引きつけられる方向がたまたま一致したが，動きが相殺されるような組み合わせの場合，スムーズな動作が阻害される。

　さらに，液晶中を微粒子が移動することで微粒子の周りの液晶分子の方向が異なることが予想される。そのとき微粒子に対し液晶の実効的な誘電率も異なる。そのため印加電界から誘電体（微粒子）が受ける力に方向性が生じており，その力も微粒子移動に関わっている可能性もある。しかし，現在のところ詳しいMFPDセルの微粒子移動のメカニズムはわからないことが多く，検討・解明中である。

　これらの動きを考慮し微粒子入り液晶を用いた時の，セル内でのそれぞれの動きをモデル化したのが図5である。(a)で電界が印加され液晶が流れ出し，その流れに微粒子が乗ると同時にクーロン力により電極方向に微粒子が引っ張られる。(b)では微粒子－電極間のクーロン力のため微粒子が電極に次々と吸着されている。(c)はほとんどの微粒子が電極に吸着され，電極付近に溜まった状態である。ただし，(b)，(c)の状態でも液晶は流れており，液晶の流れによる影響がクーロン力による影響よりも勝っている場合，微粒子は留まらない。また，次々溜まってくる微粒子に押し出されるような形で再び動き出してしまう微粒子もある。

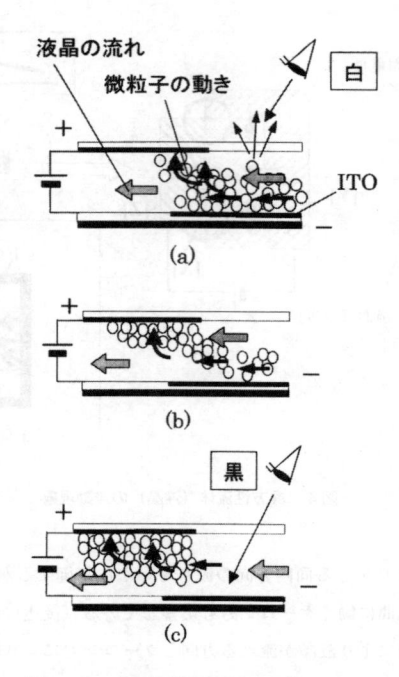

図5 セル内の微粒子の動きと液晶の流れ

(3) 微粒子移動速度

MFPDセルにおける微粒子の移動速度を測定した。測定方法は写真1に示した微粒子の移動状態観察から画像処理により導出した。

図6は微粒子の粒径を3,6,10μmと変化させたときの電界に対する移動速度依存性を示したものである。ここでは電界として直流電圧を印加した。図6より,高い電界を印加するほど微粒子移動速度が速くなることがわかる。また微粒子の粒径が小さいほど微粒子移動速度も速いことがわかる。単純に微粒子が電界印加により生じる異方性流体(液晶)の流れに乗って移動するのであれば微粒子の粒径による移動速度の依存性はほとんど生じないと考えられる。測定結果より,微粒子自体も電界により移動していることが示唆される。

電界による微粒子自体の移動要因として電気泳動が考えられる。そこで同じ粒径で帯電状態が異なる微粒子についてその移動速度を測定した。その結果を図7に示す。この図より微粒子の帯電量の絶対値が大きいほど移動速度は速いことがわかる。微粒子の粒径及び帯電量(メーカーの測定データ)による移動速度依存性の測定結果から,微粒子の電気泳動現象もMFPDにおける微

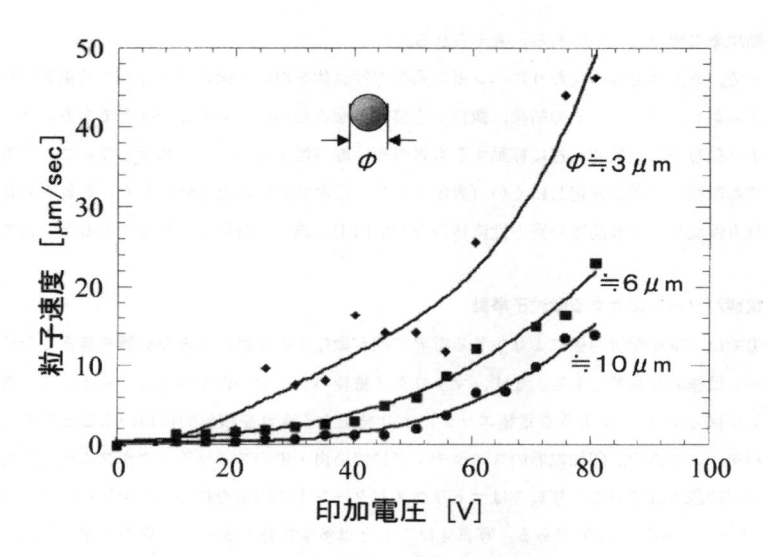

第 4 章　新規表示方式の最新開発動向

図 6　微粒子移動速度の粒径依存性

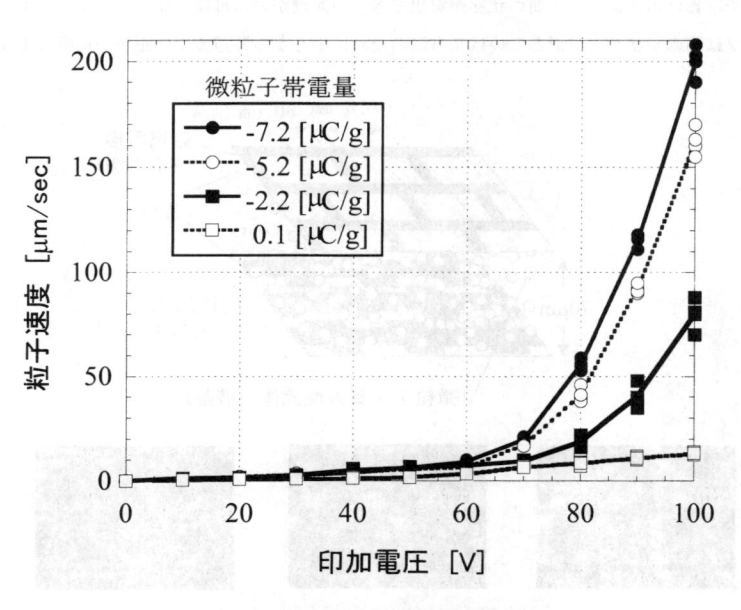

図 7　微粒子移動速度の帯電量依存性

粒子移動現象の要因の一つであると考えられる。

ところで，異方性流体の代わりにベンゼン系等方性流体を用いて微粒子を分散させ電界に対する微粒子挙動も評価した。その結果，微粒子を移動させるために高い電界が必要であること，高電界により微粒子は比較的高速に移動するものの短距離（数十μm）しか移動しないこと，電界無印加時の微粒子位置が安定しにくい（表示メモリー性が低い）ことを確認した。これらの結果より，等方性流体より液晶等の異方性流体の方がMFPDに適した微粒子分散媒であると考えている。

（4）電極パターンに対する微粒子挙動

MFPDでは，電極配置関係により生じる電界状態が微粒子の挙動に大きな影響を与えるため電極パターンは極めて重要である。まず，マトリクス電極パターンの例を写真2に示す。この電極パターンは図4(d)に示すような電極エッジにより発生する流れを積極的に用いることを考え試作したパターンである。印加電界のスイッチングに伴い白・黒のスイッチングがスムーズに行われることが確認されている。写真3はマトリクスパターン電極構造を持つセルを用いて文字表示（固定パターン）を行った例である。写真4はこれとは多少電極パターンが異なるが，中間調を表示した例を示す。全微粒子が移動し終わる前に印加電界を切ると，すなわち印加電界を制御することで写真に示すように中間の状態が実現でき，中間調が表示可能となる。しかし，マトリクスタイプは画素形状が正方形あるいは長方形のため，中心から各辺までの距離が場所により異な

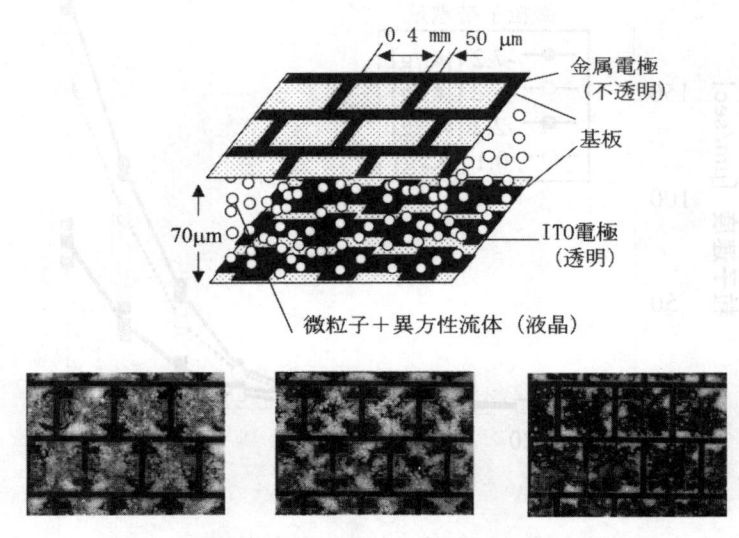

写真2　格子状電極パターンMFPDセルの電界印加に対する微粒子挙動

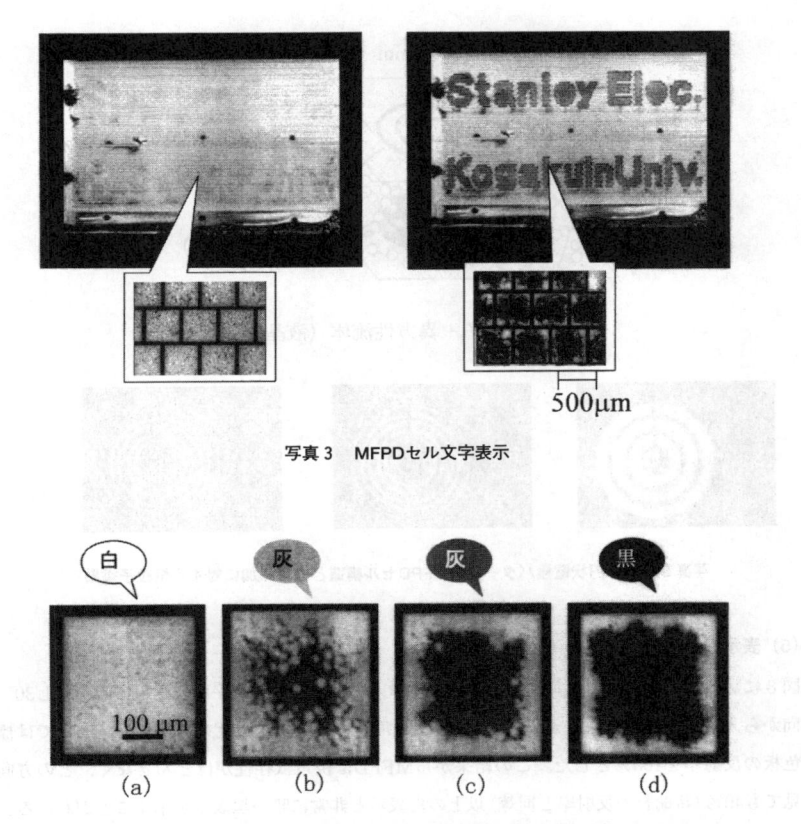

第4章　新規表示方式の最新開発動向

写真3　MFPDセル文字表示

写真4　格子状電極パターンのMFPDセル構造と電界印加に対する微粒子挙動

る。そのため大きな画素とした場合，微粒子の動きに不安定さが起こらないとはいえない。そこで，同心円状の電極パターンを考えた。同心円状のパターンに対する微粒子の挙動観察結果を写真5に示す。80V直流電圧印加により写真5(a)の状態から(b)を経て(c)の状態へ約1.5秒で変化する。(c)の状態では微粒子が上基板の同心円状不透明電極の下に隠れている。またこれは逆極性の直流電圧印加により(a)状態に戻すことができる。同心円状電極パターンでは，図4で示した電極が重なり合っているエッジ部分に見られる円運動が，電極形状の違いにより直線運動に変換されると考えられる。そのため非常に安定かつ高速にスイッチングが可能なパターンであるといえる。このパターンは同心円状電極数を増やすことにより大きなサイズの画素にも対応できる。

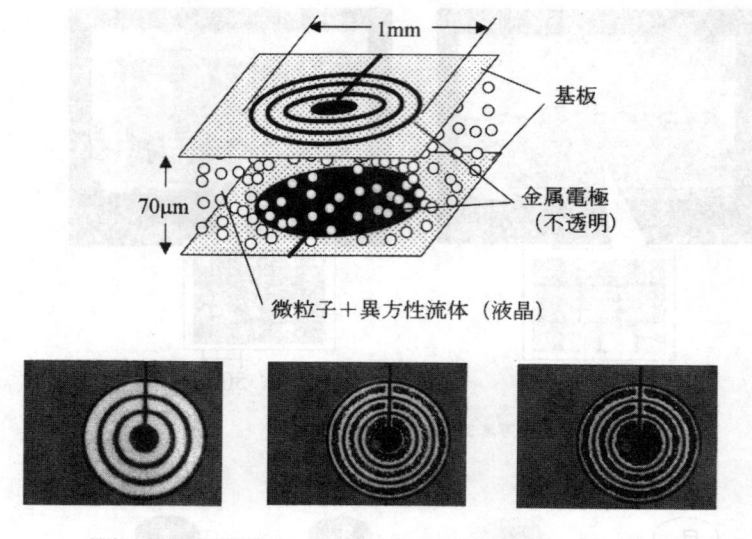

写真5 同心円状電極パターンのMFPDセル構造と電界印加に対する微粒子挙動

(5) 表示性能

図8にMFPDの反射率の視角依存性を示す。挿入図のようにセル平面の法線方向に対し30°の方向から入射光を照射し、0°から50°の反射測定角θについて光強度を測定した。ここでは標準白色板の反射率を100%とした。この結果からMFPDは視角依存性がほとんどなく、どの方向から見ても40%（新聞紙の反射率と同等）以上の白表示と非常に暗い黒表示を示すことがわかる。この特性はどこから見ても新聞紙よりも明るく、鮮明な表示をMFPDが実現できることを示している。

図9はMFPDのレスポンス特性である。ここでは格子状電極パターンと高帯電微粒子を用い、120Vの直流電圧を印加したときの反射率の時間変化を示している。MFPDの白状態から黒状態への表示切り換えは0.2秒以内に完了しており、比較的高速にスイッチングできることがわかる。このレスポンス特性は主として静止画表示を行う電子ペーパーには十分な速さであるといえる。

2.4 おわりに

電子ペーパーに向けたディスプレイとして異方性流体を用いた微粒子ディスプレイ（MFPD）を開発中である。MFPDは微粒子を横方向に移動させ表示を切り換えるため（インプレーン型）、コントラストが高く表示のメモリー性に優れているという特長がある。また微粒子分散媒体として液晶等の異方性流体を用いているため、電界印加時は微粒子を大きく移動させ、電界無印加時

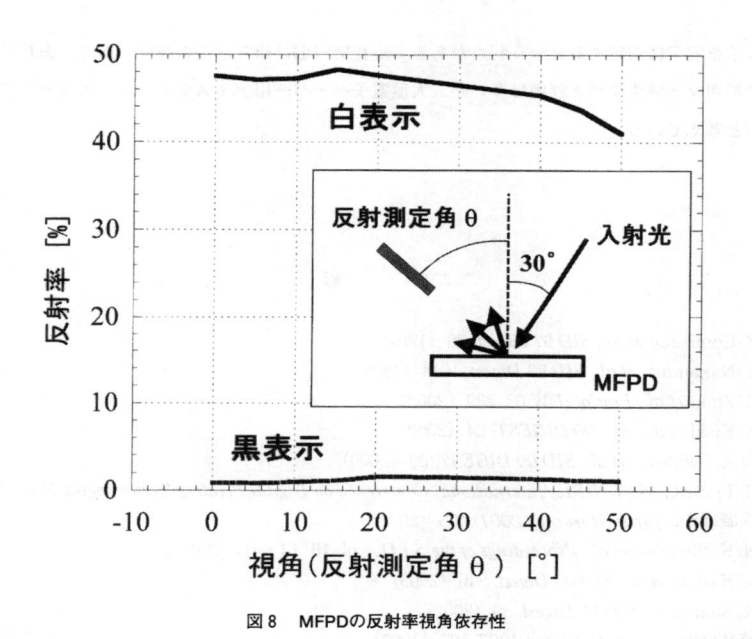

第 4 章　新規表示方式の最新開発動向

図 8　MFPDの反射率視角依存性

図 9　MFPDのレスポンス特性

は微粒子を安定に固定するという利点がある。現在MFPDは研究段階の技術であり，微粒子移動現象の解明など解決すべき課題は多いが，大型電子ペーパー用ディスプレイとして大きな可能性があると考えている。

文　　献

1) B. Comiskey *et al.*, *SID* 97 *Digest*, 75（1997）
2) E. Nakamura *et al.*, *SID* 98 *Digest*, 1014（1998）
3) G. Zhou *et al.*, *Proc of IDW* 03, 239（2003）
4) E. Kishi *et al.*, *SID'00 DIGEST*, 24（2000）
5) S. A. Swanson *et al.*, *SID'00 DIGEST*, 29（2000）
6) G. Jo *et al.*, *IS&T NIP15/International Conference on Digital Printing Technologies*, 590（1999）
7) 重廣ほか，*Japan Hardcopy 2001*, 135（2001）
8) N. K. Sherdon *et al.*, *Proceedings of the S.I.D.*, vol. **18**（3・4），289（1977）
9) R. Hattori *et al.*, *SID 03 Digest*, 846（2003）
10) K. Shinozaki, *SID 02 Digest*, 39（2002）
11) 筒井ほか，*Japan Hardcopy 1997*, 197（1997）
12) I. Kawashima *et al.*, *SID 03 Digest*, 851（2003）
13) Y. Ohko *et al.*, *Nature Mater.*, **2**, 29（2003）
14) Y. Ohko *et al.*, *Proc of IDW 03*, 1613（2003）
15) M. Pfeiffer *et al.*, *SID 95 Digest*, 706（1995）
16) Ph. Martinot-Lagarde *et al.*, *SID 97 Digest*, 41（1997）
17) I. Dozov *et al.*, *Appl.Phys.Lett.*, **70**, 1179（1997）
18) E. Wood *et al.*, *SID 00 Digest*, 76（2000）
19) I. Dozov *et al.*, *SID 00 Digest*, 224（2001）
20) K. Ochi *et al.*, *Proc. of IDW 00*, 281（2000）
21) 原田ほか，*Japan Hardcopy 2000*, 89（2000）
22) 藤沢ほか，信学技報 *EID2001-131*, 25（2002）
23) 高橋ほか，2000年日本液晶学会討論会講演予稿集，2B08，139（2000）
24) Y. Toko *et al.*, *Proceedings of the 21st IDRC in conjunction with the 8th IDW*, 265（2001）

3 交番磁場を用いたトナーディスプレイ

水野　博*

3.1 はじめに

現在オフィスにおける情報の伝達，可視化手段としては，主にプリンタを用いた紙出力とディスプレイが利用されている。それぞれ紙には読みやすい，書き込みができる，持ち運びが容易というような多くの特徴があり，一方ディスプレイにも大量の情報の取り扱いが容易といったメリットがある。

ところで「オフィスとは新規な情報を発信するところ」と定義した場合，それはまた「多くの情報の中から必要な情報を素早く選択し，それに自分が持つ知識，記憶，経験をつなぎ合わせ，既知の情報から未知の情報を生み出す，すなわち思考，創造するところ」と言い換えることができる。

近年，コンピュータの急速な普及と情報ネットワークの整備により，情報環境は大きく変化し，従来の紙出力，ディスプレイでは対応が困難な状況になってきている。紙出力に関しては，オフィスからの紙ごみの問題，機械の保守，メンテ（用紙/トナーの補給）に加えて，環境保全，費用・経費といった面からも紙出力を減らそうとする動きがある。さらに紙媒体に印刷された情報は，検索や加工がしにくいことも問題と考えられる。一方ディスプレイにおいても，長時間見た場合疲れる，思考するのに不便，書き込みができないといった不便さがいわれている。以上のようにいずれの可視化手段もオフィスの思考・創造支援に十分対応できるまでには至っていない。

このような課題を解決するために，紙の再使用技術や薄型のペーパーライクディスプレイの検討が行われている。これらはいずれも紙・ディスプレイをベースとし，他方の持つメリットを取り込むアプローチであり，最終的には電子ペーパーと総称される表示媒体を狙っている。

電子ペーパーの研究は古く，もうすでに30年以上も経っている。この間，多くの技術が紹介され，また電子ペーパーとして備えるべき必要事項も挙げられてはいるが，まだ具体的な商品になったものはない。

電子ペーパーという新しい概念のメディアが今後普及していくためには，現状のディスプレイに対する優位性だけではなく紙を使うことに対する優位性をも明確にすることが不可欠である。ユーザーに対するメリットをどのように備えるかが，この新しい媒体が普及するための鍵となると考えられる[1]。現状ではまだこの決定的なメリットが明確にされていないのではないかと考えられる。

---

*　Hiroshi Mizuno　コニカミノルタテクノロジーセンター㈱　システム技術研究所
　　　　　　　　　　プリント技術開発室　課長

電子ペーパーの最新技術と応用

表1　コンセプト，概念

○開発の目標
　　　　◇紙ライクな表示画像　　　　　◇紙ライクな使用感
　　　　　・反射型表示　　　　　　　　　・安価
　　　　　・白色度，コントラスト　　　　・薄さ，可撓性
　　　　　・高解像度
○選択したシステム

磁性粒子と振動磁場による 粒子流動性の制御技術 ⇒充填の高密度化 （薄さ，コントラスト）	静電潜像を用いた書き込み ⇒高解像度の達成 ⇒電極が不要のフィルム構成 （安価，可撓性）

3.2　開発した表示方式の概要説明
3.2.1　開発目標

　我々は新しい情報可視化手段を検討するにあたり，特にオフィス環境を基本とし，電子写真技術をベースとして技術を検討した。"紙ライク"ということにこだわり，『画像表示性能』と『使用感』ということを最優先とした。『画像表示性能』としては，反射型表示であること，高白色度，高コントラスト，高解像度を，『使用感』としては安価であること，薄くて持ちやすいことを目標とした。

　これまでの検討より，下記の特長を持った表示方式が可能となった。

① 　磁性粒子と振動磁場の組み合わせによる粒子の流動性の制御技術を開発した。
② 　その技術により画像保持性能と高コントラストを両立させることができた。
③ 　さらに電子写真方式における感光体を用いた静電潜像を書き込み手段として利用することにより，高解像度の表示が可能になった。
④ 　加えてメディアに電極が不要で，安価で，薄く可撓性に富むメディアが可能になった。

本方式[2, 3]の特長は，静電潜像と磁気撹拌を併用した表示方式ということになる（表1）。

3.2.2　乾式方式の選定

　ところで「画像を表現する」ということはどういうことであろうか。それは着色粒子がその位置を適切に変えることによって画像形成がなされるということである。位置を変えるためには粒子が高速でかつスムーズに媒体中を移動することが重要である。

　現在粒子移動型表示方式においては，媒体として液体を用いた方式が数多く発表されているが，我々は空気，乾式方式をあえて選択した。液体に比べ空気の粘性は桁違いに低く，粒子の移動が速いのが特長である。しかしながら従来の方法では，画像保持性，濃度再現性の兼ね合いから，その高速移動性を十分にいかすことができなかった。空気中において粒子がスムーズに移動する

第4章 新規表示方式の最新開発動向

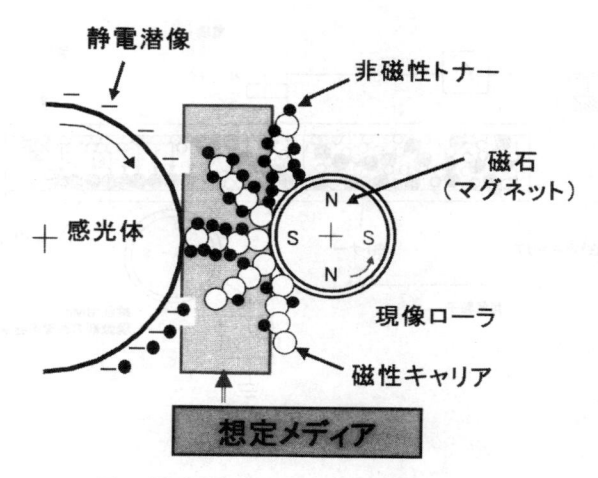

図1 電子写真2成分現像方式 現像領域

ために特に重要なことは画像形成時に粒子の流動性を上げること，すなわち"ダイナミックな状態"をつくることである。

ダイナミックな状態を実現するために，乾式二成分電子写真現像方式の現像領域の状態を応用した。図1のように二成分現像方式においては，磁性現像剤（磁性キャリア＋非磁性トナー）に磁石による磁気力が働き，現像領域ではダイナミックな状態が実現されている。この現像領域の状態をメディアの中で再現することを考えた。

3.2.3 メディアの構成

それでは現像領域の状態をメディアの中で再現するとしたとき，どのようなメディアが想定できるのであろうか。想定したメディアは以下のようなものである。

① 薄い2枚のシート（少なくとも表示面側は透明）の中に帯電した白・黒粒子を閉じ込める。
② つぎに磁気撹拌を作用させることにより粒子の移動を容易な状態にする。
③ 感光体上に形成された高解像の潜像電荷（電界）に応じてそれぞれの粒子を反対方向に移動させる。
④ その結果，高速で高コントラストの画像が得られる。

すなわち背景部には白色顔料を含有した粒子を並べ，文字部・画像部には黒色キャリアを使用して表示させるというものである（図2）。

3.2.4 使用現像剤

実験では，二成分現像方式において使用されている現像剤をそのまま用いた。黒粒子として磁

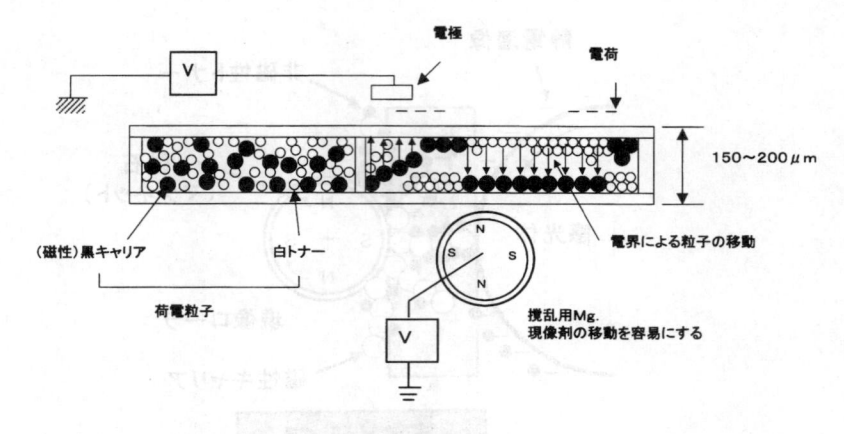

図2 メディアの構成

性粉を含んだ粉砕型のキャリアで約20μm，白粒子としてはこれも粉砕型の白トナーで約10μm，表面に若干シリカ処理をしたものである（表2）。
特に乾式二成分現像剤を用いた理由としては以下のようなことが特長として考えられる。

① 安全性に優れる
② 高コントラストが望める
③ 高解像度に優れる（電極駆動ではなく，潜像に応じて，粒子1つ1つが独立移動する）
④ 高速性が可能（振動磁場により高密度充填状態であっても粒子の移動が非常にスムーズ）
⑤ 従来技術，蓄積技術の応用が可能で，現像剤に関しては日々研究・開発されている常に新規な技術開発を盛り込むことが出来る

3.2.5 メディアの想定

次に黒粒子，白粒子を並べたときの画像濃度からどのようなメディアが出来るのか予想してみた。本方式では未定着状態の粒子が集まった状態で色を表現することになる。またメディアの形状を考えたとき，出来るだけ粒子数が少ないほどメディアが薄くでき，好ましい結果となる。

図3は未定着粒子を並べたときどれ位の付着量で黒濃度，白濃度が表現できるかを測定した結果をトナー層数で示したものである。粒径によって付着量と濃度の関係は変わるが，これをトナー層数に変換すると黒，白とも約1.8～2層程度で濃度は飽和することがわかる。

このような測定結果よりメディアの構成を見積もることができる。図4左のグラフは目標画像濃度（ID）に対して，必要な付着量をそれぞれ白粒子，黒粒子についてプロットしたものである。これより使用する粒子径と目標とする画像濃度が決まれば必然的に付着量すなわち必要な粒子の

第4章 新規表示方式の最新開発動向

表2 使用現像剤

黒粒子		白粒子	
キャリア（バインダー系キャリア）		白トナー	
樹脂種 磁性粉	スチレンアクリル マグネタイト	樹脂種 顔料 帯電制御材 後処理	スチレンアクリル TiO_2 シリカ
粒子径 形状	$20\mu m$ 不定形	粒子径 形状	$10\mu m$ 不定形

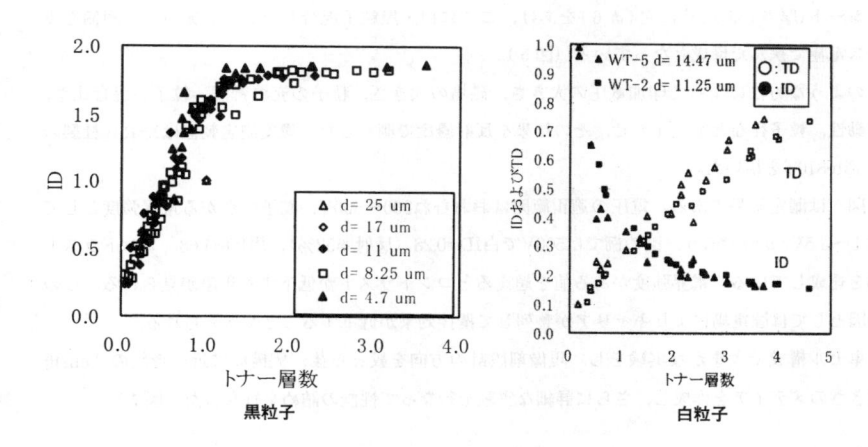

図3 粒子の表示特性

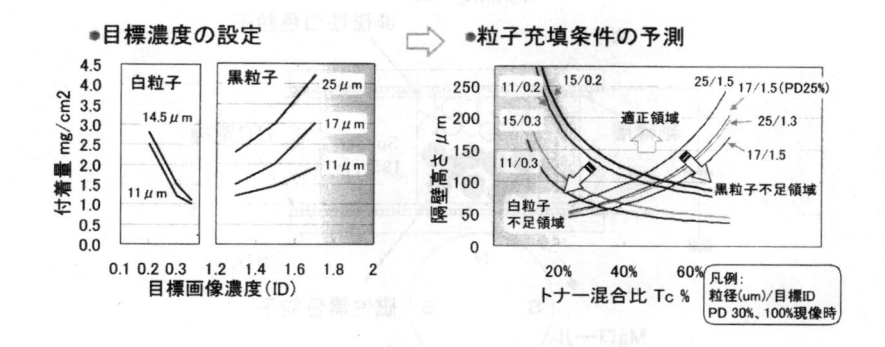

図4 メディアの想定

量が決まってくる。粒子の量が決まると体積が決まり，体積が決まると結果として粒子を入れるセルの容積，すなわち高さが決まる。またトナー混合比も決まってくる。これらを一つのグラフにして表したのが図4右のグラフである。グラフよりセル高さが約100μmのメディアの可能性のあることがわかり，粒径を変えれば最小セルギャップが73μmという計算結果も得られている。

3.3 予備実験

以上のような見積もりをベースにして単セル形状で基本実験を行った。単セル構成としては絶縁シート(厚さ185μm)に穴(ϕ6)をあけ，ここに白・黒粒子混合したものを充填し，両側をガラス電極で挟んだ構成となっている(図5)。
このような方法によって印加電圧の大きさ，磁場の大きさ，粒子の充填密度，粒子の混合比率，流動性，粒子径などを変化させ，その結果を反射濃度で測定した。濃度測定装置はX-Rite社製のX-Rite310Tを用いた。

図6は測定結果である。電圧の適正範囲はおおむね300〜500V，粒子にかかる電界強度としては1〜1.5V/μmであり，図の例では500Vで白ID=0.28(反射率52%)，黒ID=1.68，コントラスト25を達成している。電界強度がある値を超えるとコントラストが低下する現象が見られる。この原因としては強電場によりキャリアが整列して攪拌効果が低下することが考えられる。

単セル構成で大まかな実験をし，現像剤設計の方向を絞った後，実構成に近い形状の5cm角大きさのメディアを作成し，さらに詳細な実験を行なって性能の詰めを行なった(図7)。

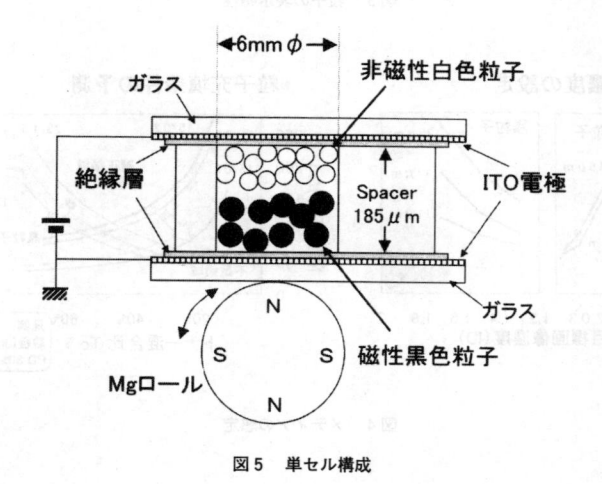

図5 単セル構成

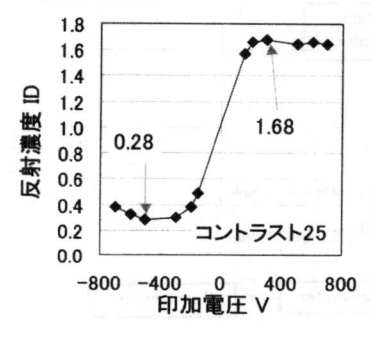

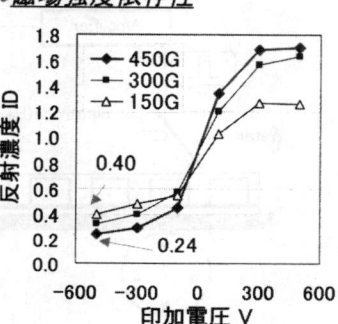

第 4 章 新規表示方式の最新開発動向

図 6　測定結果

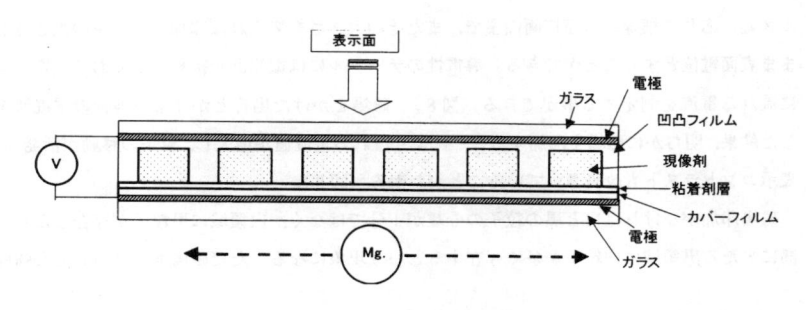

図 7　5 cm 角メディア

3.4　振動磁場の効果

　本方式のもっとも大きな特長は電界印加と同時に振動磁場を与えることである。これはメディア内部の現像剤を撹乱し,内部をダイナミックな状態にすることで粒子の移動をスムーズにする目的がある。

　振動磁場による流動性制御の効果を確認する方法として,電圧印加時にメディアに流れる電流値の測定を行った。ここでは 5 cm 角のメディアで,実際の粒子の動きを観察しながらその効果を測定した。

　実験方法は試作したメディアを導電性のテーブルに載せ,このメディアにかみそりの刃を接触させ,刃に電圧を印加しながら一定の速度で移動させる。このとき刃とメディアの接触を十分に取るために接触部には純水が付与されている。刃にかける電圧としてパルスを印加すればそのパ

電子ペーパーの最新技術と応用

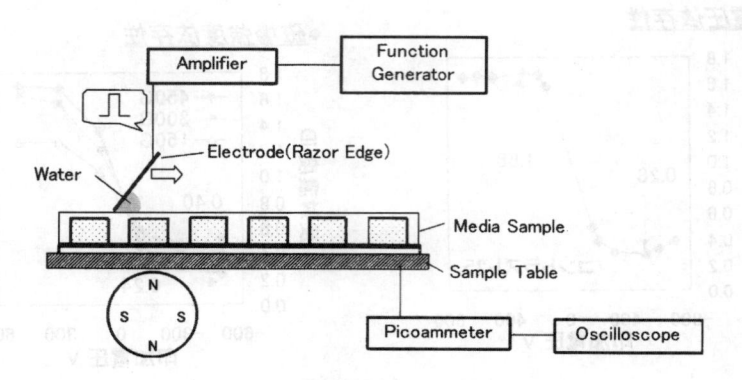

図8　振動磁界の効果　測定装置

ルス幅に応じて細線から面積画像まで，またその大きさを変えれば印加した電圧の大きさがそのまま表面電位とすることができる。導電性のテーブルには電流計が接続されており，電圧印加時に流れる電流を測定する事ができる（図8）。磁場をかけた場合とかけない場合の電流値を測定した結果，明らかに磁場を印加することにより流れる電流値が増大し，粒子の移動が活発になり，表示コントラストも改良されていることがわかる（図9）。

磁場印加がなければ白と黒の粒子の分離が十分ではなく，白領域に黒粒子が存在したり，画像部に当たる黒領域に白粒子が多く存在するという現象になる。ただ磁場強度についても強度の限

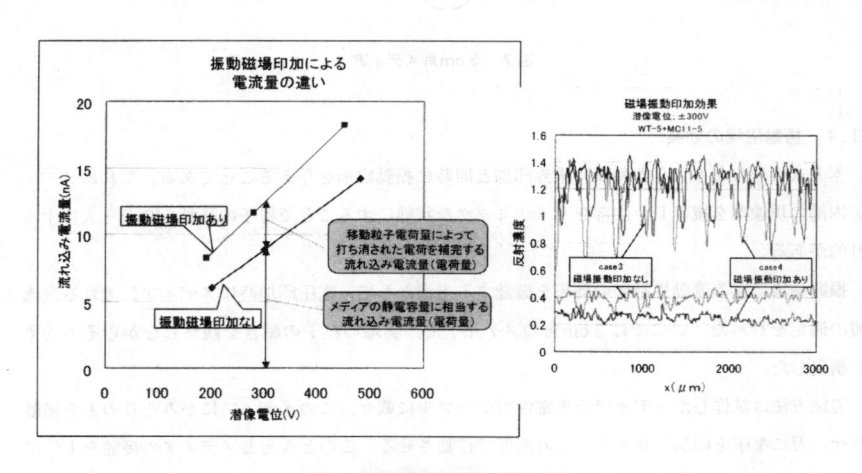

図9　振動磁場の効果　測定結果

72

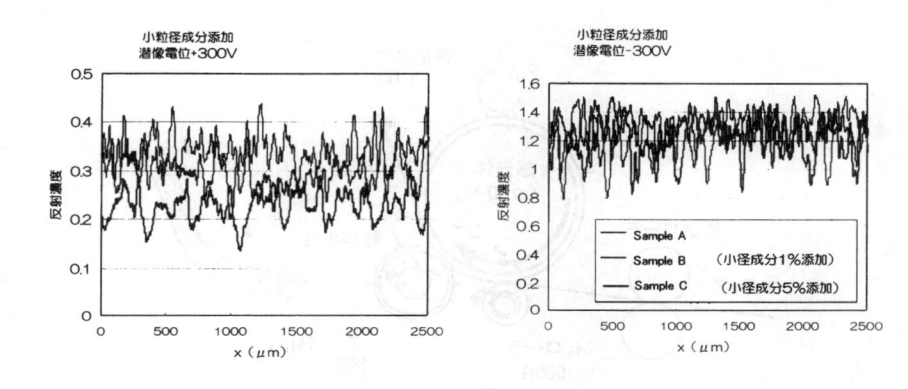

第4章 新規表示方式の最新開発動向

図10 小粒径成分添加の効果

界があり，あまり強くなりすぎると穂が硬くなり，穂の先端が白粒子層に取り込まれる形となって白のIDが悪化するといった現象が起こる。

もっとも磁性粒子の特性とも関連するため，特性を適切に選べばもっと良い磁場特性が得られるものと思われる。

3.5 現像剤粒子の改良

本方式は閉じ込められた狭い空間内を白・黒粒子がそれぞれ反対方向に移動し，移動した粒子が集まって画像を作る。それゆえ，粒子の移動性および移動後の粒子の集まり具合が画像性能に大きな影響を与える事になる。コントラストに対する白粒子のシリカ処理量，白粒子の粒径による影響を検討した結果，シリカ処理量が多く流動性が高いほど高いコントラストが得られている。また小粒径（約5μm）の白トナーを添加した場合もコントラストが大幅に改良されることが確認されている（図10）。小粒径トナーの場合には特に白色濃度が改良され，黒濃度にはそれほど影響しない。これは多分画像を形成している時の粒子の積層状態に起因しているのであろうと考えられ，大粒径トナーの隙間に小粒径トナーが入り込み，全体として非常に密なパッキング状態を形成していると考えられる。しかしこの場合も添加量には限界があり，本現像剤での組み合わせでは重量比で約5％の添加が限界であった。キャリア粒子に関しても粒子が持つ残留磁気，抵抗値で大きく特性が変わることも確かめられている。

3.6 実機使用による実験

次に実使用を想定して，Ａ４サイズのメディアを作成し，プリンタを用いて画像形成を行った

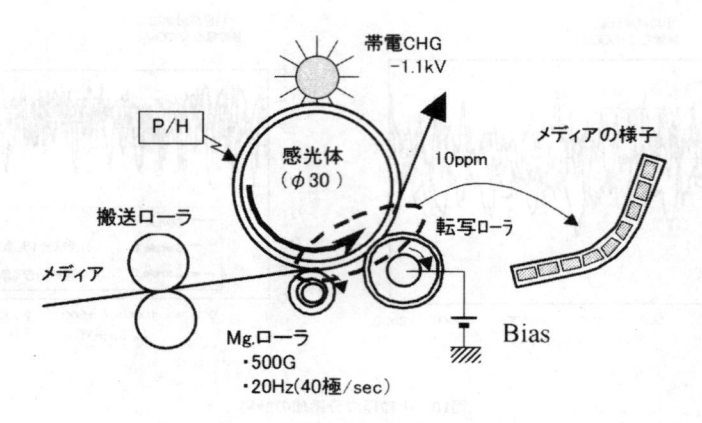

図11 画像出力装置

結果について報告する。

　まずメディアの製法であるが，ここではフォトレジストを用いた方法について説明をする。洗浄した表示面となる透明PET表面にフォトレジストフィルムを熱で貼りつける。これにパターンを書きこんだマスクを通して露光し，その後非硬化部を処理すれば，PET上にフォトレジストよりなる隔壁を形成することができる。

　次にこの凹部に白・黒粒子よりなる現像剤を散布し，ブレードにより過剰量の粒子および隔壁の上部についた粒子を取り除く。これで充填は完了である。

　最後に粘着層を備えた弾性フィルムをカバーフィルムとして貼り付けると，メディアとして出来上がりである。

この方法では凹部に充填した現像剤の一部はカバーフィルムの粘着層に捕獲され，表示動作に寄与しない状態となっている。今後は隔壁上部にのみ接着剤を塗布し，カバーフィルムを接着する方法の開発が必要である。

　次にプリンタについて紹介をする。画像出力装置としては通常の市販されているLBPを改良し，定着ユニットを取り除くとともに転写部にMg.ローラを設置したものを試作した。また転写ローラ，感光体帯電用ブラシにかけるバイアス電圧は外部より可変可能とし，その他は通常設定のままである（図11）。

　このようにして出来たプリンタにメディアをセットする。プリント信号により内部に搬入されたメディアに対して，転写位置近傍上流側に設けられたMg.ローラの振動磁場により，黒粒子が撹乱され，メディア内部の粒子の流動性が増加した状態になる。

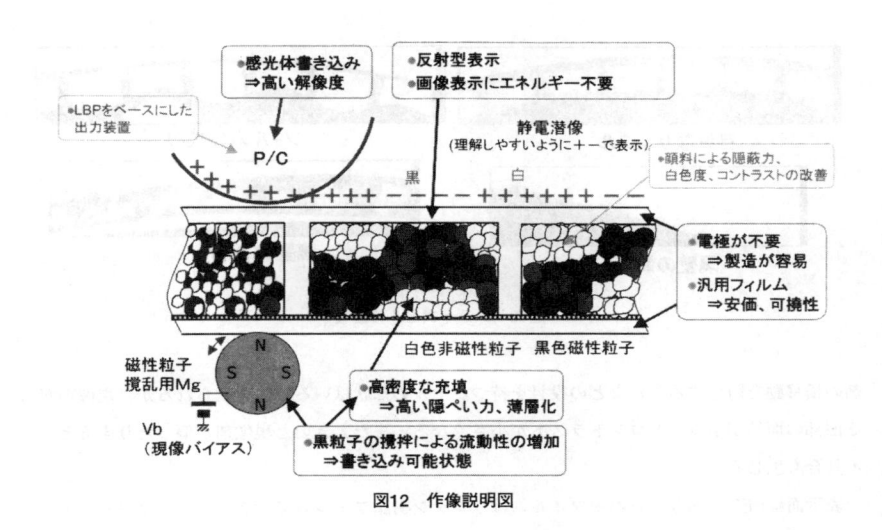

第4章 新規表示方式の最新開発動向

図12 作像説明図

この後,メディアは静電潜像が形成された感光体に転写ローラにより圧接され,感光体上の静電潜像がメディアの表面に静電潜像を誘起する。このとき感光体の解像度は十分に高く,メディアの表示面にも高解像度の潜像が描かれることになる。

この転写ローラには黒と白の潜像の中間のバイアス電圧が印加されている。この転写ローラに印加された電圧と,メディア表示面に誘起された静電潜像電位および背景部の電位との差に応じた電界によって粒子がそれぞれの方向に移動する。もちろん画像部に当たるところには黒粒子が,背景部に当たるところには白粒子が移動するように設定されている(図12)。

図12より明らかなように,粒子一つ一つが静電潜像に対応して移動するため最小画素単位は白・黒粒子一つとみなすことができる。それゆえ高解像度の可能性も十分期待される事がわかる。更には電極が不要であることも理解される。またメディアには非常に高密度な状態で粒子が充填されているため,高い隠蔽率を示す。

3.7 メディアの仕様

次に試作したメディアの仕様を示す。A4サイズの大きさで重さは約22g,現状では14gまで確認できており,また厚さについても230μmまでの確認が取れている。粒子としては黒粒子約20μm,白粒子約10μmで,混合比30%,セルへの充填密度は体積比で30%である。

セルは開口部の幅が300μm,隔壁幅は50μm(30μmまで確認),高さが150μmのUV硬化樹脂でできている。セルは現在溝形状になっている。隔壁はセルのギャップを均一に保つ事,現像

75

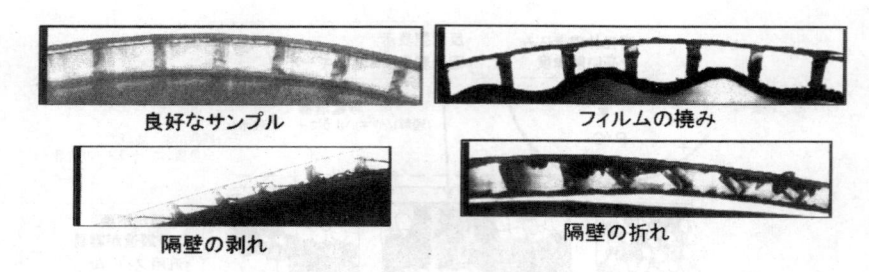

図13 メディアセルの破壊

良好なサンプル / フィルムの撓み / 隔壁の剥れ / 隔壁の折れ

剤の横移動を防止することなどの役目を持つ。セルの形状はいろいろ考えられるが，現像剤が入る凹部の面積が小さいとコントラストが小さくなる。また大きいと現像剤が偏ったりするという不具合も生じる。

表示面はPETであり，カバーフィルムはウレタン樹脂フィルムでできている。カバーフィルムもPETである場合，プリンタをつかうような場合は，①隔壁が倒れる，②接着が剥がれる，③セルが変形して現像剤にストレスがかかる等より繰り返し使用が出来ないことが起こる（図13）。これは画像形成時にメディアと感光体とを接触させるために，感光体に巻きつかせる必要があるからである（図11）。特にカバーフィルムの特性は重要で弾性を有することが必要である。多くの実験から弾性エラストマーが引っ張り強度，破断伸び等について良好な特性を示し，最終的にウレタン系エラストマーを使用した。

3.8 画出し実験結果

Ａ４サイズメディアでプリンタを用いて画出しをした結果は白ID＝0.3 黒ID＝1.4程度で，これらよりコントラストは10程度であり，解像度は6ポイント明朝体を問題なく再現している。

しかし感光体を用いて画出しをしているため，粒子が移動する際セルが変形する等により，本来持っている性能（単セル構成の結果）を出すまでには至っていない。しかしϕ30mmの曲げに対しても問題なく画出しができ，使用上はϕ10mmまで曲げてもメディアは壊れないことが確認できている。

3.9 おわりに

磁性粒子と振動磁場を組み合わせることにより粒子の流動性を制御する事が可能となった。これにより粒子充填の高密度化が達成でき，結果として透けず，高コントラストで非常に薄いメディアを作る事ができた。このメディアと電子写真方式の感光体静電潜像との組み合わせによる画

第4章 新規表示方式の最新開発動向

出しを行い,高解像度,高コントラストの可能性のあることが確かめられた。また電極が要らず,可撓性にも富み安価に製造できる可能性もある。

このような技術の応用例として1台のプリンタにより必要に応じて出力の切り替えにより普通紙あるいは表示媒体への出力が可能なハイブリッドプリンタというものも可能になる。

文　　献

1) 面谷信監修,「電子ペーパーの各種表示方式と実用化に向けた課題と対応策」,技術情報協会 (2003)
2) 余米希晶,水野博,野田傳治,「粒子移動型表示方式」,*Japan Hardcopy 2003 Fall Meeting* (2003)
3) 水野博,余米希晶,「粒子移動型表示方式」,電子情報通信学会技術研究報告 (2004)

4 鞘エンドウ型表示方式

前田秀一[*]

4.1 はじめに

　紙とディスプレイの長所を併せ持つ新しい表示メディアとして，電子ペーパーが注目されている。電子ペーパーを，デジタル情報の書換えが可能な紙と考えるか，紙の長所を備えた薄型ディスプレイと考えるかで，実現のためのアプローチが異なる。例えば，前者ではリライタブルペーパーにデジタル機器との双方向性を付与すること，後者ではディスプレイに紙のような視認性，メモリー性，ハンドリング性などを付与することが課題となる。今のところ，電子書籍など商品化されたものに限れば，ディスプレイタイプが先行している印象が強い。ディスプレイタイプの電子ペーパーの最大の課題は，紙の視認性，つまり紙への印刷物と同等の読みやすさの実現であり，この課題をクリアしたものはまだ存在しない。

　紙の優れた視認性は，その繊維のネットワーク構造に由来する。そこで，紙のネットワーク構造を模倣すれば，高い視認性が得られると考え，繊維を表示ユニットとして用いた独自技術を提案した。この表示ユニットは，透明中空繊維とその内部に封入された表示素子から構成される。透明中空繊維を鞘，表示素子をエンドウに見立てて「鞘エンドウ方式」と命名した。「鞘エンドウ方式」は電子ペーパーとしては今だ完成に至っていないが，現時点でのパフォーマンス，予想される応用分野などについて報告する。

4.2 発想の原点

　一般に紙の印刷物は，液晶ディスプレイに比べ，読みやすい。小説一冊をディスプレイで読むよりは，文庫本で読みたいという方が普通ではないだろうか。

　なぜ紙の視認性が優れているかについては，まだはっきりとは解明されていないが，紙の光散乱性にその答えを求めることが多い。紙は，写真1の普通紙表面の電子顕微鏡写真に示すように，多数の繊維がランダムに絡み合ったネットワーク構造から構成される。オプティカル・ウィーク・ローカライゼーションと呼ばれる紙の光散乱性は，次のように説明される[1)]。「光が紙のネットワーク構造の中に入ると，光は多数の繊維に当たりながら何度も屈折しあらゆる方向に分散していく。この光の分散は，紙の上でインクのしみがペンを当てた角度に無関係に広がるのと同様に，入射角に関係なく一様である。それ故，さまざまな色と位相をもった光を一様な背景に変換し，紙の白さを実現する。これは本来半透明の粒子から成る牛乳が白く見えるのと同じ原理である。」

---

　*　Shuichi Maeda　王子製紙㈱　研究開発本部　新技術研究所　上級研究員

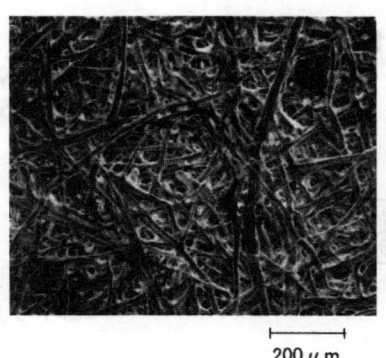

第4章　新規表示方式の最新開発動向

200μm

写真1　普通紙表面の走査型電子顕微鏡写真

　鞘エンドウの発想は，紙ライクの視認性を得るために，紙のネットワーク構造を模倣したことにはじまる。オプティカル・ウィーク・ローカライゼーションを期待しているわけである。紙が植物繊維由来のパルプから成ることから，一種のバイオミメティクの発想と言える。

4.3　構成

　鞘エンドウの構成単位は繊維である。表示ユニットである繊維を紙のようにシート化して，電極など制御回路を付与して電子ペーパーとする。この表示ユニットは，図1に示すように，透明中空繊維とその内部に封入された表示素子から構成される。鞘エンドウ表示ユニットのプロトタイプを写真2に示す。また，表示ユニット内部の表示素子は，写真3にその断面を示すように，黒と白に塗り分けられた繊維のフィラメントである。

4.4　原理

　電子ペーパーの候補技術として，ツイストボールと呼ばれる表示方式[2]が提唱されている。ツイストボールディスプレイは，半球面をそれぞれ白と黒で塗り分けた微小球を表示素子として含むシートから構成されている。この表示球は，シート内部の誘電性液体に満たされた多数の空隙中に存在している。白黒の半球面に電荷密度差を設けているので，電界の向きに応じて表示球は回転制御される。回転によって形成された白黒のコントラストが，観察者に文字や画像として認識される。

　鞘エンドウ方式では，微小球の代わりに前記透明中空繊維中の白黒に塗り分けた繊維フィラメントを表示素子として用いる。電界に応じて表示素子を反射させ，画像表示するという原理自体

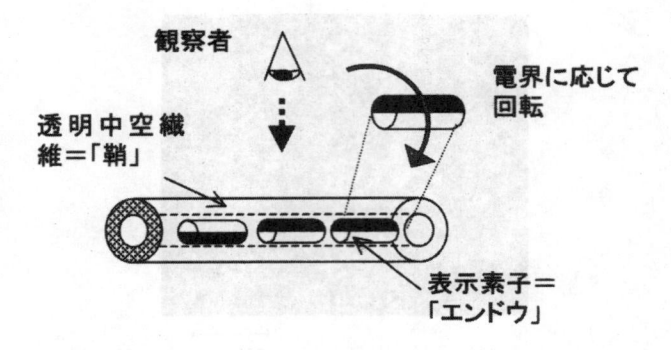

図1 鞘エンドウ表示ユニットの概念図

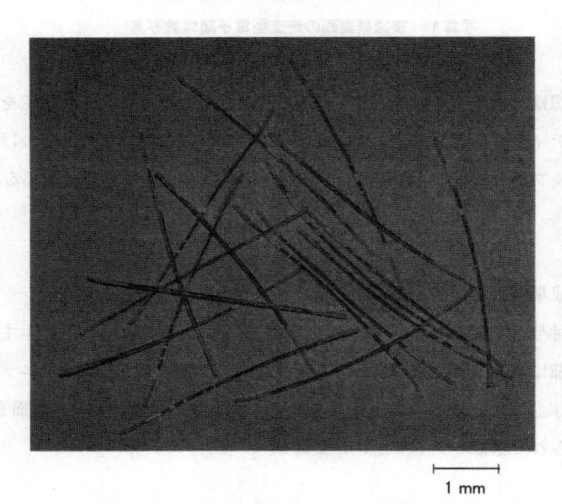

写真2 鞘エンドウ表示ユニットのプロトタイプ

は，ツイストボール方式とかわらない。

　鞘エンドウ方式プロト機の電界駆動時のヒステリシスカーブを図2に示す。表示素子径100μmのプロトタイプでありながら，ツイストボール方式で一般に必要とされる電圧（100V程度）より低い電圧で駆動している。またY軸対象のカーブを描いていることから，電圧0の状態で白黒両方を同時に表示できる。したがって，電子ペーパーの必須条件であるメモリーを有することが明らかである[3]。

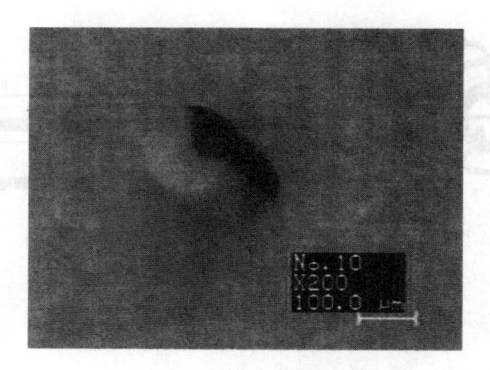

第4章　新規表示方式の最新開発動向

写真3　鞘エンドウ表示素子の断面写真

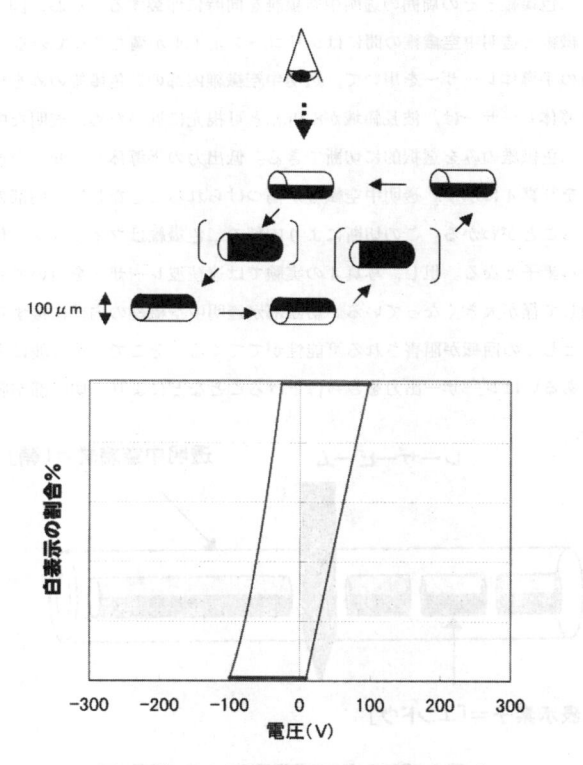

図2　鞘エンドウ表示素子のヒステリシスカーブ

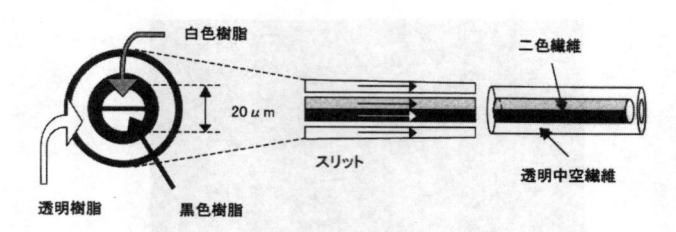

図3　鞘エンドウ表示ユニットのワンショット製造

4.5　製造方法

　鞘エンドウ方式の表示素子と表示ユニットは，溶融紡糸技術とレーザー加工技術を組み合わせて作製される。まず，繊維業界では一般的な溶融紡糸法により，図3にその概念を示すような押出し法により，二色繊維とその周囲の透明中空繊維を同時に作製する。なお，図3には記載していないが，二色繊維と透明中空繊維の間にはシリコーンオイルが満たされている。

　次に，低出力の半導体レーザーを用いて，透明中空繊維内部の二色繊維のみを任意の長さに切断する。この半導体レーザーは，波長領域が840nmと可視光に近いため，透明な中空繊維を傷つけずに，内部の二色繊維のみを選択的に切断できる。低出力の半導体レーザーを連続波で照射した表示ユニットを写真4に示す。透明中空繊維が傷つけられることなしに，内部の二色繊維だけが切断されていることがわかる。この切断により内部の二色繊維はフィラメント化され，独立して回転可能な表示素子となる。但し，写真4の実験では連続波レーザーを用いており，二色繊維の切断部が溶融して径が大きくなっている。切断部が透明中空繊維の内壁に接するまで大きくなると，表示素子としての回転が阻害される可能性がでてくる。そこで，連続波に変えてパルス波を用いること，あるいはレーザー出力をさらに下げることなどにより，切断部が肥大化しないよ

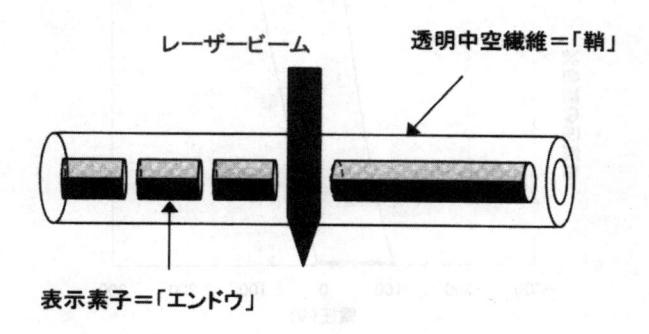

図4　鞘エンドウ表示素子のレーザー切断

第4章　新規表示方式の最新開発動向

写真4　鞘エンドウ表示ユニットのレーザー切断

うに最適化を図っている。

　一方，レーザー出力を大きくすれば，写真5に示すように，透明中空繊維も二色繊維と同時に切断される。この場合，切断と同時に末端をシール（溶断）することになり，シリコーンオイルなど内部成分の流出を防ぐことができる。つまり末端部は，高出力のレーザーで溶断し，末端以外の部分では，低出力のレーザーで内部の二色繊維のみ切断する。なお，半導体レーザーの出力コントロールの代わりに，切断には低出力半導体レーザー，溶断には炭酸ガスレーザー（波長 = 10,600nm）を用いるといった，レーザー波長を使い分けたコントロールも可能である。

4.6　材料
4.6.1　表示素子（エンドウ）

　表示素子の材料設計で最も重要なことは，二色繊維の半表面に電荷密度差を設けることである。この電荷密度差を大きくすれば，表示素子を回転させようとするドライビングモーメントが大きくなる[4]。鞘エンドウ方式では，図5に示すように，黒色部がプラス，白色部がマイナスになるように制御している。二色繊維の主成分としては，ポリエステル，ポリスチレンなどを用いることができるが，黒色部はプラス帯電したニグロシン，白色部はマイナス帯電した酸化チタンを樹脂に含有させている。なお，ニグロシンは，一般には靴墨などに用いられているが，鞘エンドウ方式では染料と電荷制御剤両方の役割を果たしている。

4.6.2　透明中空繊維（鞘）

　透明中空繊維の材料は，上記の半導体レーザーを透過するものならば，いかなる材料でも用いることができる。具体的には，ポリエステル，ポリスチレン，ポリウレタン，ポリカーボネート，

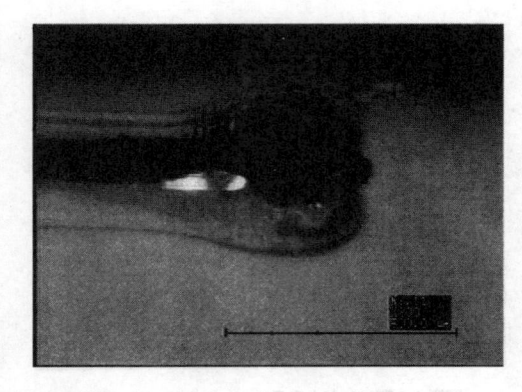

写真5　鞘エンドウ表示ユニットのレーザー溶断（末端シール）

図5　鞘エンドウ表示素子の設計

4フッ化エチレン・パーフロロプロピルビニルエーテル（PFA樹脂）などが挙げられる。特にPFA樹脂は，レーザーで内部の二色繊維を切断する際に二色繊維が溶融しても透明中空繊維の内壁に接着しにくい点で，鞘エンドウ方式に適している。

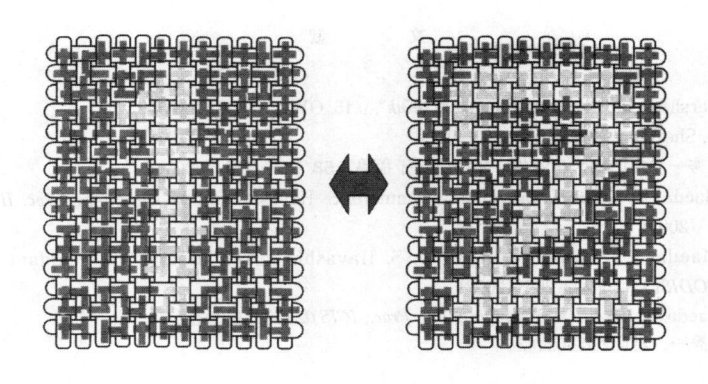

第 4 章　新規表示方式の最新開発動向

図 6　鞘エンドウ方式の応用例（電子布）

4.7　応用分野

鞘エンドウ方式は，紙レベルの視認性を目標にしているので，紙パルプメーカーのコア技術である抄紙や塗工を用いてシート化した上で，電子ペーパーとして応用するのが基本である。

一方，構成単位である表示ユニットが繊維であることから，潜在的な応用分野として，布や衣類も考えられる。図 6 には（現実にそういう場面はないだろうが）スポーツの選手の背番号が変るような電子布のイメージを示した。その他，ファッションショーに用いれば，モデルの衣装の模様や色が急に変るような芸当も可能であるし，任意に色を変えられるネクタイといった用途もあり得る。

4.8　おわりに

本項では割愛したが，いくつかのシミュレーション[4~6]や表示ユニットプロトタイプの評価[3]では，高速応答性，低電圧駆動などの点で，鞘エンドウ方式の高いポテンシャルを確認している。

また，今回は表示素子として二色繊維のフィラメントを用いたが，透明中空繊維内に他の表示素子を用いることも可能である。例えば，表示素子として帯電した微粒子を封入すれば，電気泳動方式による表示が可能である[7]。繊維状表示ユニットの活用によって，紙レベルの視認性を有する電子ペーパーの実現を目指して行きたい。

文　献

1) N. Gershenfeld, *"When things start to think"*, p.15, OWL BOOKS, (2000)
2) N. K. Sheridon, *PPIC/JH '98*, 83 (1998)
3) 前田秀一, 吉田臣, 林滋雄, 繊維学会予稿集, **58**, No.1, 173 (2003)
4) S. Maeda, H. Kato, K. Gocho, H. Sawamoto, S. Hayashi, and M. Omodani, *Proc. IDW'02*, 1353 (2002)
5) S. Maeda, H. Sawamoto, H. Kato, S. Hayashi, K. Gocho, and M. Omodani, *Proc. EURODISPLAY 2002*, 255 (2002)
6) S. Maeda, K. Gocho, and M. Omodani, *Proc., ICIS'02*, 507 (2002)
7) 前田秀一, 特開2002-024426

5 光アドレス電子ペーパー

有澤 宏*

5.1 はじめに

現在,ディスプレイの利便性と紙の人間に対する親和性の高さとを併せ持った新しいデバイス,電子ペーパーの実現を目指して各社各様の研究がなされている。大別すると,従来のディスプレイ,すなわち駆動系と表示体が一体になっているものを,薄く,軽く,見やすいディスプレイにするという一体型電子ペーパーのアプローチと,従来のプリンタと紙,すなわち駆動系と表示体とが分離していて何度でも書き換えられ,何枚でも使える紙を実現していく分離型電子ペーパーのアプローチがある。分離型電子ペーパーは,手軽に複数枚をプリントして用いることで,一覧性が必要な知的作業の効率の向上が期待できる。

光アドレス電子ペーパー[1]は分離型電子ペーパーで,駆動系と表示体とを分離することにより駆動ICやTFTなどを不要にして,一体型に比べて媒体コストを安く,軽く,壊れにくくすることを狙いとしている。また,アドレス方法に光を用いていることにより書き換え時間が短い,媒体の汚れの影響が少ない,機械的摺動が少なく繰り返し書き換え回数が多いというメリットを持つ。

図1は光アドレス電子ペーパーのシステムイメージの一例である。薄型の書き込み装置に電子ペーパーを差し込み,普段は静止画専用のパソコンの第二画面もしくはドキュメントビュワーとして使うことを想定している。プリントしたい時には画面を取り外すだけで見ているものがそのまま手にとれる。取り外した電子ペーパーは,並べて情報を比較したり,手で持ってじっくり読んだり,そのまま持ち歩いたり,自由にハンドリングできるようになる。

5.2 基本原理

図2に表示媒体の基本構造を示す。内面に微細加工しない表示画面サイズの透明電極をもつ2枚の透明なプラスチック基板の間に,有機光導電層,光吸収層,そしてコレステリック液晶カプセル/高分子バインダからなる表示層を順次積層する。有機光導電層は,電荷輸送層の上下に電荷発生層を配置し交流駆動可能にした独自構造を採用している。光吸収層は黒顔料を高分子に分散させたもので,表示の黒状態を規定すると共に,有機光導電層への外光の影響を遮断する役割を持っている。表示層はコレステリック液晶をマイクロカプセル化し高分子バインダと混合することで,塗布することを可能にすると共に,基板変形による画像劣化を防止している。

図3に光アドレスの原理を示す。光吸収層を省略した場合,表示媒体の等価回路は同図(A)

---

* Hiroshi Arisawa 富士ゼロックス㈱ 研究本部 先端デバイス研究所 マネジャー

電子ペーパーの最新技術と応用

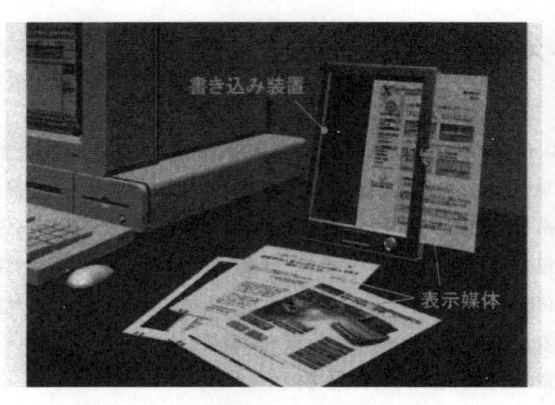

図1 光アドレス電子ペーパーシステムのイメージ

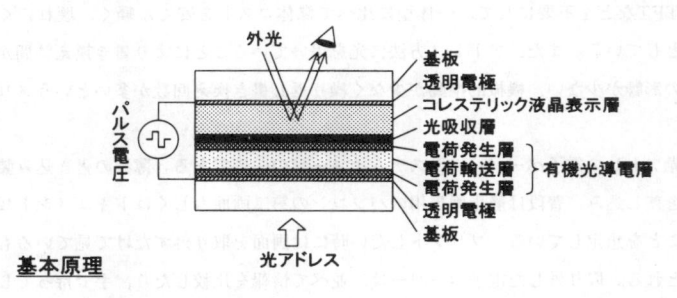

基本原理

図2 表示媒体の構造

のようになる。上下のべた電極間に電圧を印加すると，表示層には有機光導電層とのインピーダンス比で決まる分圧V_{LC}が印加される。矩形波に対しては，同図(B)に示すように，パルスの立ち上がりにおいて瞬間的な電荷蓄積による容量分圧が起こり，時間経過とともに抵抗分圧へと緩和していく。緩和時定数τは表示層と有機光導電層の容量C_{LC}, C_{OPC}と抵抗R_{LC}, R_{OPC}によって決まる。このように決まる正負パルスを数回印加して，液晶の焼きつき現象を防いでいる。

光を照射しない状態であれば有機光導電層に自由キャリアがないため，R_{OPC}は高抵抗になり，表示層に印加される実効電圧V_{LC}は低くなる。一方，電場下で有機光導電層に光を照射すると，内部光電効果による自由キャリアが発生する。つまり表示媒体への照射光量の増加に応じて有機光導電層の抵抗R_{OPC}は低下し，結果として表示層に印加される実効電圧V_{LC}が高くなる。したがってコレステリック液晶のしきい値を考慮した適正な電圧とオン/オフ光量を選択することにより，書き込み装置から照射した光パターンをコレステリック液晶の電気光学応答に反映させるこ

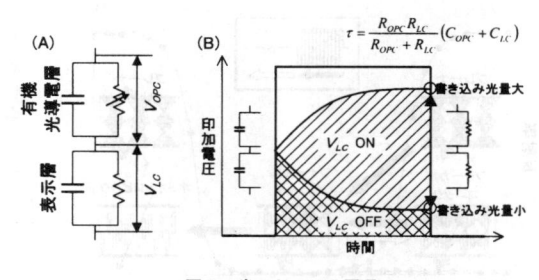

第4章 新規表示方式の最新開発動向

$$\tau = \frac{R_{OPC} \cdot R_{LC}}{R_{OPC} + R_{LC}}(C_{OPC} + C_{LC})$$

図3 光アドレスの原理

とができる。

5.3 コレステリック液晶の電気光学応答

表示層には正の誘電異方性を持つポジ型のコレステリック液晶を用いる。コレステリック液晶は液晶分子が厚み方向にらせん構造を描くように分子配列している。そのため、電場ベクトルの描く空間軌跡が液晶分子の回転方向と一致し、液晶内部での伝播波長がらせんピッチに等しい円偏光成分を選択的に干渉反射する。われわれはこの選択反射現象を利用して反射型表示を行っている。

図4に基板垂直方向のパルス電圧に対するポジ型コレステリック液晶の電気光学応答を示す。らせん軸が基板垂直になるプレーナを初期配向とすると、電場強度の増加にともなって、らせん軸が基板平行になるフォーカルコニック、らせん構造がほどけて液晶分子が電場方向に揃うホメオトロピックへと配向状態が変化する（図中黒矢印）。ここで各配向状態から印加電場を取り除くと、ホメオトロピックはらせんピッチがイントリンシックな状態よりも伸びた過渡的プレーナを経て初期の安定なプレーナへと遷移し、プレーナとフォーカルコニックはほぼそのままの状態を維持する（図中白抜矢印）。このように印加電圧によって状態は異なるが、無電場ではプレーナとフォーカルコニックが双安定に存在することになる。基板面から入射した光はプレーナでは選択反射され、フォーカルコニックではわずかに前方散乱しながら透過する。したがってパルス電圧（※電圧印加後の状態）に対して図のような反射率変化が得られ、プレーナとフォーカルコニックの間のスイッチングによって反射と透過のメモリ性表示を行うことができる。

5.4 両側電荷発生層型有機光導電層

電気特性の優れた光導電物質として、アモルファスシリコンやカドミウムセレンなどの無機材料がよく知られている。しかし無機の光導電体はプラスチック基板のプロセス温度の制約や耐久

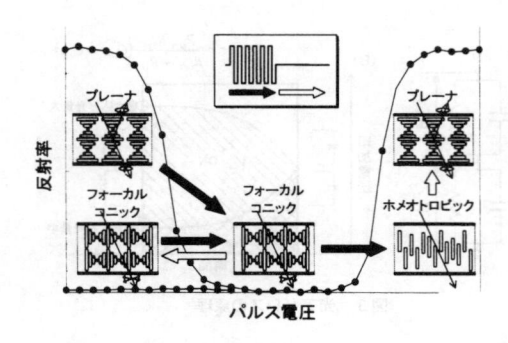

図4 ポジ型コレステリック液晶の配列変化と電気光学応答

性から，フレキシブルなデバイスへの適用は難しい。そこでわれわれは，電子写真の感光体技術を応用した有機光導電層を光スイッチング素子に用いている。

図5(左)に示すように，電子写真用感光体は高感度，長寿命を実現するため，電荷発生層と電荷輸送層を積層する機能分離型が主流となっている。電荷発生層の顔料が光を吸収して励起子を生成し，熱緩和した電子－正孔対が電離して自由キャリアとなる。通常電荷輸送層はイオン化ポテンシャルが小さいドナー性物質を高分子に分散した構造を持ち，電荷発生層から注入された正孔が局在化したサイト間をホッピング伝導すると考えられている。したがって電荷輸送層/電荷発生層2層構造の従来型有機光導電には整流性があり，交流駆動を行うことができない。

そこで同図(右)に示すように，電荷発生層を電荷輸送層の上下に配置する3層構造の有機光導

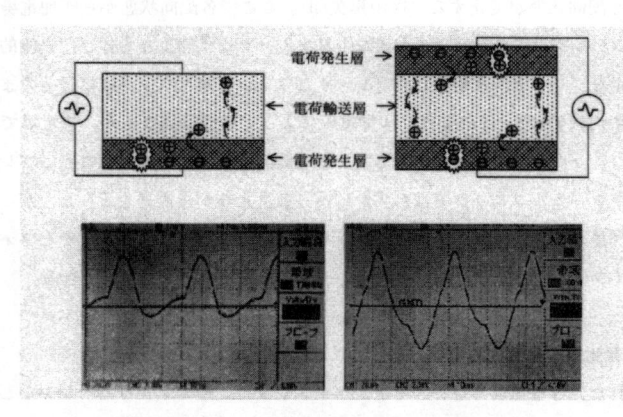

図5 有機光導電層の交流特性　従来型（左）　両側電荷発生層型（右）

電層を考案した。これによって対称なキャリア移動による交流特性を実現し，空間電荷の偏析による表示の焼きつき現象などを防止している。

5.5　白黒表示媒体[2]

透明電極をスパッタした125μm厚のポリエチレンテレフタレートフィルムを基板として，ペーパーライクな白黒表示媒体を試作した。ポリウレタン・ウレアをシェルとする薄緑とピンクのコレステリック液晶マイクロカプセル（平均粒径8μm）を作製し，等量混合し水溶性高分子のバインダとともに約35μm厚に塗布することで，単層で初めて白黒表示を実現した。有機光導電層として，0.2μm厚のフタロシアニン系顔料2層の電荷発生層と，ポリカーボネートバインダにベンジン系の正孔輸送材料を分散した8μm厚の電荷輸送層を積層した。

表1，図6に白黒サンプルのスペックとその概観を示す。紙のように薄くフレキシブルな表示

表1　白黒表示媒体のスペック

サイズ	105 × 171mm
表示領域	82 × 130mm
媒体厚	0.3mm
重量	7.7g
駆動パルス電圧	400V,10Hz,0.2sec
反射率	25%
コントラスト	8:1
解像度	>600dpi

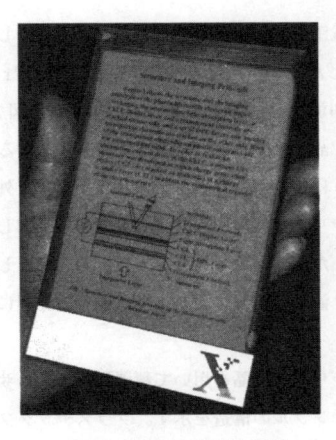

図6　白黒表示媒体の概観

媒体を実現できていることがわかる。0.2秒で瞬間的に書き込まれた画像は十分なメモリ性をもち，曲げや圧力に対しても変化しなかった。媒体自体の解像度は1インチ当たり600ドット以上であり，高精細な文字が十分に表現できる。積分球型測色計で測定した，完全拡散板を100%とする反射率（Y値）は約25%で，コントラストは8が得られた。2種類の波長を選択反射するコレステリック液晶をマイクロカプセル化して混ぜることで，反射スペクトルがブロードになり表示は無彩色に近くなった。視野角による明るさや色味の変化もほとんど気にならず，ハードコピーに近い印象を受ける。

5.6 カラー化に向けて[3)]

カラーを表示する一般的な方法として，三原色の画素を表示面内に配置する並置型と，厚み方向に配置する積層型の二つが考えられる。光アドレス電子ペーパーシステムでは，調光パターンを表示媒体に照射して画像を形成する。したがって並置型のように表示媒体上の発色位置が固定された方法では，書き込み装置との位置関係を高い精度（数十μm）で制御しなければならず，実用性に欠ける。そこで，それぞれ赤緑青の色を選択反射するコレステリック液晶層を積層する構造について検討を行っている。

積層型では，表示媒体がべた構造になるため位置合わせの問題がない。また1画素で多色を表示できるため光の利用効率が高く，高精細にできる利点もある。しかし図3に示したように，光アドレス法では表示層全体に印加される電圧しかコントロールできないため，3層へ同時に作用する電圧信号によって各層の反射状態を選択的に制御する手法が必要となる。この課題に対して以下の制御方法を考案した。

外部から印加されるパルス電圧に対する各コレステリック液晶のしきい値を，図6のようにシフトさせる。このように構成した表示層に対して，リセット電圧Vrとセレクト電圧Vsの2段階の電圧からならパルス信号を印加する。ここでリセット電圧Vrを図7に示したVe～Vgのしきい値間電圧，セレクト電圧VsをVa～Vdのしきい値間電圧にセットすると，各コレステリック液晶の配向状態は，表2上段のようになる。これから明らかなように，外部から印加する唯一の駆動信号によって，3つのコレステリック液晶の配向状態を独立に制御し，8種類の配向の組合せをすべて選択することができる。たとえば第1層として赤，第2層として緑，第3層として青をそれぞれ反射するコレステリック液晶で構成すると，加法混色の原理に従って表2下段に示す8色が表示される。

特性値設計を行ったコレステリック液晶を用いて積層型のカラーサンプルを作成し，アイデアの検証を行った。図8に検証サンプルの構造を示す。プラスチックフレームで支持した4.5μm厚のポリエチレンテレフタレートフィルムを介して，透明電極を蒸着した1.1mm厚のガラス基板間

第4章 新規表示方式の最新開発動向

表2 印加電圧と配向状態および表示色の関係

		リセット電圧 Vr		
		Ve	Vf	Vg
セレクト電圧 Vs	Va	○●●	○○●	○○○
		赤	黄	白
	Vb	●●●	●○●	●○○
		黒	緑	シアン
	Vc	●●●	●●●	●●○
		黒	黒	青
	Vd	○●●	○●●	○●○
		赤	赤	マゼンタ

$1^{st}/2^{nd}/3^{rd}$ ／○プレート　●フォーカルコニック

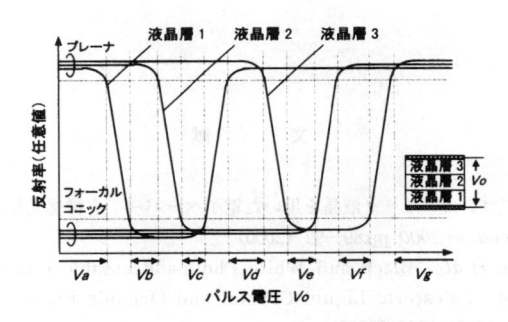

図7　積層した3つのコレステリック液晶層のしきい値関係

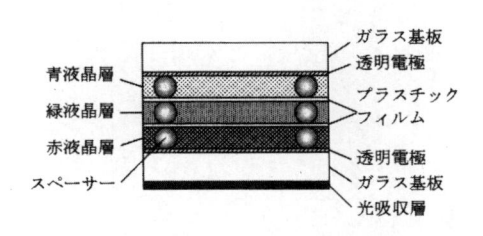

図8　カラー検証サンプルの構造

に，それぞれ赤緑青を選択反射する高分子安定化コレステリック液晶層を積層形成した。液晶層のギャップは，スペーサで5μmに制御している。考案した駆動方法を用いることにより，積層された3つの表示層を外部電圧で個別に制御し，8色のカラー表示が可能であることがわかった。積分球型測色計で測定した，完全拡散板を100%とする反射スペクトルでは，白表示における積分反射率12.1%，白黒コントラスト5.6が得られた。

5.7 おわりに

現在，富士ゼロックスで取り組んでいる分離型電子ペーパー技術の概要を紹介した。コレステリック液晶と有機光導電層を組合せた白黒の光アドレス電子ペーパーを試作し，面一括照射による高速な画像書換え，薄くフレキシブルな媒体形状，一覧性の高い反射型メモリ性表示といったユニークな特長が確認できた。今後，フレキシブルなカラー電子ペーパーを実現していくと共に，これらの特長の生かせる新規市場を開拓していきたい。

文　　献

1) 有澤宏ほか，"コレステリック液晶を用いた電子ペーパー：有機感光体による光画像書き込み", *Japan Hardcopy 2000*, pp.89〜92（2000）
2) T. Kakinuma, *et al.*, "Black and White Photo-addressable Electronic Paper using Encapsulated Cholesteric Liquid Crystal and Organic Photoconductor", *IDW'02 Proceedings*, pp.1345〜1348（2002）
3) 原田陽雄ほか，"コレステリック液晶を用いた電子ペーパー：積層型カラー表示層の外部駆動", *Japan Hardcopy 2000*, pp.93〜96（2000）

6　摩擦帯電型トナーディスプレイ

重廣　清[*1]，町田義則[*2]

6.1　はじめに

インターネットの爆発的普及によってデジタル情報の流通量が増加し，電子的な表示媒体上で情報を読む機会が増えている。一方，情報を読むための媒体として紙があり，反射型で読みやすい，一度書かれた表示物を電源なしで保持できる，一覧性がある，読む姿勢を問わない，サイズの制限がない，などのメリットがある。そこで，紙が持つ表示媒体としての良さとデジタル情報を扱う機能を併せ持つ書換え可能な表示媒体というコンセプトが提案され，導電性トナーと電荷輸送層を用いたトナーディスプレイをはじめ[1]，各種の方式が報告されている。我々は乾式電子写真の現像工程や転写工程で応用されている「摩擦帯電した粒子が気体中を電界によって移動する現象」に基づいた表示媒体を見出した[2～5]ので，その技術概要と応用展開を紹介する。

6.2　基本原理

6.2.1　基本構成

本表示媒体の基本構成を図1示す。本表示媒体は一対の電極基板に挟まれた空間に互いに異なる光学特性と帯電特性を持つ二種類の絶縁性粒子が封入されている。基板間は距離を一定に確保するスペーサが配置され，空気などの気体で満たされている。表面側の基板は透明な電極と基材からなり，基板内面に付着した粒子を外部から基板を通して見ることができる。各基板の電極は外部電源に接続されている。

6.2.2　表示駆動原理

本表示媒体の表示駆動原理を図2に示す。表面側の電極に負極性，背面側の電極に正極性の電圧を印加して基板間に電界を発生させると，正極性に帯電した黒色粒子はクーロン力により表面側へ移動すると共に，負極性に帯電した白色粒子は背面側へ移動する。それぞれの基板上に到達した粒子は基板面に付着し保持される。表面側から目視すると黒色粒子層が見え，背面基板上に付着した白色粒子層は表面の黒色粒子層に遮閉されて見えない。（図2のBlack）ここで，電圧を切断しても粒子は移動先の基板上に，影像力やvan der Walls力などにより保持される。

次に，印加する電圧の極性を反対に切替えて基板間に発生する電界方向を逆転すると，帯電した絶縁性粒子は電界により基板間をそれぞれ反対方向へ移動し，移動先の基板上に保持される。ここでは白色粒子が表面側へ移動して表面からは白色に見える（図2のWhite）。

---

*1　Kiyoshi Shigehiro　富士ゼロックス㈱　研究本部　先端デバイス研究所　マネジャー
*2　Yoshinori Machida　富士ゼロックス㈱　研究本部　先端デバイス研究所

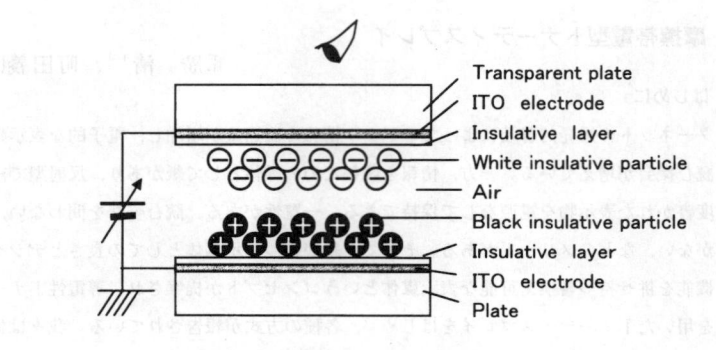

図1　トナーディスプレイの基本構成

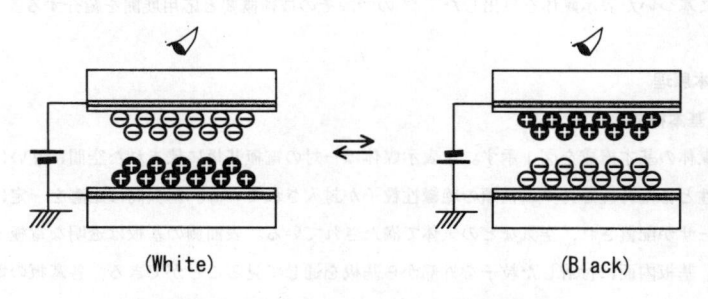

図2　摩擦帯電型トナーディスプレイの表示駆動原理

6.3　表示特性

6.3.1　表示コントラスト

基本構成図1の黒/白表示特性を紹介する。評価用表示媒体は300μmのスペーサを介して対向するITOガラス電極基板間に，体積平均粒径約20μmの絶縁性の白色粒子と黒色粒子が体積比6：5で混合攪拌され，約6 mg/cm^{2}で一様に封入された表示面積4 cm^{2}のテストピースである。ITOガラス電極上にポリカーボネート樹脂からなる厚さ約3μmの絶縁層を塗布している。本表示媒体は，高いコントラスト比と高い白反射率の表示が得られる。表面と背面の電極間の印加電圧が－300Vのときの黒表示濃度は 1.67，黒反射率 2.1 %，＋300 Vのときの白表示濃度は 0.39，白反射率 41 %であり，コントラスト比は 20 と高い値を示している。ここで，反射濃度はX-Rite社製X-Rite®404で測定した。

6.3.2　電圧印加方法と表示特性

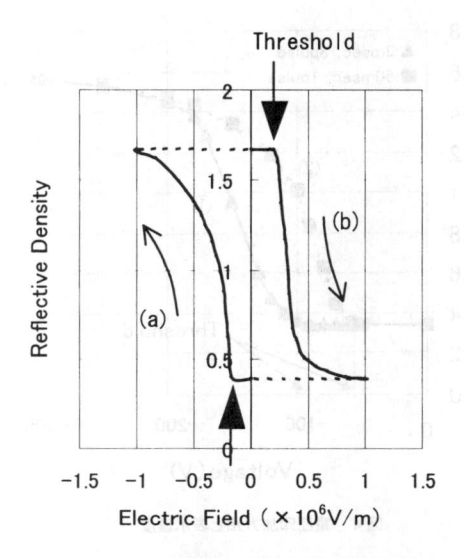

第4章 新規表示方式の最新開発動向

図3 電界強度に対する表示濃度曲線

　本表示媒体では電界強度に対する粒子移動現象に閾値が存在する。表示基板側に白色粒子を付着させたのち，表示基板側に負極性の電圧を印加すると，図3に示すように，一定値以上の電界強度で粒子が移動を開始する。電界強度－反射濃度特性に閾値がみられることによりパッシブマトリクス駆動が可能となる。

　表示の応答時間は電圧に依存し，印加電圧が高いほど応答時間は短く，電圧印加時間が長いほど表示濃度が高くなる領域がみられ，印加電圧や電圧印加時間を変数とした階調表示の可能性がある。さらに，電圧印加回数が多いほど表示濃度が高くなる領域がみられ，繰返し電圧印加回数を変数とした階調表示の可能性もある。また，電圧印加時間と繰返し電圧印加回数とを選択することにより，表示特性を制御することができる。ここでは一例として電圧印加時間を3 msec，繰返し印加回数を3回としたときの表示特性について説明する。このときの印加電圧と表示濃度の関係を図4（図中①）に示す。なお，比較として電圧印加時間が 50 msec，繰返し印加回数が1回の結果を図4（図中②）に記した。①は②と比べ閾値電圧が高くなり，表示濃度カーブの傾きが急峻になっている。

　本表示媒体の特徴の一つであるパッシブマトリクス駆動では，非表示部の地汚れを防ぐために，表示部の電極に印加できる電圧が閾値電圧の2倍以下に制限される。図4の②では閾値電圧が約－60Vで，その2倍の－120 Vでは表示濃度が 1.19 である。これに対し①は閾値電圧が約－90

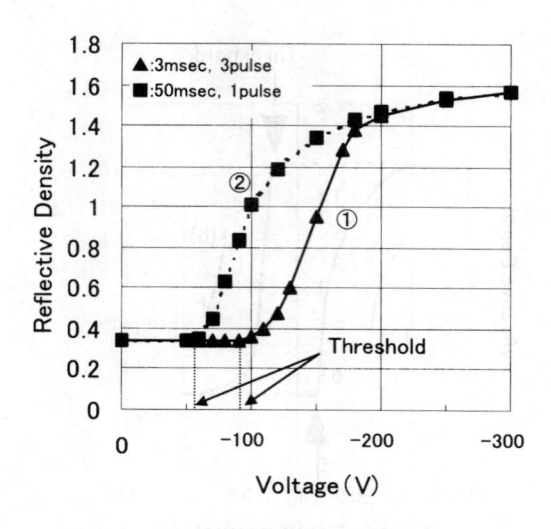

図4 電圧印加方法と表示濃度

Vで、その2倍の−180Vでは表示濃度が1.38である。つまり、パッシブマトリクス駆動を実施した場合、②の電圧印加方法では表示コントラストがΔDで 0.85，Rconで7であるのに対し、①ではΔDで1.04，Rconで 11 に向上することができた。

次に、パッシブマトリクス駆動を適用した表示デバイスを図5に示す。表示デバイスのサイズはA4判よりひとまわり大きい 240 mm× 320 mmであり、画素数は 240 ドット× 320 ドットが基本仕様である。さらに、240 ドット×960 ドットとして1ピクセルを1ドット×3ドットで形成することにより、1ピクセル当り4値が可能である。図5に示した表示デバイスの上側3行分の文字列は1ピクセル中の全ドットを黒表示にしたもの、下側2行の文字列は1ピクセル中の2ドットを黒表示にしたもので、面積階調により文字の濃度を変えて表示した例である。

6.4　カラー表示
6.4.1　カラー表示の基本構成と表示駆動原理

トナーディスプレイのカラー表示方法として、RGB各色のカラー粒子を用いる方法や、カラーフィルタと白黒粒子とを組合せる方法が可能であるが、ここでは背面着色基板と白黒粒子とを組合せる方法を紹介する。

本カラー表示媒体の基本構成を図6に示す。任意の色に着色されたカラー層を背面基板に持つことが特長である。ここでも上記6.2.2の表示駆動原理と同様にして白色や黒色を表示するこ

第4章 新規表示方式の最新開発動向

図5 モノクロ画像のパッシブマトリクス駆動表示例

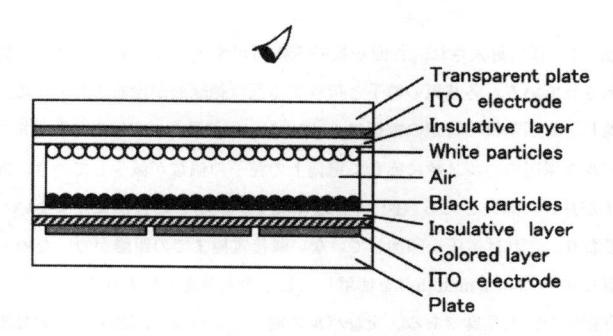

図6 マルチカラー型トナーディスプレイの基本構成

とができる。

　本表示媒体のカラー表示駆動原理を図7に示す。特定の電極に交番パルス電圧を繰返し印加すると，粒子は上下基板間を往復運動すると共に，電圧を印加していない隣接電極部方向へ回り込み電界や粒子間の衝突反発によって水平移動して堆積する。交番パルス電圧を印加した電極上には粒子がほとんど不在状態になり，表面の透明基板を通して背面基板上のカラー層が観察され，カラー表示される。この方法によれば，多色表示を行うために表面基板側にカラーフィルタを設ける必要がなく，白色粒子層を表面基板全面に形成して白表示できるため，高い白反射率を実現できる。

6.4.2　カラー表示特性

　次に，基本構成図6のマルチカラーの表示特性を紹介する。評価用表示媒体は高さ$200\mu m$のスペーサを介して直交して対向するストライプ状電極基板間に，白色粒子と黒色粒子の混合粒子

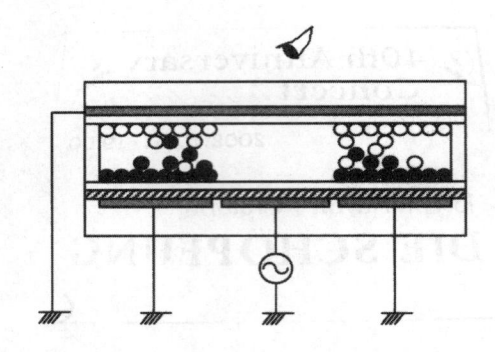

図7 マルチカラー型トナーディスプレイの駆動原理

が約 3 mg/cm^{2}で一様に封入され，背面基板の電極面がすべて赤，あるいは赤，緑，青のストライプ状に着色されている。各基板の粒子と接触する面は絶縁層が塗布されている。この表示基板の電極を接地し，背面基板の特定の電極に± 200 V，周波数 300 Hzの交番パルス電圧を印加すると，交番パルス電圧のパルス数に応じて電極上の粒子の個数が減少していき，30パルス程度で電極上の粒子が良好に除去される（図8）。電極ピッチが小さい方がより少ないパルス数で粒子を除去できており，これは電圧を印加していない隣接電極までの距離が短いためと考えられる。

図9に電極ピッチ60lines/inch (lpi)を使用したときの表示面の拡大写真を示す。(a),(b)は電圧を印加した電極部の拡大写真である。交番パルス電圧を5パルス印加したものは電極部に粒子が多数存在するが，30 パルス印加したものは粒子がほとんど存在しない。(b)の状態では表示基板を介して背面基板を観察でき，(c)に示したように背面基板色による画像（赤ライン像）が表示される。また，応答時間は電極ピッチと印加電圧の周波数に依存する。

6.4.3 プラスワンカラー表示

背面基板をすべて赤に着色した表示媒体を用い，単純マトリックス駆動で赤文字画像を表示した例を示す（図10）。電極ピッチは 80 lines/inchを使用し，単純マトリクス駆動を適用している。

表示基板のストライプ電極に，1 ラインづつ順番に ± 70 Vの交番パルス電圧を 30 パルス印加し，同時に背面基板の各ストライプ電極に画像情報に応じて ± 70 Vの交番パルス電圧を，表示基板側と 180 度位相を変えて 30 パルス印加した。従って，画像部には ± 140 Vの交番パルス電圧が印加されて粒子が駆動し，非画像部には 0 Vあるいは ± 70 Vの交番パルス電圧が印加されるが，閾値以下であるので粒子は駆動しない。

6.4.4 マルチカラー表示

マルチカラー表示用媒体は，背面基板を各ストライプ電極に沿って赤，緑，青に規則的に着色

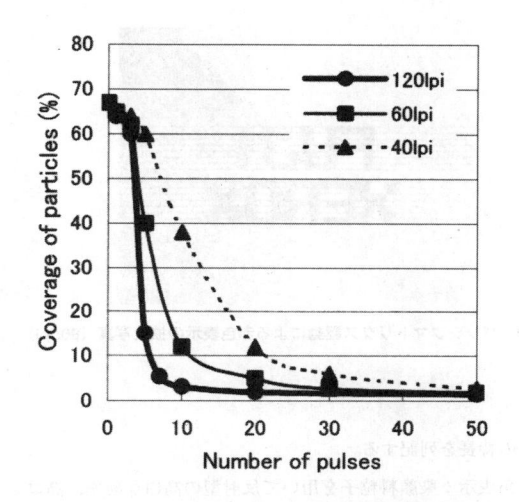

第4章　新規表示方式の最新開発動向

図8　マルチカラー型トナーディスプレイの駆動方法（パルス数）と粒子カバレッジ

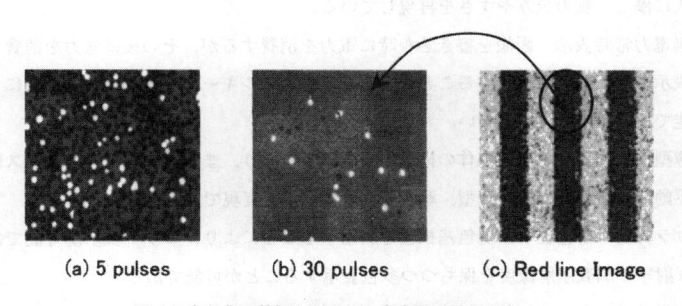

(a) 5 pulses　　　(b) 30 pulses　　　(c) Red line Image

図9　赤色背面基板を利用した赤表示の拡大写真

し，隣接する3色の組合せでカラー表示の1画素を構成するものである．例えば赤，緑，青のいずれかを表示したい場合は，任意の1電極に交番パルス電圧を印加し，またイエロー，マゼンタ，シアンのいずれかを表示する場合は，任意の2電極に交番パルス電圧を印加して，電極上の粒子を除去して，背面基板色を表示する．なお，白表示と黒表示はそれぞれ白色粒子と黒色粒子で行うため，表示基板側にカラーフィルタを配置する方式に対して白黒解像度を3倍にすることが可能である．

図10 パッシブマトリクス駆動による赤色表示の拡大写真 (80dpi)

6.5 特長

トナーディスプレイの特長を列記する。

① 反射型,広視野角表示：染顔料粒子を用いて反射型の高白反射率,高コントラスト比,広視野角な表示を実現することにより,コピーや印刷のような質感で,目に対する刺激が少なく人に優しい紙の読みやすさを再現している。

② 無電力常時表示：画像を書き込む時に電力を消費するが,その後は電力を消費することなく表示された画像を保持することが可能で,省エネルギーである。また,電池による駆動も可能で,設置場所を選ばない。

③ 薄型,大画面化：表示媒体の構造がシンプルであり,またパッシブマトリクス駆動が可能で駆動ICが少ないため,薄型,軽量な大画面表示を実現できる。

④ カラー化：着色粒子や着色基板色を利用することにより,カラー表示が可能である。高い白反射率や黒表示解像度を保ちつつ多色表示することが可能である。

⑤ 高耐候性：トナー粒子に耐熱性樹脂を使用することが可能であり,また,応答速度に温度依存性が少なく,零下から高温まで,耐候性が高い。

6.6 応用

6.6.1 電子掲示板

摩擦帯電型トナーディスプレイを電子掲示板へ応用した例を図11に示す。表示デバイスの構成は,A3判のパネルを1ユニットとして,これを4ユニット並置したものである。掲示板全体ではA1判となる。画素数はA3パネルが124,320ドット (296×420) であり,掲示板全体では497,280ドット (592×840) からなる。解像度は25dpiで,表示デバイスから1m離れて見ることを想定した場合,72ポイントの大きさの文字が違和感なく読めるレベルとなる。1画素の書換

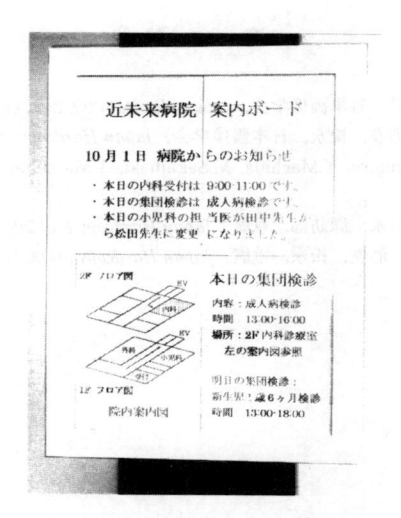

第4章　新規表示方式の最新開発動向

図11　電子掲示板への応用例

え時間は10msec程度であるが，パッシブマトリクス駆動を採用しているため，A3パネルの書換えに3～4秒の時間を要する。用途はオフィスなどの公共の場に設置される電子掲示板や，スーパーなどのタイムサービスの表示板，案内板，各種看板などが想定される。また，バッテリー駆動も可能なので，無線LANと組合せることにより，ワイヤレスシステムを構築することも可能である。

6.6.2　情報表示板

表示の書換えに必要な電力が小さく，書換え後には電源をオフしても表示が保持できるので，一日ごと，朝昼晩ごと，毎時など，必要に応じて時々内容を書き換えるような使い方をするオフィス内情報表示板，家庭内情報表示板などの表示媒体として利用することが想定される。

6.7　今後

今後の技術課題は，カラー化，高精細化，フレキシブル化，低駆動電圧化である。高精細表示の実現可能性，フィルム電極基板を用いてのフレキシブル化の実現可能性，数十ボルトの駆動電圧の実現可能性を確認中である。さらに，トナーディスプレイを用いたシステムとしての使用方法，サービス提供方法など，事業性の検討が課題となる。

文　献

1) 趙，菅原，星野，北村，日本画像学会, *Japan Hardcopy'99*, 249（1999）
2) 重廣，山口，町田，酒巻，松永，日本画像学会, *Japan Hardcopy 2001*, 135（2001）
3) Y.Yamaguchi, K.Shigehiro, Y.Machida, M.Sakamaki, T.Matsunaga, *Asia Display / IDW'01*, 1729（2001）
4) 町田，山口，酒巻，松永，諏訪部，重廣, *Japan Hardcopy Fall 2001*, 48（2001）
5) 町田，諏訪部，山口，酒巻，松永，重廣, *Japan Hardcopy 2003*, 103（2003）

7 マイクロカプセル型電気泳動方式

檀上英利*

7.1 はじめに

おそらくコンピュータが発明されて以来、プリントアウトは付き物であり、コンピュータの利用者は、ディスプレイでは読みにくいので、プリントアウトしなければ間違いに気づきにくい、といった形で紙の利便性を感じる一方で、読んですぐに捨てたり、文書を作り込む過程で膨大な量の紙が費やされたりする状況に無駄を感じているであろう。

特にコンピュータやインターネットが一般に広く普及した1990年代以降、紙でもディスプレイでもない「何か」に対する期待が、電子ペーパーを商用化する動きの背景にあると考えられる。

ここでは、「電子ペーパー」を表示回路を内蔵して情報を表示する、紙のような特徴を持つ電子ディスプレイ、すなわちペーパーライクディスプレイ（Paper-like Display）として扱い（図1）、電子ペーパーの概要に触れた後、マイクロカプセル型電気泳動方式の代表例であるE Ink電子ペーパーの開発の状況を紹介する。

電気泳動自体については、本書の前の版とも言える「デジタルペーパーの最新技術」[1]、また他の電気泳動方式を含む歴史的な経緯については、東海大学の面谷教授の著書である「紙への挑戦、電子ペーパー」[2]に詳しいが、一般にはマイクロカプセル化することが、電気泳動方式の欠点である泳動粒子の凝集や沈殿の解決に役立ち、マイクロカプセル型の中でも、白と黒の2種類の着色顔料を使う二粒子系が、表示素子の薄型化を図る際に一粒子系で問題になるコントラストの低下を防ぐ策であると考えられる。

図1　電子ペーパーのコンセプト
電子ディスプレイの動的に書き替えられる性質と紙の読みやすさを合わせ持つ "Paper-Like Display"

---

*　Hidetoshi Danjo　凸版印刷㈱　次世代事業推進本部　電子ペーパー事業推進部　課長

7.2 電子ペーパーとは

「電子ペーパー」の歴史は、1970年代の米国Xerox社のパロアルト研究所（PARC）に遡ることができ[3]、この研究はGyricon Media社として2000年にスピンオフされた[4]。広義の電子ペーパーには表示回路を内蔵せず、外部の書き込み装置を使う「リライタブルペーパー」を含むことができる。リライタブル技術が日常に使われている例はICカード型定期券の表示である[5]。広義の電子ペーパーの研究開発は、20以上の企業や大学の研究機関で進められている[2]。

面谷教授の著書[2]にある「電子ペーパーの達成目標」から、電子ペーパーに求められる主な機能を抜粋すると、以下のようになる。

① 印刷物レベルの見やすさ
② 書き替え可能
③ 画像の維持にエネルギー不要が理想
④ 書き込みエネルギーが小さいほど良い
⑤ 持ち運べる
⑥ 紙の厚さが理想

これに照らすと、現状の液晶ディスプレイ（Liquid Crystal Display: LCD）は、見やすさやエネルギー面で未達成の課題があり、普通の紙媒体は書替え可能という課題が達成不可能である。

つまり電子ペーパーは、図1に示すように、LCDに代表される電子ディスプレイと、紙媒体の、両方の良い面を合わせ持ち、欠点をなくすこと、いわば「いいとこ取り」が目標であると言える。

数ある電子ペーパー技術の中で、早期の商用化を強く指向して来た企業として、筆者が属する凸版印刷㈱が提携しているE Ink社がある[6]。

7.3 E Inkについて

1995年の秋、30歳のジョージェイコブソンは、スタンフォード大学でのポストドクターを経てPhDを取得したMIT（マサチューセッツ工科大学）へ、メディアラボの準教授として戻って来た。この時彼は、究極に難しいテーマとして「書き替えができる紙」を取り上げ、研究を始めたが、これには彼が読書家であったことも大きく関係していると考える。彼は略歴紹介の写真を、着任早々、MITにほど近いハーバード大学の図書館に赴いて、グーテンベルグ聖書の前で撮ったくらいである。

メディアラボの研究室の若いメンバーは時間を忘れて実験に没頭し、成果を約一年間で出した。1997年には早くも電子ペーパー技術の商用化のために、MITと同じCambridge市にE Ink社を設立している。

電子ペーパーが初めてMITの外で公開されたのは、1997年5月に日本で開かれた当社のマルチ

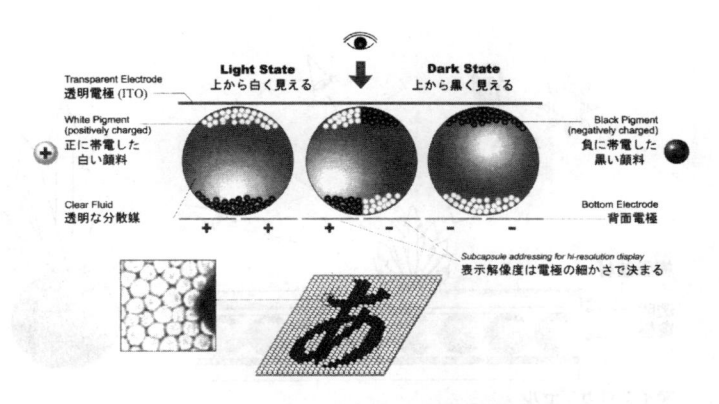

第 4 章　新規表示方式の最新開発動向

図2　マイクロカプセル型電気泳動方式の表示原理

メディアフェアであったが[7]，現在のペーパーライクな見え方とは似ても似つかない，ガラス板に手で塗られた，緑がかった灰色のマイクロカプセルが，かすかに「MIT, TOPPAN」と変化するだけであった。そんな技術的完成度の時点で会社を設立するのが，米国流の起業家精神であると言える。

7.4　表示原理と特長

E Ink電子ペーパーの表示原理は「マイクロカプセル型電気泳動方式」である（図2）。

透明なマイクロカプセルの中に，マイナスに帯電した黒い顔料粒子とプラスに帯電した白い顔料粒子が透明な分散媒に封じてあり，多数のマイクロカプセルが，PETなどの樹脂基材面に，均一に単層コーティングされている。

画素単位で電界を与えると，電気泳動により帯電した粒子が上か下に移動し，白い粒子が上に集まったマイクロカプセルを上から見ると白く見え，逆の電圧が掛かると黒く見える。グレースケール表示は，電圧やパルス長などによって移動量を調節することで実現できる。

またディスプレイとしての解像度は，画素電極の細かさによって決まり，マイクロカプセルの大きさや輪郭には，基本的には影響されない。

E Ink電子ペーパーのマイクロカプセル型電気泳動方式は，紙のような見やすさ，超低消費電力，薄型・軽量といった3つの特長を持つ。

(1) 紙のような見やすさ

見やすさの指標として，白状態の反射率とコントラスト（白と黒の反射率の比）がある。白の反射率は約35%，コントラストは約8～10対1というスペックであるが，これは反射率でモノク

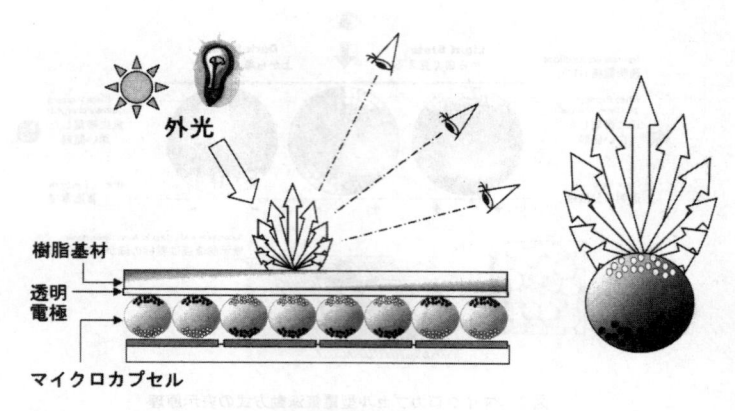

図3 紙のような見やすさ
紙と同様に散乱反射し、照明角や視野角に依存しない

ロPDA用反射型LCD（約4％）の約8倍，コントラストは新聞印刷（5～7対1）の2倍弱である[8]。

またディスプレイの表面で散乱反射する点は，紙の上のインクによる通常の印刷に非常に似ており，視野角は紙と同様に広く，視差はなく，横から見ても色味が変わることはない（図3）。照明条件への依存も低く，薄暗がりでも屋外でも見やすい。また我々は日常生活において，反射型の表示を長年見慣れているとも言える。

(2) 超低消費電力

もう一つの大きな特長は，一度電界を与えて描画すると，電源を切っても文字や絵が残る「画像保持性」であり，読む用途において大きな威力を発揮する。普通の電子ディスプレイでは一度表示されたものを表示しておくだけでも，1秒間に60回など，リフレッシュを行なっている。

E Ink電子ペーパーの場合，一度表示した後，書き替えなければ，基本的には電力を供給しなくてもいいため，バックライトを用いる通常の透過型LCDより，一桁消費電力が少ない反射型LCDよりもさらに1/10程度に消費電力を減らすことができる。

(3) 薄型・軽量

透明電極付きのPET樹脂基材に，マイクロカプセルをコーティングした上述のシートを前面板と呼び，これは最も重要な構成部材である。高解像度型のE Ink電子ペーパーでは，各画素を駆動するのにガラスのTFT（Thin Film Transistor，薄膜トランジスタ）基板の背面板を用いるが，LCDでは対向側のガラス基板を，樹脂基材の前面板に代替すること，及び上下2枚の偏光板が不要であるため，約半分の薄さ，約0.9mm厚のセルを実現できる（図4）。また超低消費電力によ

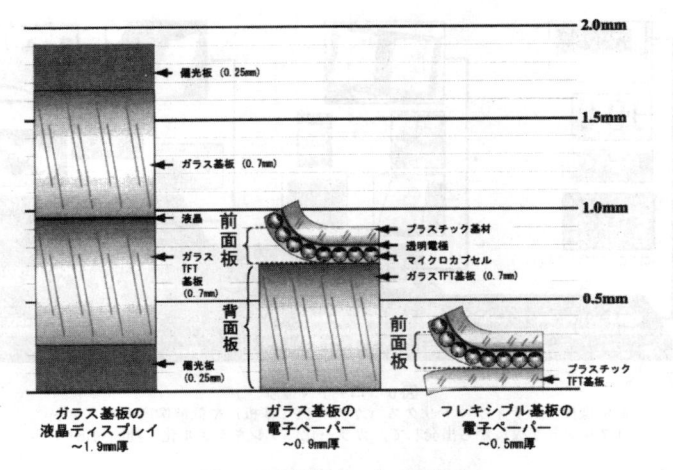

第 4 章　新規表示方式の最新開発動向

図 4　E Ink電子ペーパーの層構成

って電池を小さくしたりすることで機器自体を小型化することもできる。

　以上の 3 つの特長は，マイクロカプセル型電気泳動方式が，前述の「電子ペーパーに求められる機能」をうまく満足させる可能性を示している。

　機能面以外の特長としては，製造容易性がある。高解像度型のE Ink電子ペーパーのセルは，前面板を，反射型LCD用と似たTFT基板にラミネートして製造するので（図 5），LCD用の既存の製造インフラを活用でき，LCDの技術革新に伴って，さらなる背面板の高解像度化と低コスト化が期待できる。ディスプレイメーカーの立場としては，独自性の高い前面板を，汎用的な背面板と組み合わせることで，独自性の高いペーパーライクディスプレイを比較的低リスクで製造できる。

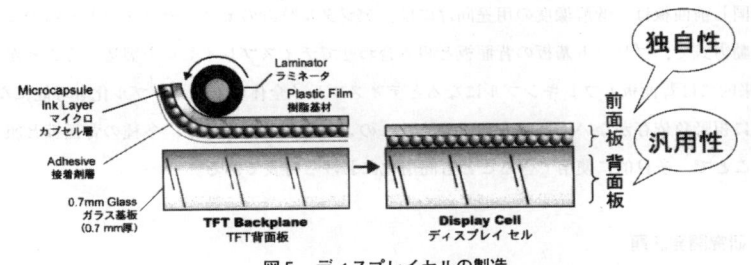

図 5　ディスプレイセルの製造
前面板を背面板にラミネートしてセルを形成する

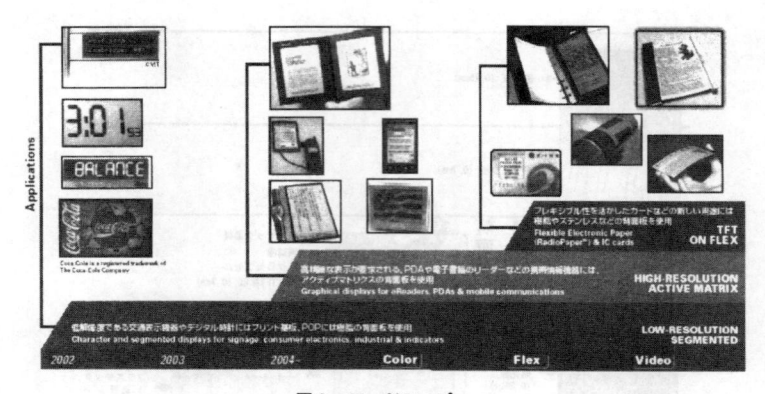

図6 ロードマップ
高解像度アクティブマトリクス（ガラスTFT基板）や低解像度セグメント
（プリント基板）から出発して，カラー化，フレキシブル化，動画対応へ

7.5 電子ペーパーの商用化

E Ink電子ペーパーの商用化は，おおむねE Ink社が提示したロードマップ（図6）に準じて行なわれている。そして3つの特長である，紙のような見やすさ，超低消費電力，薄型・軽量が活かせる携帯型情報機器向けの高解像度型ディスプレイが最初の商用化ターゲットとなった。

この商用化では，共にE Ink社の出資者である当社とオランダのPhilips社が，製造パートナーとして大きく貢献した。2001年5月，米国サンノゼで開催されたSID（Society for Information Display）で，共同開発したカラー化の試作品及び高解像度型ディスプレイの試作品が発表・展示された。その後，商用化に求められる要求品質と性能をクリアするべく，2004年4月の第1号商品（図7）の発売[9]まで，前面板及び背面板の量産立ち上げでは，何回となく試行錯誤が繰り返された。特に前面板のプロセス開発では，これまで印刷業で培われたコーティング技術と成膜技術[10]が大いに活用された。

また同じ前面板は，低解像度の用途向けには，デジタル時計のセブンセグメント表示のような直接駆動方式で，プリント基板の背面板と組み合わせてディスプレイセルを製造することができる。将来的には背面板もフレキシブルになるとディスプレイ全体のフレキシブル化も可能になる。この際に視野角依存がないことは有利に働く。このように同じ前面板が，多種の背面板と組み合わせることで，多目的に使用できることも商用化における特長である。

7.6 研究開発課題

第1号商品に搭載されているE Ink電子ペーパーディスプレイは，4階調のモノクロ表示で，

第4章　新規表示方式の最新開発動向

図7　E Ink電子ペーパー搭載第一号商品
Sony e-Book Reader「リブリエ」EBR-1000EP

画像の書替え速度も改良の余地がある。階調数を増やす，反射率とコントラストを向上させる，応答速度を向上させるといった電気光学性能の向上に加え，環境試験などの信頼性の向上，そしてバラツキ低減，歩留り向上といった量産課題が，現時点での課題と言える。ここでは，前者の研究開発寄りでの課題への取り組みを紹介したい。

(1) 高精細化

第一号商品の表示解像度は約170ppi（pixel per inch）であるが，2004年には，当社が400ppiのシリコンチップの背面板を用いた超高精細表示の試作品[11]を発表した（図8）。写真では二次元バーコードの一種であるQRコードを表示している。セルサイズ0.254mmであるが，携帯電話のカメラを用いて正常に読み取りができる点も，紙のような見やすさという特長を表わしている。

図8　400ppiの背面板を利用した超高精細表示
対角1"，QVGA（320x240画素）試作品で，二次元バーコードを表示した例

111

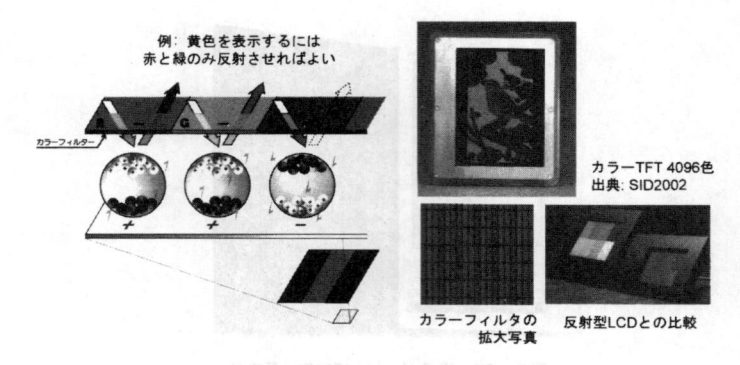

図9 カラーフィルタによるカラー化
既存の製造インフラを活かせるメリットがあり，商用化に有利

（2）カラー化

当社とE Ink社は電子ペーパーのカラー化の共同開発を行なっており，カラーフィルタを用いる手法により2001年のSIDにはカラーフィルタを用いた試作品を，2002年にはカラーフィルタとTFT背面板を組み合わせた試作品[12]を展示している。カラーフィルタを用いない手法の研究・開発もされているが，カラーフィルタによるカラー化は，表示材料（マイクロカプセル）のパターニングが発生しない点，及びLCD産業の製造インフラを活用できる点で商用化に有利と考える（図9）。カラーフィルタを用いる場合，白の反射率及び階調再現の向上は，実用的なカラー化の前提として必要である。

（3）フレキシブル化

図4の層構成で示すように，フレキシブル化の鍵は背面板である。マイクロカプセル型電気泳動方式のフレキシブル化では，ステンレススチールの薄い箔をパッシベーションにより絶縁した背面板を用いた試作品[13]が2001年のSIDで発表されている（図10）。そして樹脂基材と有機半導体によるTFTを用いたものが2001年と2004年に発表されている。2004年の発表[14]はPhilips社の社内ベンチャーによるもので（図11），有機半導体によるTFTは，印刷プロセスを用いた安価な量産の可能性を持っており，新たな生産技術として商用化への期待が大きい[15]。

（4）応答速度の高速化

電気泳動方法式は，液体の溶媒中を泳動粒子が移動するため，応答速度が遅いと思われることが多いが，2004年のSIDでは動画対応に向けた研究が発表された[16]。電気泳動方式の応答は，電気泳動層に掛かる電圧の強さとパルスの長さに依存するが，この積であるインパルスは，1998年の300V*1secから，2004年には15V*30msと約600倍向上している（図12）。この高速応答を実現す

第 4 章 新規表示方式の最新開発動向

図10 フレキシブル化の例1
ステンレススチールの薄板上にa-Si TFT
アレイを形成

図11 フレキシブル化の例2
樹脂基板上に有機TFTアレイを形成

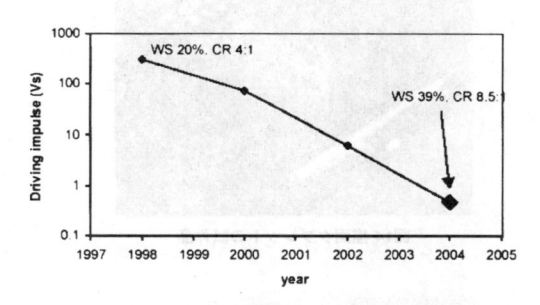

図12 マイクロカプセル型電気泳動方式の応答の向上
縦軸はディスプレイを一方の状態から他方の飽和状態に駆動するのに必要なインパルス(電圧＊パルス長)。応答に必要な駆動電圧と応答時間は1998年の300V*1secから，2004年には15V*30msと約600倍の向上がされた。

る新しい材料系を用いた表示で，20msのパルス長ではコントラストが不足気味であるが，40msでは一定の性能が得られることが分かる(図13)。この材料系を用いた試作品は，研究段階の2003年10月にFPD展でも展示された。

(5) 書込み機能

ここまでの説明は全て紙の「表示する」という機能面を紹介してきたが，紙(と筆記用具)には「書き込む」という機能があり，我々の思考プロセスを支えている。2004年のSIDでは，マイクロカプセル型電気泳動方式のディスプレイと電磁式のタッチパネルを組み合わせた描画タブレットが発表された[17](図14)。この試作品では，正確なグレースケール表示を無視して50msのフレームレートで描画を始め，後から正確なグレースケール表示を行なうことで応答速度の面を補っている。これも紙に近づく研究として興味深いが，ここでも視差の少なさが，描画タブレット

図13 高速応答材料の15Vアクティブマトリクス駆動
左:20msパルス,中:40msパルス,右:40msパルス(ディザ法による中間調)

図14 描画タブレットの試作品

して見た時の特長とされている。

7.7 おわりに

ここでは商用化段階を迎えたE Ink社のマイクロカプセル型電気泳動方式を取り上げたが,前述のように[2]),電子ペーパーを実現する技術は多々あり,他の電気泳動型・電界移動型・ツイストボール型を包含する粒子移動系,化学変化型,LCD系などがある。中にはより光学性能の優る電解析出型[18]も,LCDよりも高速な応答を実現できる電子粉流体[19]もあり,電子ペーパー分野での研究・開発は活発である。

またLCD系は技術的な完成度は高く,日本初の記憶型液晶を採用した電子書籍端末がやはり2004年に発売されている[20]。これは電源スイッチのない画期的な家電商品であるが,コントラストが低かったり,見え方に視野角依存があったり,と電子ペーパーとしては改良の余地があると言える。

7年前の1997年にE Ink社は設立されたが,同年にジェイコブソン教授は「The Last Book」と

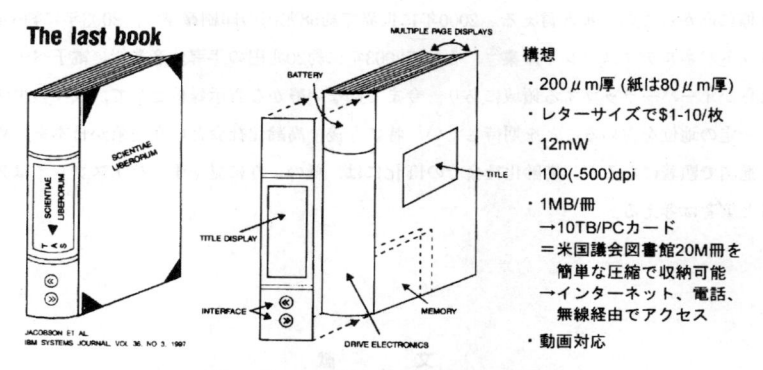

第4章　新規表示方式の最新開発動向

構想
- 200μm厚（紙は80μm厚）
- レターサイズで$1-10/枚
- 12mW
- 100(-500)dpi
- 1MB/冊
  → 10TB/PCカード
  ＝米国議会図書館20M冊を
  　簡単な圧縮で収納可能
  → インターネット、電話、
  　無線経由でアクセス
- 動画対応

図15　ジェイコブソン教授のThe Last Book
紙のように薄い電子ペーパーを束ねた、一冊で図書館になる「究極の本」

いう論文を発表している[21]。

これは紙のように薄くなった電子ペーパーを本のページのように束ね、背表紙にコンピュータを組み込み、書き替えができる本にしたもので、以下の目標スペックを持つ（図15）。

① 各ページは200ミクロン厚（紙は80ミクロン）
② 表示はレターサイズで裏表両面表示
③ 1ページ当りの価格は1～10ドル
④ 消費電力は12ミリワット
⑤ 解像度は100～500dpi
⑥ 本一冊当りのデータ量は約1メガバイト
　→10テラバイトのPCカードに米国議会図書館の蔵書二千万冊を、簡単な圧縮で収納可能。
⑦ インターネット、電話、無線経由でアクセス
⑧ 動画対応

このような高機能な電子ペーパーを、このように安く製造できるようになるのは、一体いつか分からないが（2004年現在、ほぼ同寸の15インチTFT-LCDが3万円弱する）、めくったページの厚みや記事の位置（見開きの左のページの右下にあった記事、といった覚え方）などで空間的にナビゲーションできる紙の本の特質を残したまま、自分の必要な情報にいつでもアクセスできる電子メディアの特徴を合わせ持つ「Single Volume Library」（一冊で図書館に相当する本）というコンセプトを、表示原理の確認がかろうじてできた1997年時点でジェイコブソン教授は内外に示したわけで、ビジョナリーとしての面目躍如である。

2004年のSIDで発表された、動画対応[16]やフレキシブル化[14]の研究開発も、この描かれた究極

の目標に向かっての一歩と言える。2000年に世界で約58兆円の印刷産業[22]，2003年に約5兆円のフラットパネルディスプレイ産業[23]，そして2003年に約20兆円の半導体産業[24]。電子ペーパーはこれらがオーバーラップする領域にあり，今までにない静かな表示媒体として，我々の生活の中で，一定の地位を占めることを期待したい。特に今後，高齢化社会という現象が日本を始めとする先進国で顕著になるが，高齢化社会でのIT化には，紙のように見やすいディスプレイは必須であると筆者は考える。

文　　献

1) 面谷信監修，デジタルペーパーの最新技術（2001），シーエムシー出版
2) 面谷信，紙への挑戦　電子ペーパー（2003），77-101，森北出版
3) 歌田明弘，本の未来はどうなるか―新しい記憶技術の時代へ，(2000)，中公新書1562
4) ジャイリコンメディア社ホームページ, http://www.gyriconmedia.com/
5) ソニー社非接触ICカードカタログ, http://www.sony.co.jp/Products/felica/pdf/RC-S853_854_J.pdf
6) E Ink社ホームページ, http://www.eink.com
7) 本とコンピュータ, 1997年夏号(1997), 59, トランスアート
8) E Ink社 *Display Readability-White Paper*", http://www.eink.com/pdf/eink_readability_02.pdf
9) ソニー「リブリエ」関連の各種プレスリリース，
    http://www.sony.co.jp/SonyInfo/News/Press/200403/04-0324B/,
    http://www.sony.jp/CorporateCruise/Press/200403/04-0324/,
    http://www.toppan.co.jp/aboutus/release/article0101.html,
    http://www.eink.com/ news/releases/pr70.html
10) D. Miller, E. Chen, J. Arai, K. Mizuno, and T. Miyamoto, ITO Sputtered Film for Electronic Paper Application, Proceedings of 47th Annual Technical Conference, Society of Vacuum Coaters, J-4 (2004)
11) A. Bouchard, K. Suzuki, H. Yamamda, High-Resolution Microencapsulated Electrophoretic Display on Silicon, SID 04 Digest (2004), 651-653
12) G. Duthaler, J. Au, M. Davis, H. Gates. B. Hone, A. Knaian, E. Pratt, K. Suzuki, S. Yoshida, M. Ueda, T. Nakamura, Active-Matrix Color Displays Using Electrophoretic Ink and Color Filters, SID 02 Digest (2002). 1374-1377
13) Y. Chen, K. Denis, P. Kazlas, P. Drzaic, A Conformable Electronic Ink Display using a Foil-Based a-Si TFT Array, SID 01 Digest (2001), 157-159
14) P. J. G. van Lieshout, H. E. A. Huitema, E. van Veenendaal, L. R. R. Schrijnemakers, G. H. Gelinck, F. J. Touwslager and E. Cantatore, System-on-Plastic with Organic Electronics: A

第4章 新規表示方式の最新開発動向

  Flexible QVGA Display and Integrated Drivers, SID 04 Digest (2004), 1290-1293
15) テレビをもっと売る,テレビ以外にも広げる"ディスプレイ生産革命",日経マイクロデバイス,(July 2004),84-86
16) T. Whitesides, M. Walls, R. Paolini, S. Sohn, H. Gates, M. McCreary, J. Jacobson, Towards Video-rate Microencapsulated Dual-Particle Electrophoretic Displays, SID 04 Digest (2004), 133-135
17) A. Henzen, N. Ailenei, F. van Reeth, G. Vansichem, R. Zehner, K. Amundon, An Electronic Ink Low Latency Drawing Tablet, SID 04 Digest (2004), 1070-1073
18) T. Matsumoto, K. Shinozaki, Visual Performance of Electro-Deposition Display, IDW ﾕ02 (2002), 1333-1336
19) R. Hattori, S. Yamada, Y. Masuda, N. Nihei, R. Sakurai, Ultra Thin and Flexible Paper-Like Display using QR-LPD® Technology, SID 04 Digest (2004), 136-139
20) 松下電器読書用端末「ΣBook」プレスリリース,
http://matsushita.co.jp/corp/news/official.data/data.dir/jn040129-2/jn040129-2.html
21) J. Jacobson, B. Comiskey, C. Turner, J. Albert, P. Tsao, The last book, IBM Systems Journal, 36-3 (1997), 457-463, http://www.research.ibm.com/journal/sj/363/tocpdf.html, http://www.research.ibm.com/journal/sj/363/jacobson.pdf
22) 世界的に見た印刷の展望, http://www.jagat.or.jp/column/trend/rei0207.HTM
23) Display Search US FPD Conference, http://display1.displaysearch.com/press/2004/040604.htm
24) 2003年の世界半導体市場, http://japan.cnet.com/news/tech/story/0,2000047674,20065053,00.htm

8 海外の技術動向

前田秀一*

8.1 はじめに

電子ペーパーの概念が,今日のように広く認知されるようになったきっかけは,MITメディアラボのJ. JacobsonによるNatureへのマイクロカプセル電気泳動方式(E Ink)の報告[1]である。また,E Inkの駆動回路を担い,その実用化に大きな役割を果たしているのは,オランダを拠点とする国際企業フィリップスである。さらに,ベンチャーを中心とした海外の企業から,E Inkに追いつけ追い越せと,電子ペーパーに関する様々な新規アイディアが提案されている。このような状況を鑑みると,ここで一度,電子ペーパーの海外の技術動向をレビューしておくのは,それなりに意義があることのように思う。

一口に電子ペーパーに関する技術動向と言っても,限られた紙面に全てをまとめるには,その範囲は広過ぎる。また,すでに電子ペーパーの技術を網羅したレポート[2]もある。そこで本稿では,以下の観点から範囲を絞った上で,電子ペーパーの海外技術動向を紹介したい。

① 海外技術の代表格であるE Inkを切り口とする
② 独自の表示原理に基づく新技術にフォーカスする(液晶,有機ELなどには深入りしない)
③ 表示の方式を中心に解説する(駆動回路など周辺技術には深入りしない)

まず電子ペーパーの原点となった二つの技術について述べる。さらにその中の一つであるE Inkについては,技術面での課題とその対応について項を分けて記す。その後に説明する注目すべき最近の技術の特長は,見方によっては,E Inkの弱点を克服したところにあるからである。次に,応答速度,フレキシビリティ,視認性などに特長あるユニークな新技術を紹介する。最後に,今後の動向につき私見を述べたい。

8.2 電子ペーパー研究開発の原点

8.2.1 マイクロカプセル電気泳動方式(E Ink)

電子ペーパーの研究開発に火を付け,現在もこの分野を引っ張っているのが,MITメディアラボで誕生し,E Inkというベンチャー企業によって育てられた,マイクロカプセル電気泳動方式(E Ink)である。昨今のディスプレイ関連の国際会議における電子ペーパーセッションにおいては,報告の約半数は電気泳動ディスプレイ,あるいはその周辺技術に関するものである[3]。したがって,海外の技術を語る際にE Inkを避けては通れない。

E Inkの表示原理については,多数の報告がある[1],[4~6]ので詳述しないが,従来の電気泳動デ

---

* Shuichi Maeda 王子製紙㈱ 研究開発本部 新技術研究所 上級研究員

第4章 新規表示方式の最新開発動向

ィスプレイ[7]に対するブレークスルーは，マイクロカプセル技術との融合にある。泳動粒子をマイクロカプセルに内包させることにより，課題であった泳動粒子の凝集を緩和している。また，マイクロカプセル化は，コーティングによる表示シートの製造を可能にしている。

開発当初の応用例は，ラージエリアディスプレイ，看板など，高解像度や高速応答性を必要としない分野に限られていた。JCペニーの天井からぶら下げられて大きな話題をよんだポスター[8]やソルトレイクオリンピックにおけるコカコーラのポスターなどがその例である。その後，解像度や応答性など着実に改良を重ね，様々な分野での応用の可能性が示唆されている。最近のSociety for Information Display（SID）の展示ブースでは，携帯電話やPDA用のディスプレイばかりか，新聞をターゲットにした巻物状のディスプレイまで見られるようになった。現在では電子書籍に用いられるレベルまで視認性や応答性が向上している。松下電器の電子書籍"Σブック"に対抗するように，今春より発売されているソニーの"リブリエ"はE Inkを表示パネルに用いている。

8.2.2 ツイストボール方式（ジリコン）

ツイストボールディスプレイ[9]は，半球面をそれぞれ白と黒で塗り分けた微小球を表示素子として含むシートから構成されている。この表示球は，シート内部の誘電性液体に満たされた多数の空隙中に存在している。白黒の半球面に電荷密度差を設けているので，電界の向きに応じて表示球は回転制御される。回転によって形成された白黒のコントラストが，観察者に文字や画像として認識される。ツイストボール方式の問題点は，表示素子の回転不良（回転するべきときに，回転しない素子の比率が高い）による，低コントラスト，低解像度などにあると思われる[10]。

ツイストボールはE Inkとともに電子ペーパー候補技術の双璧と考えられていた時期もあった[11]。しかし，近年は学会における報告数も少なくなっており，2004年のSIDでは，一件の報告もなかった。電界によって表示球を反転させるというユニークなアイディアは，黎明期における電子ペーパーの研究に与えた影響は大きいと考え，あえてここに取り上げた。

8.3 E Inkの課題とその対応

8.3.1 応答速度

1970年代には，電気泳動ディスプレイは，液晶と同様に次世代ディスプレイとして期待されていた。しかし，その応答速度の遅さが原因の一つで液晶の後塵を拝するようになった[12]。今日のようにインターネットで文字を読んだり，静止画像を見たりということがなかった当時は，紙ライクの視認性よりも動画対応の高速応答性が優先されたのだろう。電子ペーパーの概念がなかった時代には，仕方のないことである。余談になるが，温故知新と言われるように，この時代のディスプレイ技術を見直せば，意外と優れた電子ペーパーの候補技術を見出せるかもしれない。応

答速度を重視するあまり，コントラストなど他の要素に優れているにもかかわらず，忘れさられた技術は特に有望である。

さて，マイクロカプセル化されたとはいえ，電気泳動方式である以上，E Inkの応答速度は液晶に比べ遅い。しかし，E Ink自身も，応答速度の改善には精力的に取り組んでいる。画像の表示切り替えに要する時間が，1998年には印加電圧300Vで1secだったのが，2004年には15Vで30msecに向上したことを本年5月のSIDで強調している[13]。また，応答速度の改善要因として，泳動粒子表面の電荷量と分散媒の粘性を挙げている。したがって，応答速度向上のカギは材料と考えてもよいだろう。韓国のETRIでは，材料を切り口として電気泳動を研究している。泳動粒子である酸化チタンにポリマーをコーティングすることにより，粒子の比重調整を図ると同時に，粒子表面の電気的な特性を制御するための化学修飾をしやすくしている[14]。

8.3.2　フレキシビリティ

液晶の駆動方式には，大別してパッシブマトリックス方式とアクティブマトリックス方式がある。現在は，画素毎にTFTを付与した，スイッチ機能を有するアクティブマトリックス方式が主流である。一般に電気泳動ディスプレイは明確な閾値を持たない。したがって，パッシブマトリックス方式では良好な画質を確保できないという事情もあり，電気泳動においても，研究開発のベクトルはアクティブマトリックス方式に向かっているようである[15~17]。

一方，フレキシブルという観点からは，電極基板はプラスチックに限定される（ガラス基板ではフレキシブルにならない）。ところが，従来技術では，TFTはガラス基板上にしか形成できない。つまり，アクティブマトリックス方式で駆動させることと，フレキシビリティを持たせることは，これまではトレードオフの関係にあった。

しかし，近年プラスチック基板へ有機TFTを設ける研究開発がさかんに行われており，フィリップスなどからE Inkの表示パネルを駆動させるプロト機が紹介されている[18]。フレキシビリティへの対応は，今後も基板開発との二人三脚で進められていくであろう。

8.3.3　カラー化

初期のE Inkディスプレイは，青白の二色表示であった。この系では，マイクロカプセル中に青色染料を溶解した分散媒と白色顔料（酸化チタン）が内包されている。酸化チタンが電界の向きによって上下に移動し，青白のコントラストにより，文字や画像を表示する。つまり，泳動する粒子は一種類である。染料を用いることから，退色の問題が指摘されていた。またこの系では，原理的にカラー化は難しいと思われる。

現在のE Inkの泳動粒子は，白黒の二粒子になっている。図1のように，マイクロカプセル中に透明な分散媒と白（酸化チタン）と黒（カーボンブラック）の二粒子が内包されている。白黒の二粒子化により，退色の問題を解決し，さらに白黒表示によるコントラストの向上も実現して

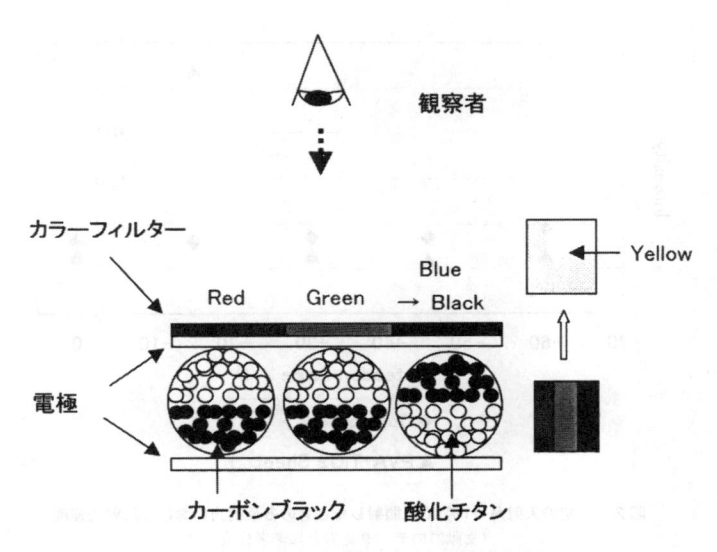

第4章 新規表示方式の最新開発動向

図1 カラーフィルターを利用したE Inkのカラー表示

いる。また，白黒二粒子化は，カラー化の布石にもなっていると考える。白黒の二状態を粒子で表示できれば，図1に示すようにカラーフィルターと組み合わせることにより，RGBの三原色からなるカラー化が可能だからである。フィルターを使わないカラー化のアイディアも提案されている[19,20]が，カラーフィルターを用いる方法に比べると実現性に乏しく思える。

8.3.4 視認性

私事ながら，著者は職場まで約二時間の長距離通勤をしている。通勤電車の中はほとんど読書をして過ごす。そこで，E Inkの表示パネルを採用した"リブリエ"と文庫本で，同じ小説を読む実験を試みようと考えている。既にこのような試みは実践されているとは思うが，自分自身の実験結果が出ていない現段階では，紙の方が読みやすいという先入観を抱いている。確かに，液晶ディスプレイとの比較では，電子書籍の視認性は紙に近いであろう。しかし，車中で小説一冊を読むとなると，文庫本を選ぶような気がする。

ある実験によれば，酸化チタンとバインダー（ポリビニルアルコール）からなるシートとコピー用紙に，一定の入射角（15°）で光照射したときの，反射光の強度と反射角の関係は図2のようになる。酸化チタンのシートでは，正反射角（−15°）での強度が特異的に高いのに対し，コピー用紙は反射角に依存せず一様の強度で反射している。つまり，酸化チタンを表示粒子に用いているE Inkでは，紙と同等の光散乱性は実現しないと考える。もっとも，視認性を決める要因は光

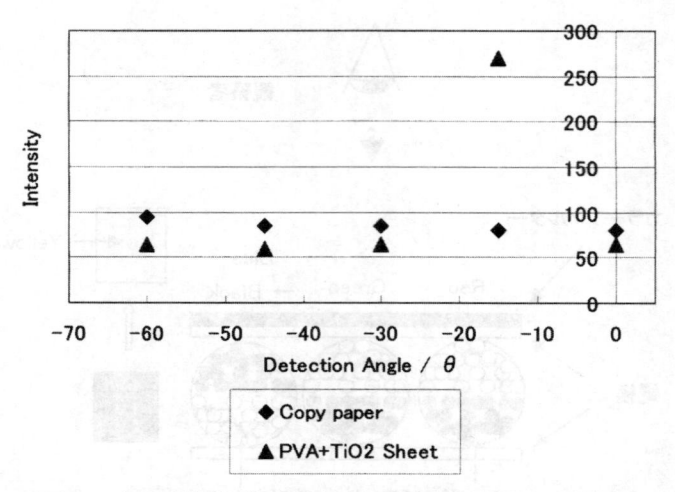

図2 一定の入射角（15°）で光照射したときの各反射角における反射光強度
（文献21のデータをもとに著者作成）

散乱性だけではないから，この実験結果だけで電子書籍の方が読みにくいとは言い切れない。なお，本実験の引用元の文献[21]では，後述するテキサス大学の電子ペーパーのように，繊維状の材料を用いて紙ライクの光散乱性を実現していることを付記しておく。

8.4 特長ある新規な候補技術

E Inkによって電子ペーパーの課題が明らかになり，その課題を克服する形で，新しい表示アイディアが出現してきたという側面がある。そこで，先に解説したE Inkの課題（応答速度，フレキシビリティ，カラー化，視認性など）に対応する形で，新規な候補技術について説明する。

8.4.1 エレクトロウェッティング方式 — 応答速度

昨年Natureに掲載された[22]こともあり，現在最も注目されている技術の一つである。E Inkに代表される電気泳動方式に比べて応答性がよいこと，動画対応できる速さであることを売りにしている。原理は，電界存在下における固液間の"濡れ性"の変化を利用している。図3に示すような装置において，電圧の印加前後で，疎水性絶縁体表面の"濡れ性"が変化する。画素毎に赤/白に分けられるので，観察者には赤と白のコントラストから文字や画像が認識される[23,24]。

液体を移動させながら，高速応答性を実現しているというのは意外な気もする。しかし，エレクトロウェッティング方式そのものは，装置の構成は異なるものの，すでに1981年にベル研から報告[25]されており，その中で理論的な解析も試されている。ベル研のエレクトロウェッティング

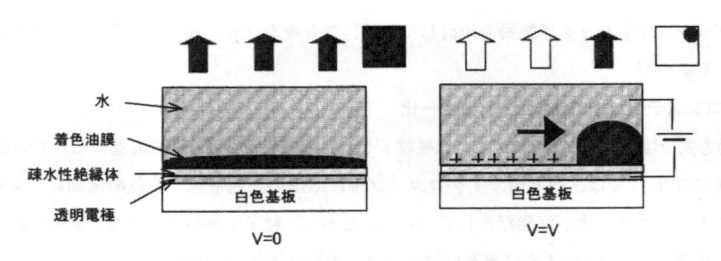

第4章　新規表示方式の最新開発動向

図3　エレクトロウェッティング方式の表示原理

方式では，1Vの起電力で1msecの応答時間，つまり液晶並の応答性が可能であるとしている。非常にユニークな技術であるが，画素毎の組立てが必要なことから，簡便な製造方法の確立が課題になるであろう。

8.4.2　マイクロカップ方式 － フレキシビリティ

米国のSiPix社から提案されている電気泳動方式の一種である[26～28]。E Inkなどのマイクロカプセル技術ではなく，図4に示すようなエンボス加工技術を用いて泳動粒子を封入したセルを作製する。独自の製造法に特徴があるのはもちろんだが，その製造法から作製されるシートはフレキシブルで頑丈である。SIDなどの展示において，曲げたり，たたいたり，水槽の中に入れたりと，そのタフさを強調している。

また，E Inkが画質重視でアクティブマトリックス駆動に拘るのに対して，マイクロカップ方

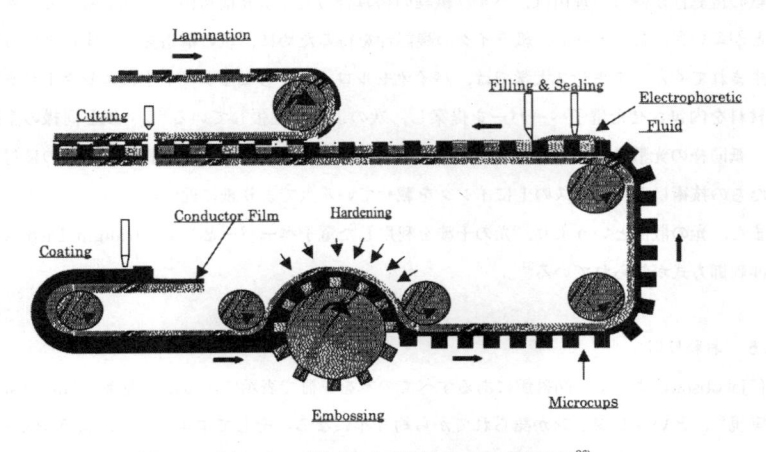

図4　マイクロカップ方式による電子ペーパーの製造法[26]

式では，パッシブマトリックス駆動も検討しており，フレキシブル，頑丈，安価といった要素を重視しているようだ。

8.4.3 コレステリック液晶など ー カラー化

電気泳動方式では，カラー化のために，泳動粒子そのものに色をつける研究も進められている[29]。また，前述のSiPix社では，個々のマイクロカップ毎にRGBの着色液体と白色の泳動粒子を封入することにより，カラー化が可能だとしている[27]。しかし，粒子を移動させたり，回転させたりする表示方式では，E Inkのようにカラーフィルターを用いるのが一般的である。カラーフィルターなしでのカラー化はハードルが高いと考える。

電子ペーパーの候補技術の中で，カラー化へのポテンシャルが高いのは，コレステリック液晶である。海外に限れば，コレステリック液晶は，米国のKent Display 社を中心に研究開発されている[30]。RGBの液晶を3層重ねて，カラーフィルターなしにカラー化を実現している。松下の"Σブック"は，コレステリック液晶を採用しており，カラー化への対応も視野に入れているようである[31]。

液晶はディスプレイの世界ですでに確固たる地位を築いており，電子ペーパーのための技術と言うと違和感があるかもしれない。しかし，前述のコレステリック液晶や強誘電性液晶のように，紙に近い視認性や，電源を落としても画像を表示し続けるメモリー性を持つなど，電子ペーパーの要求特性に適した液晶方式もある。これらの液晶技術が，電子ペーパーの有力な候補技術であるのは間違いない。

8.4.4 繊維ベースのエレクトロクロミック方式など ー 視認性

紙の視認性が優れる理由は，パルプ繊維の絡み合った三次元構造由来の光散乱性で説明されることが多い[32]。したがって，紙ライクの視認性を得るために，紙の構造を模倣するという考え方が生まれてくる。テキサス大学では，バイオセルロースからなるシート中にエレクトロクロミック材料を内包させた電子ペーパーを提案し，次のように主張している[33]。「紙と同様の空隙構造が，紙同様の光散乱性を発現させる。またE Inkは基材の上にインクを載せているのに対し，自分たちの技術はセルロースの上にインクを載せている点でより紙に近い。」

また，光の散乱というより，光の干渉を利用した電子ペーパーとして，Iridigm Display社の光干渉制御方式が知られている[34]。

8.5 おわりに

J. Jacobsonによって，図書館にあるすべての本を一冊で表示できる電子書籍"The Last Book"の実現[8]，というビジョンが語られてから約5年になる。そして本年になり，ようやくE Inkやコレステリック液晶をベースとする電子書籍が現れてきた。電子ペーパーにおける競争も，いよ

第4章 新規表示方式の最新開発動向

いよ研究から開発の段階に移ってきたと思われる。

しかし，何かとホットな話題の多い電子ペーパーだが，ディスプレイの世界ではまだマイナーな存在である。一例として，有機ELと比較してみたい。有機ELを電子ペーパーの候補技術の一つととらえる電子ペーパーの研究者は多い。しかし，有機ELの研究者から見れば，電子ペーパーは有機ELの応用分野の一つに過ぎないということになると思う。例えば，国際的なディスプレイの学会であるInternational Display Workshop（IDW）の昨年の報告件数で見る限り，有機ELの50件に対し電子ペーパーは13件であり，電子ペーパー研究の裾野はまだ狭い。

これは見方を変えれば，成熟した技術分野ではないだけに既成の概念にとらわれず新規な発想が生み出される余地は大きい，とも言える。電子ペーパーの世界では，E Inkが一歩先んじている感もあるが，今後の実現を目指して様々な候補技術が続々と出てきている。開発競争の段階に入ったとはいえ，優れたアイディアが一つあれば今からでも参入できる分野である。

電子ペーパーの実現には，ディスプレイからのアプローチと紙からのアプローチがあると言われるが[35]，電子書籍など商品化されたものに限れば，今のところ電機メーカー主導のディスプレイタイプが先行している印象がある。今後は，本報の視認性の項で触れたように，紙の長所を追求するような電子ペーパーの研究開発もさかんになると思う。情報メディアとしての紙を熟知したハードコピーメーカーの巻き返しが期待される。

文　　献

1) B.Comiskey, J. D. Albert, H. Yoshizawa and J. Jacobson, *Nature*, **394**, 253（1998）．
2) 東レリサーチセンター調査研究部門編，電子ペーパーとフレキシブルFPD，東レリサーチセンター（2003）．
3) 前田秀一，IDW 03 チュートリアル 電子ペーパーの現状と動向（2003）．
4) J. Au, Y. Chen, A. Ritenour, P. Kazlas and H. Gate, Proc. IDW 02 223（2002）．
5) P. Kazlas, A. Ritenour, J. Au, Y. Chen, J. Goodman, R. Paolini and H. Gate, Proc. Eurodisplay 02 259（2002）．
6) 面谷信 監修，デジタルペーパーの最新技術，シーエムシー出版，19（2001）．
7) I. Ota, J. Onishi and M. Yoneyama, *Proc. IEEE* **61**, 832（1973）．
8) 歌田明弘，21世紀のグーテンベルグ，*ASCII*, **24 (2)**, 220（2000）．
9) N. K. Sheridon, PPIC/JH 98, 83（1998）．
10) S. Maeda, S. Hayashi, K. Ichikawa, K. Tanaka, R. Ishikawa and M. Omodani, Proc. IDW 03, 1671（2003）．
11) 歌田明弘，21世紀のグーテンベルグ，*ASCII*, **24 (3)**, 242（2000）．

12) J. Groenewold, M. A. Dam, E. Schroten and G. Hadziioannou, Proc. Eurodisplay 02 671 (2002).
13) T. Whitesides, M. Walls, R. Paolini, S. Sohn, H. Gate, M. McCreary and J. Jacobson, SID 04 Digest 133 (2004).
14) S. D. Ahn, M. K. Kim, M. J. Joung, C. A. Kim, Y. A. Lee, S. R. Kang, K. I. Cho and K. S. Suh, Proc. IDW 02 1361 (2002).
15) T. Kawase, H. Sirringhaus, R. H. Friend and T. Shimoda, SID 01 Digest 40 (2001).
16) Y. Chen, K. Denis, P. Kazlas and P. Drzaic, SID 01 Digest 157 (2001).
17) K. Amundson, J. Ewing, P. Kazlas, R. McCathrthy, J. D. Albert, R. Zehner, P. Drzaic, J. Rogers, Z. Bao and K. Baldwin, SID 01 Digest 160 (2001).
18) H. E. A. Huitema, G. H. Gelinck, E. van Veenendaal, F. J. Touwslager, P. J. G. van Lieshout, L. R. R. Schrijnemakers, T. C. T. Geuns, M. J. Beenhakkers, J. B. P. H. van der Putten, R. W. Lafarre, E. Cantatore, D. M. de Leeuw and B. J. E. van Rens, Proc. IDW 03, 1663 (2003).
19) J. D. Albert, B. Comisky, J. M. Jacobson, L. Zhang, A. Loxley, R. Feeney, P. S. Drzaic and I. D. Morrison, US Patent 6017584.
20) J. M. Jacobson, P. S. Drzaic, I. D. Morrison, A. E. Pullen, J. Wang, R. W. Zehner, C. L. Gray, G. M. Duthaler, M. McCreary and E. J. Pratt, US Patent 6538801 B2.
21) 中嶋道也，齋藤直人，川合一成，海老根俊裕，鈴木保之，JH 04 論文集 205 (2004).
22) R. A. Hayes and B. J. Feenstra, *Nature* **425**, 383 (2003).
23) B. J. Feenstra, R. A. Hayes, I. G. J. Camps, L. M. Hage, T. Roques-Carmes, L. J. M. Schlangen, A. R. Franklin and A. Valdes, Proc. IDW 03 1741 (2003).
24) R. A. Hayes, B. J. Feenstra, I. G. J. Camps, L. M. Hage, T. Roques-Carmes, L. J. M. Schlangen, A. R. Franklin and A. Valdes, SID 04 Digest 1412 (2004).
25) G. Beni and S. Hackwood, *Appl. Phys. Lett.*, **38**, 207 (1981).
26) R. C. Liang, J. Hou and H. -M. Zang, Proc. IDW 02 1337 (2002).
27) J. Chung, J. Hou, W. Wang, L. -Y. Chu, W. Yao and R. C. Liang, Proc. IDW 03 243 (2003).
28) J. Hou, Y. Chen, Y. -S. Li, X. Wenry, H. Li and C. Pereira, SID 04 Digest 1066 (2004).
29) C. A. Kim, M. J. Joung, D. G. Yu, S. D. Ahn, S. Y. Kang, K. S. Suh and C. H. Kim, Proc. IDW 03 1633 (2003).
30) A. Khan, N. Miller, F. Nicholson, R. Armbruster, J. W. Doane, D. Wang and D. -K. Yang, Proc. IDW 02 1349 (2002).
31) 東レリサーチセンター調査研究部門編，電子ペーパーとフレキシブルＦＰＤ，東レリサーチセンター p.246 (2003).
32) N. Gershenfeld, "*When things start to think*", p.15, OWL BOOKS (2000).
33) http://pubs.acs.org/cen/news/8213/8213/electronic.html
34) 東レリサーチセンター調査研究部門編，電子ペーパーとフレキシブルＦＰＤ，東レリサーチセンター p.206 (2003).
35) 面谷信，日本画像学会誌，**38**, 115 (1999).

第5章　液晶とELの最新開発動向

1　ポリマーネットワーク液晶による電子ペーパー

藤沢　宣[*1]，林　正直[*2]，丸山和則[*3]

1.1　はじめに

「電子ペーパー」は，持ち運びが自由で，折り曲げられ，丸められ等，紙の持つ優れた携帯性と印刷物の紙面のように高い視認性を兼ね備えた次世代型のディスプレイである。これらの特徴を一つのディスプレイで全て満たすには現状では難易度が高く，部材や電子部品を含めた電子ペーパーに必要な要素技術のレベルアップが必要で，これらを統合してはじめて実用的な電子ペーパーが得られる。ディスプレイの軽量化や，フレキシブル性はプラスチック基板を用いることになるが，電子ペーパーで強く求められる高い視認性は高コントラスト（1：10以上）と高反射率（40％以上），及び高解像度（150dpi以上）の実現が課題になり，これらは表示方式に大きく依存する。高反射率は，表示がバックライト等の光源が無くとも従来型の液晶ディスプレイ（LCD）より数倍表示が明るい反射型ディスプレイが求められる。表示の高反射率化は，屋外や室内等の場所を問わず良く見えるようになり，これに高コントラストが加わると視認性が印刷物に近くなり目に優しいディスプレイが得られる。高い視認性の付与は，目の負担が大きい一般の発光型ディスプレイでは得られていない欠点を解決できるものである。このようなディスプレイを，液晶を用いて実現させるには，現行の液晶ディスプレイの次の点について改める必要がある。

・光の利用効率を下げている偏光板をなくして表示を明るくする。
・表示の明るさが周囲光に連動して屋内外に係わらず表示を見やすくするため，バックライトを取り除き高反射の表示にする。
・曲げた時に起きる液晶の配向ムラに影響される表示の乱れがないように外部からの変形に強

[*1]　Toru Fujisawa　大日本インキ化学工業㈱　総合研究所　R&D本部
　　　情報材料開発センター　主任研究員
[*2]　Masanao Hayashi　大日本インキ化学工業㈱　総合研究所　R&D本部
　　　材料開発センター　主任
[*3]　Kazunori Maruyama　大日本インキ化学工業㈱　総合研究所　R&D本部
　　　情報材料開発センター　主任研究員

い表示モードにする。

これらを加味するとポリマーネットワーク型液晶（PNLC）が候補に挙がる。

PNLCを用いたディスプレイは，液晶の配向や偏光板，及びバックライトが不要な反射型ディスプレイを容易に作ることができる。また，光散乱モードを用いるため紙感覚の白さが得られやすく，新聞，本，書類の表示に適している。

本章では，ポリマーネットワーク型液晶材料を用いたディスプレイPNLCDの特徴について紹介する。

1.2　PNLCDの特徴

PNLCDは，液晶で強い光散乱を誘起させるため，TN型液晶の配向膜の代わりに，液晶中に三次元網目状のポリマーネットワークを形成させていることが特徴で，ポリマーネットワークを形成させる点が一般のTN型LCDとは異なる。これを反射型ディスプレイへ適応すると次の大きな特徴が見られる。

① 白の光散乱を背景とした紙感覚の表示は，目に優しく，文字が見易く，読書等に好適な反射型のペーパーライクディスプレイである。

② 偏光板，及びバックライトが不要なため，表示が明るく，暗い所でも印刷物と同様な見え方で文字を読むことができる。

③ ポリマーネットワークの効果で配向処理が不要になるため，偏光板，位相差フィルム，配向膜を用いたTN型LCDに比べ素子の構造が単純化される。

1.2.1　PNLCDの作製方法

光散乱型液晶表示素子PNLCDは，二枚の基板の間に液晶と光重合性モノマーの均一混合溶液を挟み込み，紫外線を照射すると，液晶連続相を形成するように微細な三次元網目状のポリマーネットワーク構造が液晶中に形成され作製される。

これらのポリマーネットワーク形成過程を描くと図1のようになる。液晶と光重合性モノマーとを均一に溶解させた溶液に紫外線を照射すると，光化学反応により（図1記載のAはモノマーの官能基を示す）溶液中のモノマーの官能基どうしが重合して高分子化（ゲル化）が起こる。この時，溶解していた液晶とモノマーは，モノマーの分子量の増加に伴い液晶相とモノマー相の二相に分離して微細なミクロ相分離構造を形成して高分子化により構造が固定化される。このようにして作られる相分離構造は，モノマーの重合速度や液晶とモノマーとの溶解度等の違いによりサブミクロンの微細な構造から数ミクロンの範囲にわたり微細構造の大きさが変化する。そのため，ディスプレイに適したポリマーネットワーク構造は，材料組成・重合条件の最適化により得ている。

第5章　液晶とELの最新開発動向

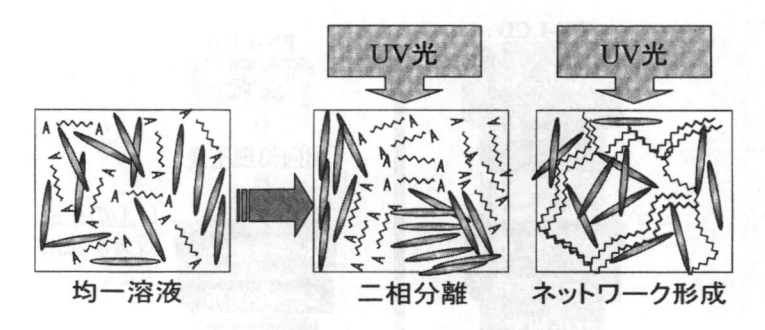

図1　PNLCDの作製方法

　上述した製法により形成されたポリマーネットワークの断面を走査型電子顕微鏡で撮影すると図2が得られる。写真の白い部分は相分離で形成されたポリマーネットワークを示し，黒い部分は液晶になる。この液晶部分を共焦点レーザー顕微鏡で，三次元画像化すると図3の画像が得られる。白い部分が液晶相で三次元の連続相を成していることが分かる。この様な構造にすることで低電圧駆動化，及び「白さ」の向上等，実用的な表示特性を実現させている。

　実際のPNLCDの製造は，一般の液晶ディスプレイの生産設備を流用できる。セル作製工程をTN型LCDと対比すると，図4に示すように液晶の空セルに真空注入方法でPNLC材料を注入した後に，一定の温度下で紫外線照射する工程がTN型LCDの作製工程と異なる。また，配向膜が不要なため配向膜塗布・ラビング処理・ラビング処理後洗浄・偏光板位相差板貼り付け等の工程

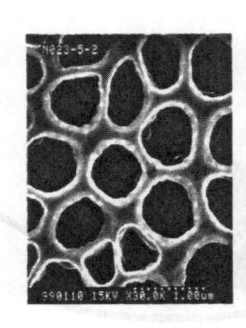

図2　反応誘発型相分離で形成されたポリマーネットワークの走査型電子顕微鏡写真

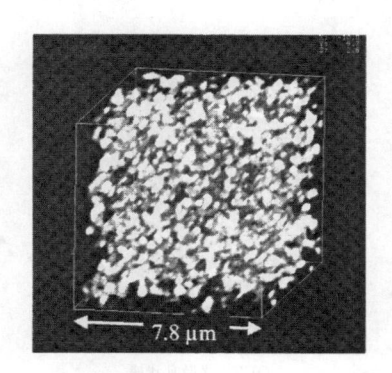

図3　ミクロ相分離構造
　　　液晶/高分子複合膜中の液晶相3次元画像
　　　（共焦点レーザー顕微鏡観察画像）

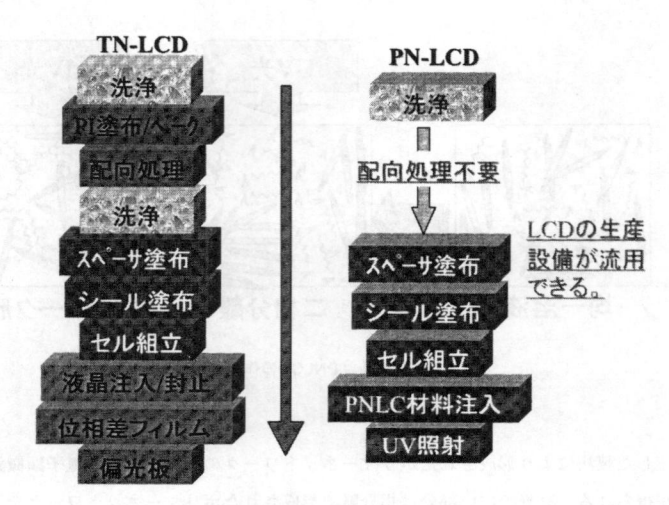

図4 セル作製工程の比較

が不要になりポリマーネットワークの形成によりLCD作製工程が簡素化される。

1.2.2 PNLCDの動作原理

PNLCDは、透過状態と光散乱状態の2つの状態がある。図5の白い光散乱状態は、液晶中に形成されたポリマーネットワークで不規則な液晶配列が誘起されることにより発現する。この時、表示は白を示す。これに電圧を印加すると液晶分子は電界方向へ次第に配向して透明になる（図

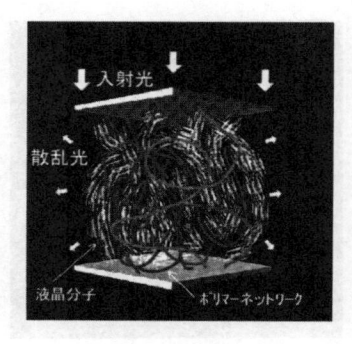

OFF：光散乱状態 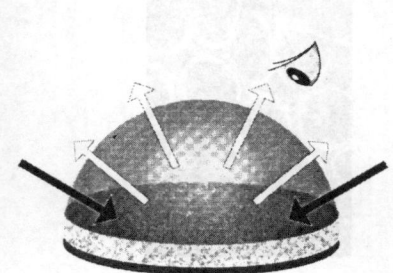　　　　　　　　PNLCDの白表示

図5　PNLCDの白表示

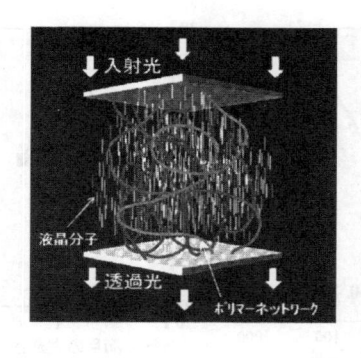

第 5 章　液晶とELの最新開発動向

ON:透過状態　　　　　　　　　　　PNLCD の黒表示

図6　PNLCDの黒表示

6）。この時，表示パネルの裏面側に黒の光吸収層を置くと，パネルを透過した光は吸収され黒が表示される。これらの2つの状態を電圧で制御して表示に使う。

1.2.3　PNLCDの反射率（白さ）

電子ペーパーで重要な高反射率（白さ）は，下に示す3つの要因に大きく依存している。

① 　液晶複屈折率（Δn）

液晶のΔnは，ネマチック液晶材料に左右され，Δnを高くすれば比例して白さを増すことができる（図7）。

② 　セル厚

セル厚を増加させると反射率は高くなり白さが増す。セル厚を$50\mu m$で反射率が40％を超え，かなり白く，新聞紙並になる。しかし，同時に，セル厚増加と伴に駆動電圧が上昇するため，セル厚を上げる方法には限度がある（図8）。

③ 　ポリマーネットワークの網目

ポリマーネットワークの網目の大きさは，「白さ」に影響を及ぼし，網目の大きさが$0.6〜0.7\mu m$の範囲で反射率が最大になる（図9）。

反射率を可能な限り高くして駆動電圧の増加を抑え，かつ動作温度範囲，信頼性等の実用特性を考慮に入れると，上記三要因は，①のΔnは0.27以下，②のセル厚は$40\mu m$以下，③の網目は反射率を最大にするため$0.6〜0.7\mu m$になる。

1.2.4　駆動電圧

駆動電圧の低電圧化は，応用上，重要課題である。液晶は，数ボルトの低電圧で駆動でき，広

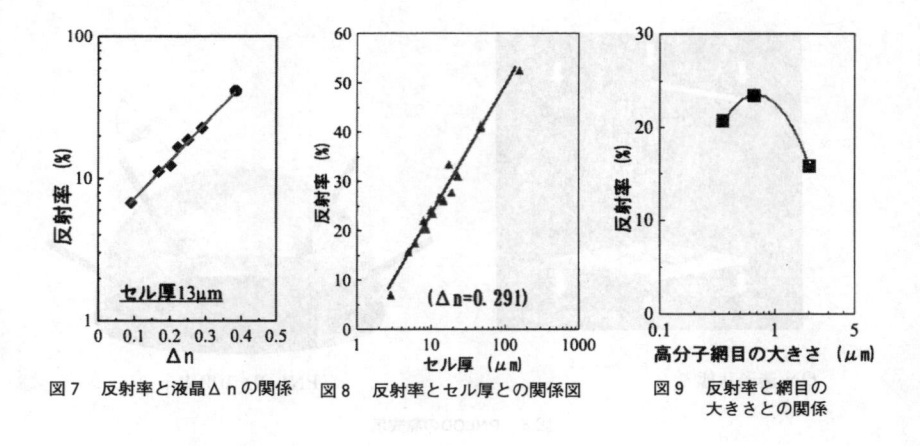

図7 反射率と液晶Δnの関係　　図8 反射率とセル厚との関係図　　図9 反射率と網目の大きさとの関係

くフラットパネルディスプレイに用いられている。PNLCは強い光散乱を誘起させるため配向膜の代わりに液晶中にポリマーネットワークを形成させることを大きな特徴としているが，ポリマーネットワークの影響で駆動電圧が上昇する。これは，液晶がポリマーネットワークと接している界面で束縛されて動き難くなる力（アンカーリング力）が作用することが原因である。僅かな電界で液晶を動かすには，アンカーリング力の低いポリマーネットワーク材料が必要になる。そのため，特殊な紫外線重合性アクリルモノマーを開発して低電圧駆動を図っている。その結果，駆動電圧はセル厚1μ当たり0.5V/μm～0.35V/μmの低電圧駆動が実現されている。

1.3　PNLCDを用いたペーパーライクディスプレイ

　実際のディスプレイの解像度，コントラスト，反射率，視認性等の表示特性を検証するため，文字固定パターンのITO透明電極を用いて液晶セルを作製した。図10に示すように，セル厚30μmの表示パネルにおいて，駆動電圧（V90）9.3Vrms，コントラスト比1：16，反射率35%で，文字の視認性の高い実用レベルの表示が得られている。反射率35%は，新聞紙の反射率に近く，コントラストは新聞紙の1：5を超える。文字の部分は光の吸収，その周囲が光散乱の白で，日ごろ見慣れた紙面の表示と類似しているため文字が読みやすく目に優しい表示である。これを他の液晶ディスプレイや印刷物と比較すると図11のようになる。PNLCDのコントラストはグラビヤ印刷並と高く，反射率は一般の反射型液晶ディスプレイより高く，寄り印刷物に近いディスプレイであることが示される。このように，高い表示品位により，文字が読みやすくペーパーライクなディスプレイを実現することができる。試作は，文字固定パターン電極で行っているが，高精細ディスプレイを実現するには，アクティブマトリックス（TFT）駆動が必要になる。PNLC

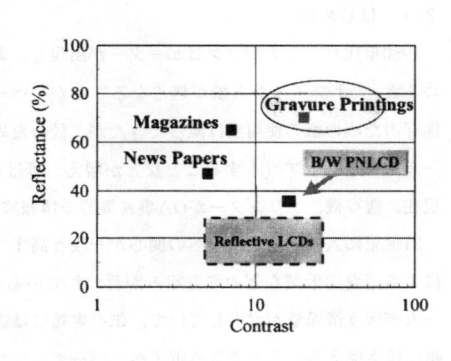

第5章　液晶とELの最新開発動向

図10　PNLCDによるペーパーライクディスプレイ　　図11　反射率とコントラストの比較

材料の高純度化を行い高い電圧保持率を実現してTFT駆動を可能にしている。また，軽量・フレキシブル化はプラスチック基板を用いることで実現される。

謝　辞

　なお，本研究は，経済産業省のプロジェクト（新エネルギー・産業技術総合開発機構が技術研究組合超先端電子技術開発機構（ASET）に依託）で実施したもので，その成果を基に当社で実用化検討を進めている。関係各位に感謝する。

2 コレステリック液晶ディスプレイ

高見　学*

2.1 はじめに

1980年代パーソナルコンピューターが出現し，記録媒体としてフロッピーディスクが使われ始めると，"オフィスから紙が無くなる"とか"ペーパレス時代が来る"とか騒がれた。確かに，保存のための紙の使用量は減ってきたが，読むためにプリントアウトする機会，たとえば電子メールをプリントアウトすることなどが増え，紙はなくなるどころか，益々増えるばかりである。現在，複写機，プリンターがOA事務機器や情報家電の花形商品となっていることからも伺える。

21世紀に入り，地球環境への関心が一段と高まり，森林資源の確保のため紙資源のリサイクルによる消費の低減などの取り組みが行われている。一方で，情報の電子化が急速に進んでおり，一人が扱う情報量が増大していて，紙の書類では扱いきれなくなってきている。まさに，時代は紙に置き換えることのできる電子ペーパーディスプレイの出現を待望している。東北大学教授の内田龍男氏の言うところの「情報用(読む)ディスプレイ」である。

ここでは，電子ペーパーディスプレイの最有力候補のひとつであり，中国，日本ですでに発売されている電子ブックのディスプレイとして使われているコレステリック液晶ディスプレイについて解説する。

2.2 コレステリック液晶ディスプレイの歴史と概要

コレステリック液晶ディスプレイの歴史は古く，1963年にJ.L.Fergasonが本液晶を用いたサーモグラフィを考案したのに始まる。1969年にはG.H.Heilmeierらがコレステリック液晶の記憶効果(双安定性)を発見し表示体への応用を発表した[1]。1970年半ばには日本でも，日本電信電話公社(現NTT)と日本電気のグループ[2,3]や松下電器[4]あるいは東北大学[5]などをはじめとして，多くの企業や大学が取り組み，試作品を発表している。この当時のものは，配向膜に垂直配向型のものを用い，カイラルピッチが1μm程度のP型(誘電異方性が正)液晶で作られたディスプレイで，プレーナーテクスチャーが黒(透過)，フォーカルコニックテクスチャーが白(散乱)を表示するものであった。

その後1991年に，米国ケント大学のJ.L.WestとD.K.Yangらが，カイラルピッチを0.3μm前後まで縮め，波長選択反射の特性を利用し，プレーナーが可視光を反射し，フォーカルコニックが黒(透過)表示するものを開発した。これによって，反射率，コントラスト，双安定性，応答性が大幅に向上した。これが現在のコレステリック液晶ディスプレイの基本的な構成となっており，

---

*　Manabu Takami　ナノックス㈱　技術開発部　取締役部長

第5章　液晶とELの最新開発動向

表1　コレステリック液晶ディスプレイの特長

波長選択反射性	双安定性（メモリー性）
・偏光板が不要で明るい ・影が落ちない ・カラーフィルターを使わずにフルカラーが可能 ・視野角が広い	・大表示容量 　（高精細、大画面） ・超低消費電力 ・フリッカーなし ・動画には不向き

彼らによって出願された特許が基本特許（通称West Patent）となっている[6]。

このコレステリック液晶の特徴は，波長選択反射と双安定性という特性である。この特性から表のような特長を持った表示体を実現することができる（表1）。コレステリック液晶を開発するには，この二つの特性について理解しておくことが大切である。

2.3 コレステリック液晶の光学的性質（波長選択反射）

液晶は分子の配列構造から，スメクティック液晶，ネマティック液晶，コレステリック液晶の3つのタイプに分類される。図1に現在最も広く使われているネマティック液晶とコレステリック液晶の分子の配列構造を比較する。ネマティック液晶は，分子の位置に規則性はないが，分子の長軸が全体として一方向に向いている。これに対して，コレステリック液晶は，非常に薄い層内で分子の長軸がそろって配列し，各層毎に分子の方向が回転していく螺旋（ヘリカル）構造となっている。ネマティック液晶の分子の配列とは大きく異なる。この特徴的な配列構造によって屈折率の高低の周期構造が形成され，一種のブラッグ反射が起きる。ヘリカル周期によって特定の波長の光が選択的に反射されるので，この現象を波長選択反射（Selective Reflection）という。プレーナー配列の螺旋軸に平行に入射した光は，右回りと左回りの円偏光に分かれ，コレステリック液晶のヘリカル方向と同じ方向の光が選択的に反射され，逆回り方向の光はすべて透過する。反射される光のピーク波長λ_0は，

$$\lambda_0 = n \cdot p \tag{1}$$

で与えられる。ここで，pはヘリカルピッチ（またはカイラルピッチ），nは平均屈折率である。また，反射光の波長バンド幅$\Delta\lambda$は，

$$\Delta\lambda = \Delta n \cdot p \tag{2}$$

で与えられる。ここで，液晶分子と平行方向の屈折率を$n\|$，垂直方向の屈折率を$n\perp$とおくと，$\Delta n = n\| - n\perp$で与えられ，屈折率異方性を表わす。

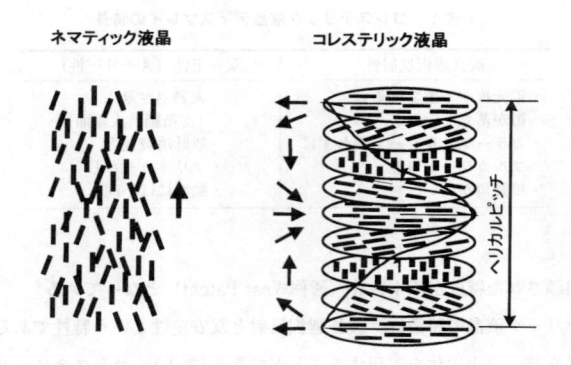

図1　液晶分子の配列（矢印はダイレクターの向き）

ヘリカル軸方向に対して角度 θ で入射した光の選択反射波長 λ_ϕ は，

$$\lambda_\phi = n\, p \cos \frac{1}{2} \left[\sin^{-1}(n^{-1}\sin\phi i) + \sin^{-1}(n^{-1}\sin\phi s) \right] \qquad (3)$$

で与えられる[7]。ここで ϕi と ϕs は，それぞれヘリカル軸に対する光の入射角と反射角である。式からわかるように，λ_ϕ は式(1)の λ_0 に比べ短波長になっており，高次の反射光が含まれる。実際的には，正面から見ると緑色に見えているパネルが，斜めから見るに従って青っぽく見える。さらに干渉縞が見え薄汚く見える。

これらの角度依存性は，ヘリカル構造が完全な配列状態にあるために起こる。この状態をパーフェクトプレーナーあるいはシングルドメインプレーナーという（図2(a)）。表示品位の視野角依存性が大きいことは，ディスプレイとしては好ましくない。よって，ある程度ヘリカル軸の傾きにばらつきを持たせる工夫が必要となる。ガラス基板表面に垂直配向処理を施すことにより，多数のマイクロドメインが形成され，視野角依存性が減少し広い視野角を得る（図2(b)[8]）。しかし，ドメインが微細化されすぎると，反射率が低下する。また，フォーカルコニックの散乱が大きくなりコントラストの低下を招く。この対策として，裏面基板の配向膜表面を軽くラビングすることによって，ドメインサイズを大きくし，視野角を犠牲にすることなく反射率を向上させることができる[9]。

さらに，垂直配向処理に加え，液晶に数％の光硬化型のモノマーを混合し，電圧印加状態でUVを照射し，液晶層内にポリマーネットワークを形成することで，図2(c)のようにヘリカル軸の傾きとヘリカルピッチに，より大きなばらつきを持たせることができる。これによって図3に示すように，(a)(b)に比べ(c)は，反射波長域がブロードになり，白黒表示を実現できる[10]。

第5章 液晶とELの最新開発動向

(a) パーフェクトプレーナー
視角依存性が大きい

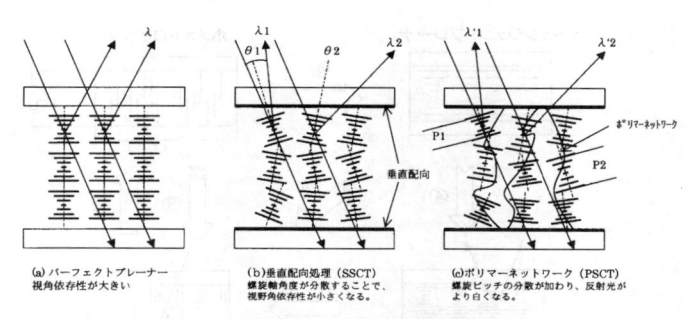

(b) 垂直配向処理 (SSCT)
螺旋軸角度が分散することで、視野角依存性が小さくなる。

(c) ポリマーネットワーク (PSCT)
螺旋ピッチの分散が加わり、反射光がより白くなる。

図2　ヘリカル軸傾き，螺旋ピッチの分散

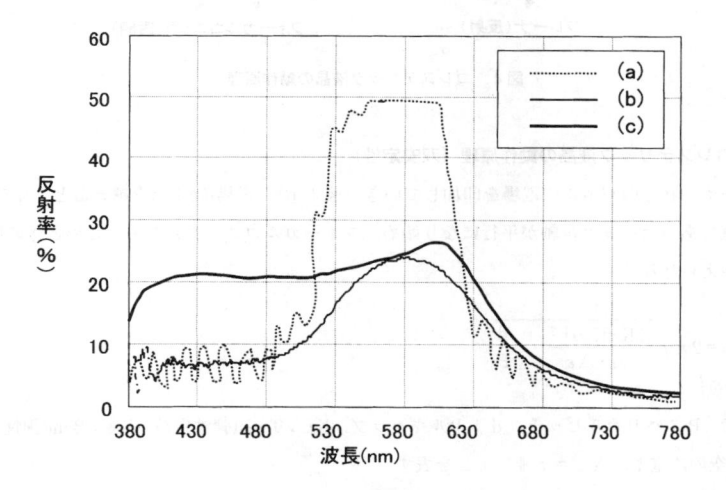

図3　分光反射率特性

パネルからの反射率R_Tは各ドメインからの反射率Rmn（$\theta m, Pn$）の総和で表される。あるドメイン（m,n）におけるヘリカル軸の傾きとヘリカルピッチをそれぞれθmとPnとすると，R_Tは次のように与えられる。

$$RT = \int_{\theta m} \int_{Pn} f(\theta_m) \cdot g(P_n) \, d\theta_m dP_n \tag{4}$$

$f(\theta_m)$，$g(P_n)$ はそれぞれ各ドメインのヘリカル軸の傾きとヘリカルピッチのばらつき関数で，ガウス分布を適用することができる。このあたりは，W.D.St.JohnらがBerremanの4×4マトリクス法[11]を使い理論と実験の対比をし，よく一致した結果を得ている[12]。

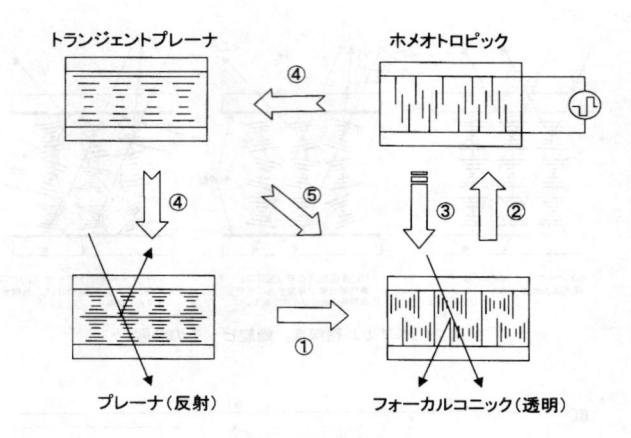

図4　コレステリック液晶の動作原理

2.4　コレステリック液晶の動作原理（双安定性）

プレーナー状態のパネルに電場を印加していき（図4①），電場EがEthを越えると，ガラス基板に垂直であったヘリカル軸が平行になり始め，フォーカルコニックになる。このときのEthは次式で与えられる[13]。

$$Eth = 2\pi \sqrt{\frac{(2K_{22}K_{33})^{1/2}}{\varepsilon_0 \cdot \Delta\varepsilon}} \cdot \frac{d}{P_0} \tag{5}$$

ここで，P_0：ヘリカルピッチ，d：セルギャップ，K_{22}：Twist弾性定数，K_{33}：Bend弾性定数，ε_0：真空の誘電率，$\Delta\varepsilon = \varepsilon_\parallel - \varepsilon_\perp$を表す。

この状態で電場を取り除いてもフォーカルコニック状態はこのまま保持される。さらに高い電場を印加していくと（図4②），ヘリカル構造が緩み，ヘリカルピッチは長くなる。そして，ついにヘリカル構造は完全に解かれ，液晶分子が電場方向に配列し，透明なホメオトロピック状態になる。このときの電界強度をコレステリックネマティック相転移電場E_{CN}といい，次式で与えられる[14]。

$$E_{CN} = \frac{\pi}{P_0}\sqrt{\frac{K_{22}}{\varepsilon_0 \cdot \Delta\varepsilon}} \tag{6}$$

このホメオトロピック状態から電場をゆっくりOFFにすると（図4③），フォーカルコニック状態に戻る。電場E_{CN}を一気にOFFにすると（図4④），トランジェントプレナー状態を経てプレ

ーナー状態になる。この2つの状態は電場がゼロの状態でも安定して維持される。つまり，電場のOFFの方法によって，すなわちパルス電圧によって状態を選択することができる。そのとき，パルス電圧のパルス幅は液晶の応答速度より大きくする必要がある。液晶の応答速度は次式で与えられる[15]。

$$\tau_{CN} = \eta / |\varepsilon_0 \varepsilon_a E^2 / 4\pi - 4K_{22}\pi^2/p_0^2| \tag{7}$$

ここで，η；twist viscosity。電圧が十分大きい時，$\varepsilon_0\varepsilon_a E^2 \gg 4K_{22}\pi^2/p_0^2$となり，$\tau_{CN}$は電界の2乗に逆比例する。よって，より高い電圧で駆動することで書換え速度を向上させることができる。しかし，STNに比べ，駆動電圧が高いコレステリック液晶で，より高い電圧によるスピードアップは現実的ではない。

一方，ホメオトロピック状態からプレーナー状態への転移時間τ_{NC}は次式で与えられる[15]。

$$\tau_{NC} = \eta p_0^2 / 4\pi^2 K_{22} \tag{8}$$

この転移途中の状態を利用することで，駆動速度を飛躍的に向上させたダイナミック駆動方法が開発されている[16]。ダイナミック駆動については後述する。

2.5 パネルの構造

コレステリック液晶ディスプレイのパネル構造は図5に示すように，基本的にはTN，STNの構造と同じである。電極として透明伝導性膜のITOを用いるが，液晶層自体が反射の機能をもつので，裏面側の電極は光を吸収する不透明のものであっても良い。コレステリック液晶の駆動電圧は，40V前後でTN，STNに比べれば高いので，上下電極間のショートを防ぐためにITO電極の上に絶縁膜を設けたほうが良い。配向膜は，垂直配向膜を用いる。膜厚，焼成温度などのばらつきは電圧反射率特性に大きく影響するので，十分な管理が必要である。セルギャップは駆動電圧を下げる意味では小さくしたいが，あまり小さくすると反射率が大きく低下する。少なくともヘリカル回数が10回以上は欲しい。ITO，絶縁膜，配向膜の多層膜構成になっているため，干渉による着色を考慮してセル構造の設計をする必要がある。

EBOOK用途では当面，白黒の表示が要求されているが，前述のポリマーネットワークによる方法（PSCT）のほかに，補色の関係にある2色のパネルを，たとえば青と黄，あるいは緑と赤のパネルを積層することによっても得られる。

また，赤，緑，青の3枚のパネルを積層することでフルカラーの反射型ディスプレイが実現できる（図6）。

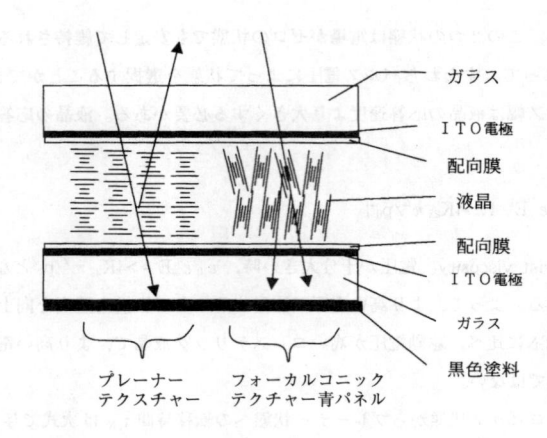

図中ラベル: ガラス / ITO電極 / 配向膜 / 液晶 / 配向膜 / ITO電極 / ガラス / 黒色塗料 / プレーナーテクスチャー / フォーカルコニックテクスチャー青パネル

図5　コレステリック液晶パネルの構造

2.6　液晶材料の調整

コレステリック液晶は，古くはコレステリン誘導体のことを指していたが，これは温度による反射波長の変化が大きく，現在ではネマティック液晶にカイラル剤を混合する方法が取られている。その調整に当たっては次のことを考慮する必要がある。

2.6.1　ネマティック液晶の調整

ネマティック液晶の物性値は，ディスプレイの特性に大きく影響する。式(2)からもわかるように，明るさを向上させるために反射バンドを広くするには，Δnの大きなネマティック液晶を用いることが望まれる。しかし，Δnの大きな液晶は，粘性が高くなる傾向にあるため，応答性の低下を招く。また，コレステリック液晶は式(6)からもわかるようにヘリカルピッチが小さいので，ヘルカルピッチが大きいTN, STN液晶より駆動電圧が高い。低電圧化のためには$\Delta \varepsilon$の大きな液晶が必要になるが，これもまた，粘性の高い液晶が多く，応答性を悪化させる。高温の動作温度範囲を確保するためには，NI点の高い液晶が必要であるが，これまた粘性が高くなる傾向にある。高Δn，高$\Delta \varepsilon$，高NI点を確保しつつ，できるだけ低粘性の液晶を選択することがポイントである。

2.6.2　カイラル剤の調整

カイラル剤はTN, STNでは母液晶であるネマティック液晶に対し1％程度の混合に対し，コレステリック液晶では約30％程度混合するので，カイラル剤の選定も非常に重要である。下記の点に注意しながら数種類のものを混合して調整する。

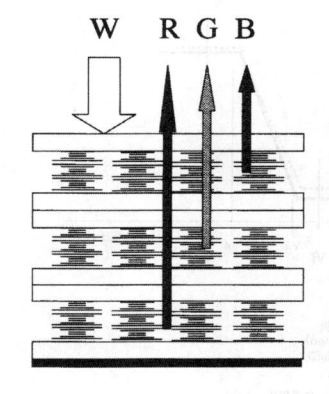

第5章 液晶とELの最新開発動向

P : Planar texture
F : Focal conic texture

反射色	Blue	Green	Red
White	P	P	P
Blue	P	F	F
Green	F	P	F
Red	F	F	P
Yellow	F	P	P
Magenta	P	F	P
Cyan	P	P	F
Black	F	F	F

図6　RGB 3パネル積層のカラー表示

① らせん誘起力HTP（Herical Twisting Power）が大きいこと

カイラル剤の多くは，融点が低いので，添加量に比例してミクスチャーのNI点が低下する。ミクスチャーへの添加量を少なくするために，HTPが大きいカイラル剤を使用する。HTPは1/PCで表され，Pはヘリカルピッチ（μm），Cは濃度である。一般的に用いられているCB15で約6（μm^{-1}）で，S811は約13（μm^{-1}）である。

② ヘリカルピッチの温度依存性ΔPが小さいこと

ヘリカルピッチPが温度によって変化することによって2つの問題を生じる。ひとつは，反射色が変化することである。もう一つは，駆動電圧が変化することである。カイラル剤には，ΔPが正のものと負のものが存在し，これらをうまく組み合わせることで，これらの問題を抑えることができる。たとえば，CB15はΔPが正で，S811は負である。母液晶の弾性定数に温度依存性があるため，母液晶に合わせて調整が必要である。

③ 溶解性が良いこと

カイラル剤の多くは室温では固体である。母液晶のネマティック液晶との相溶性の良い組み合わせにする必要がある。室温で溶解していたものが低温で析出し結晶化することもあるので十分な注意が必要である。

④ 粘度が低いこと

低電圧の母液晶は$\Delta\varepsilon$が大きいのでカイラル剤を溶解しやすいが，低温域での粘度上昇に注意が必要である。

(a) 電圧—反射率特性 (V-R曲線)

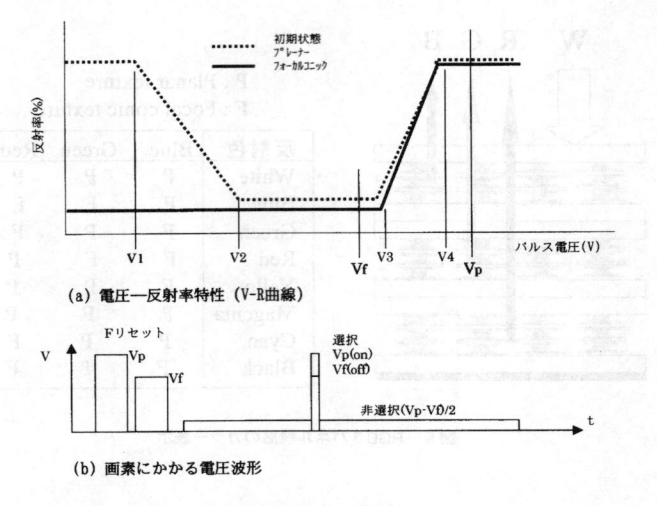

(b) 画素にかかる電圧波形

図7 スタティック駆動法

2.7 駆動方法

2.7.1 スタティック駆動

パネルに電圧Vのパルスを印加した際の反射率(電圧反射率特性 (V-R曲線))を図7(a)に示す。初期状態がプレーナーの場合V1までは変化しないが、それを超えたところから反射率は低下しV2でフォーカルコニックになる。さらに電圧を上げていくとV3を越えたところから反射率は上昇し、V4で完全なプレーナーになる。一方、初期状態がフォーカルコニックの場合V3まで変化は見られず、V3を越えたところから反射率は上昇し、V4で完全なプレーナーになる。

初期状態がフォーカルコニックの方が、V3近傍の反射率が低いので、コントラストが良い。よって、最初に全面をフォーカルコニックにしておくフォーカルリセット法が一般的である。実際的には図7(b)のように、まずV4より少し高いVpパルスでホメオトロピックにし、完全に表示を消去した後、V3より少し低いVfパルスでフォーカルコニックにする。このとき、Vpパルスとvfパルスが離れすぎると、Vpパルス後のプレーナーの反射がフラッシュしたように見え、目に付くので注意が必要である。

書き込みパルスは、各画素にVpが印加されればプレーナーに、Vfが印加されればフォーカルになるようにセグメント側、コモン側電圧が決定される。非選択ラインには、(Vp−Vf)/2の電圧が印加されるため、一度書き込んだプレーナーの反射率が低下しないように、すなわちクロストークを避けるためには、V1>(Vp−Vf)/2を満足する必要がある。この条件を満たすかどう

第5章 液晶とELの最新開発動向

表2 階調方式の比較

変調方法	波形	消費電力	クロストーク	ドライバ	その他
パルス数		周波数が高いため「大」	非選択画素に同じ電圧が印加されるため「小」	2値選択のドライバが使用できるので「非常に安価」	γ値を細かく設定できないので反射率がリニアに変化する階調がとりにくい。
電圧		周波数が低いため「小」	非選択画素に様々な電圧が印加されるため「非常に大」	様々な電圧の選択が必要なので「高価」。	様々な電圧を供給するための複雑な電源も必要。
パルス幅		周波数が低いため「小」	非選択画素に同じ電圧が印加されるため「小」	簡単な階調ドライバを使用できるので「安価」	γ値を細かく設定できるので、反射率がリニアに変化する階調が可能。

かは，液晶組成と配向膜の状態に強く依存する。

2.7.2 階調方法

図7(a) V-R特性において，階調を取るために利用できる領域は3つある。まず，初期がプレーナーではV1-V2 間および V3-V4 間。初期がフォーカルの場合のV3-V4 間である。しかし初期がプレーナーではコントラストが取れないため，初期がフォーカルリセットのV3-V4 間を使う。階調方式としては表2の3つの方式が考えられる。それぞれ長所短所があるが，パルス幅による方法が現実的である。

2.7.3 ダイナミック駆動

ホメオトロピックからプレーナーあるいはフォーカルコニックへの相転移を3段階に分け，プレーナーとフォーカルコニックを選択する時間を1ms/line以下にできる。図8に画素にかかる駆動電圧とそのときの液晶の状態を示す。最初のPreparation stageでは，液晶をホメオトロピック状態にし，2番目のSelection Stageでプレーナーかフォーカルコニックを選択するON, OFF電圧を印加する。しかし，この時点の状態はトランジェント状態で3番目のEvolution stageを経てプレーナーかフォーカルコニックが決定される。のちに，Selection stageの前に非選択電圧のpre-slection stageを設けた4ステージ法[17]，後にも同様にPost-slection stageを設けた5ステージ法[18]も開発され書き換え速度はさらに向上したが，基本的な考え方は3ステージ法と同じである。ダイナミック駆動をするためには，各ステージに最適な電圧を設定する必要があり，ロー側ドライバーには，非選択電圧含め，±4つの電圧が要る。Uni-polarドライバーを使用する場合には，8

143

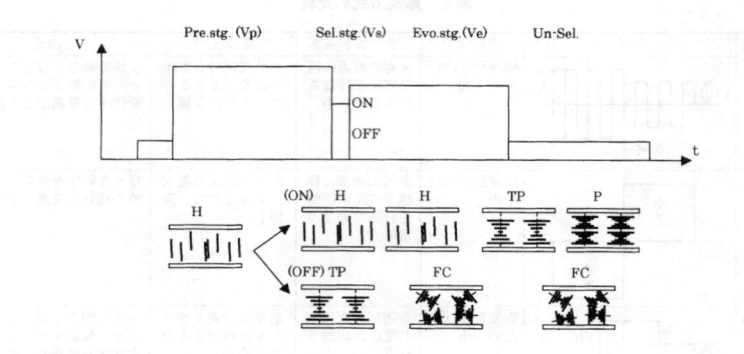

図8 ダイナミック駆動法

つの電圧が必要となる。階調表示は、コラムドライバーのセレクションのパルス幅を変えるPWM方式で表示される。ダイナミック駆動方式では、コンベンショナル駆動に比ベロー電極の選択本数が多く消費電流が増加する。これを防ぐため、各ライン毎に周波数反転を行うことで電圧の高いPreparation stageとEvolution stageの周波数を下げ低消費電力化を図ることができる。

2.7.4 温度補償

コレステリック液晶は、現在の材料では、温度により駆動電圧が大きくに変化するので、駆動回路には温度補償機能が不可欠となる。温度補償の方法としては、駆動電圧で補償する方法と、電圧パルス幅で補償する方法がある。駆動電圧で補償する方法は、どの温度でも駆動スピードを一定に保つことができるというメリットがある。しかし、低温ではかなり高い電圧が必要とされ、市販のSTN用ドライバーの耐圧(約40V)では実現的ではない。そこで、駆動電圧が低下する室温(25℃)以上では電圧で補償し、室温以下はパルス幅で補償することが現実的である。

温度補償の具体的な値は、液晶材料やパネルの構成によって異なるので、その都度測定し、値を設定する必要がある。

2.8 おわりに

コレステリック液晶の研究は古くから行われてきたが、そのポテンシャルは非常に高く、まだまだ改良改善の余地がある。その思いから本章では原理的なところを中心に説明させていただいた。読者の新たな発想でブレークスルーを期待したい。昨年、電子書籍ビジネスコンソーシアムの設立総会で、作家の里中満智子先生が「手の平に国会図書館を」とのキャッチフレーズを披露されたが、まさにそのような時代がそんなに遠くない時期に来るような予感がする。紙に勝る電

第5章 液晶とELの最新開発動向

子ペーパーディスプレイの開発を急ぎたいものである。本章がコレステリック液晶ディスプレイの研究開発の一助となれば幸いである。

文　献

1) G.H.Heilmeier and J.E.Goldmacher, *Proc.IEEE*, **57**, p34（1969）
2) 小暮，河内，加藤ほか，電気通信学会電子部品材料研究会資料 *CPM 75-11* p.19（1975）
3) C.Tani, F.Ogawa, S.Naemura, T.Uno and F.Saito, *Proc. Of the SID*, **21**, 2, p71（1980）
4) 森本，大塚，村上ほか：*National Technical Report*, **22** 213（1976）
5) 内田，宍戸，和田，電気通信学会全国大会講演論文集 **5**, 1074（1975）
6) *U.S.Patent* **No.5,453,863**（"the West patent"）*filed on May 4*,1993
7) J.L.Fergason, *Mol. Crtst.* **1**, p293（1966）
8) Z.-J.Lu, W.D.St.John, *et al.*, *SID Dig. Tech. Papers*, p.172（1995）
9) Kahn, *et al.*, *SID Dig. Tech. Papers*, p.460（2001）
10) R.-Q.Ma, D.-K.Yang: *SID Dig. Tech. Papers*, p.101（1995）
11) Dwight W.Berreman, J. Opt.Soc. *Am.* **62**, 502（1972）
12) W.D.St.John, W.J.Fritz, Z.-J.Lu, and D.-K.Yang, *Phys. Rev. E51*, 1191（1995）
13) W.Helfrich, *Appl. Phys. Lett.* **17** 531（1970）
14) P.G.de Gennes, *Sol. State Comm.*, **6**, p168（1968）
15) E.Jackman and E.P.Raynes, *Phys. Lett.* **17** 531（1970）
16) X-Y Huang, D-K Yang, *SID95 DIGEST* p347
17) X-Y Huang, D-K Yang, *SID96 DIGEST* p359
18) Y-M Zhu, D-K Yang, *SID97 DIGEST* p97

3　有機ELフィルムディスプレイ

土田正美*

3.1　はじめに

　フラットパネルディスプレイは，近年，市場が急拡大し，その中でも液晶ディスプレイは携帯電話やパソコン用ディスプレイ，家庭用TVなどに採用されて大きな地位を築いている。しかし，最近では自発光型である有機ELディスプレイが，それ自身が持つ数々の特長のため，大きな注目を浴びるようになって来た。有機ELは自発光であるため視認性が良く，視野角も広い。更に液晶ディスプレイで用いられるようなバックライトが必要ないので薄くできる。また応答速度も早いので動画表示を必要とする機器に非常に適しているなど数々の優れた特長がある。現在の有機ELディスプレイはガラス基板上に形成されているが，この基板をガラスから樹脂に変えることで，さらに有機ELの応用範囲を広げることができると考えられる。樹脂基板を用いることによって，有機ELディスプレイをより薄く，軽くすることが可能となる。さらに樹脂であるがゆえの柔軟性を生かして，これまでの枠にとらわれない様々な形状のディスプレイを実現することができ，曲面表示やフレキシブルなペーパーライクなディスプレイが可能になる。また身に着けられるディスプレイや，使用時以外は巻いて収納出来るディスプレイといった多彩なものを実現できる可能性がある。

3.2　有機ELフィルムディスプレイの構造

　すでに実用化されている有機ELディスプレイの一般的な素子構造を図1(a)に示す。ガラス基板上に陽極である透明導電膜，発光層を含む有機膜，陰極としての金属薄膜が順に積層されている。しかし有機EL素子は酸素や水分に弱く，これらにさらされると特性の劣化や発光しなくなってしまうという問題があるため，酸素や水分などの浸入による劣化を防ぐために素子の背面側にはガス不透過性の素材を用いた封止缶により封止を行っている。封止缶の素材としては，ガラス・金属などが用いられ，更に封止缶の内壁には，素子内部の残留ガスあるいは素子外部から侵入する水分等の吸着を目的とした乾燥剤が付設されている。

　一方，フレキシブルな有機ELの素子構造としては，可とう性のある二枚の基板間に素子を挟み込んだものと，単基板上に薄膜を積層して素子を構成したものとに大別出来る。このうち，有機ELディスプレイの特徴を最大限に生かしたものとしては，後者の方がより薄くディスプレイを実現できるので好ましい。実際の構造例を図1(b)に示す。例えばプラスチックを基板として

---

*　Masami Tsuchida　パイオニア㈱　研究開発本部　総合研究所　表示デバイス研究部　第三研究室長

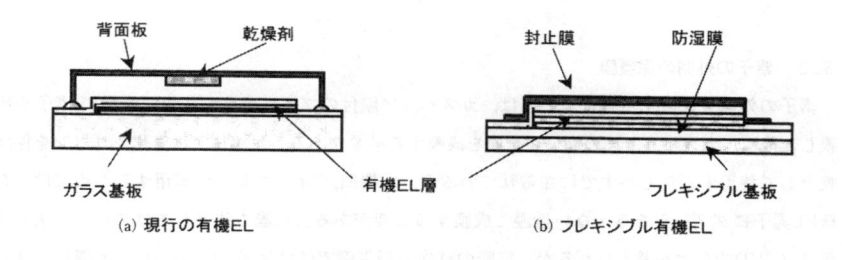

第5章　液晶とELの最新開発動向

図1　有機ELパネル構造

(a) 現行の有機EL
(b) フレキシブル有機EL

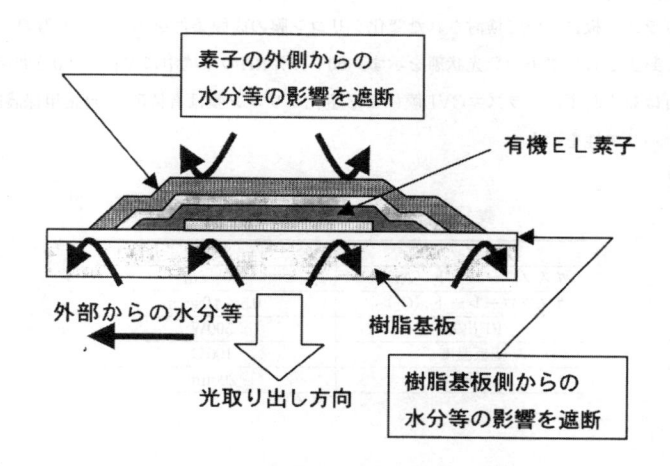

図2　樹脂基板上の有機EL素子に必要なバリア膜

用いれば，ガラスに比べて薄くしても割れ難い素子が出来上がる。但し，既存のプラスチックが有する防湿性は，有機EL素子を保護するために必要とされるレベルとはかけ離れたものであるため，プラスチック基板上には主に無機材料からなる防湿膜を付与する必要がある。また，同様に素子の背面側にも防湿性を持った保護膜を形成する必要がある。このような素子構成とすることにより，およそ基板一枚分の薄さに相当するディスプレイを実現することができることになる。フィルムディスプレイで採用されるこの構造の場合，有機EL素子の保存性・信頼性を確保するためには，図2に示すように，基板側から進入する水分等への対策と素子側から進入する水分等のそれぞれについて対策する必要がある。以下，それぞれの対策を述べる。

3.3 素子の外側の保護膜

素子の外側を保護する膜については，ガスバリア膜付のプラスチック基板に有機EL素子を成膜した後に，ガスバリア性の高い封止膜を成膜する必要がある。半導体では窒化シリコンを保護膜として使用することがすでに知られているが，有機ELディスプレイに適用するためには，有機EL素子にダメージを与えない低温で成膜する必要がある。成膜方法としてはスパッタ法やプラズマCVD法などが考えられるが，実際の試作の報告例ではプラズマCVD法による窒化シリコン膜による封止方法が提案されている[1]。プラズマCVD法を用いる利点は，応力制御が容易であること，素子のカバレッジが良いことなどが挙げられる。

表1にガラス基板において検討された窒化シリコン膜の成膜条件を示す。また写真1に，この膜によって封止された素子の発光状態を示す。60℃95%RHの環境中に保存し500時間後でも非発光部の進行は見られず，プラズマCVD膜による窒化シリコン膜は有機ELの封止用保護膜として，非常によいバリア性を示す。

表1　窒化酸化シリコン膜スパッタ条件

ターゲット	Si_3N_4
ガスフローレート（Ar）	40sccm
ガスフローレート（O_2）	0.5～4.0sccm
RF出力	500W
基板温度	100℃
膜厚	200nm

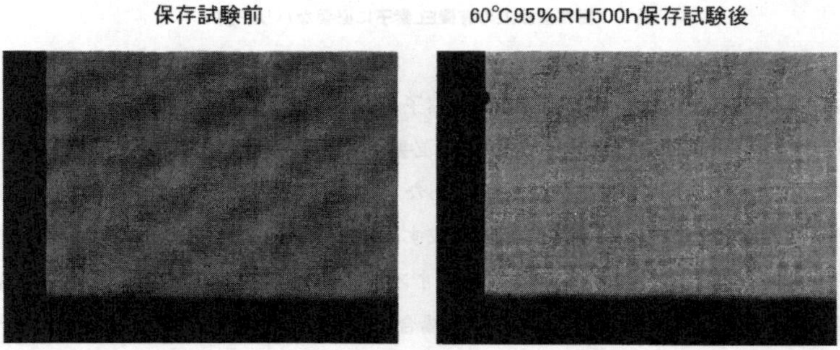

写真1　SiN膜封止EL素子の発光部光学顕微鏡写真

第5章　液晶とELの最新開発動向

3.4　樹脂基板

有機EL用の樹脂基板に求められる要件としては以下のような様々な特性が求められる[2]。

① 光学特性（高透明性）
② 耐環境性（耐熱性，耐溶剤性）
③ ガスバリア性（酸素バリア，水蒸気バリア）
④ 表面平滑性
⑤ 寸法安定性

市場にはすでに液晶ディスプレイ向けに樹脂基板が開発されており，これらの樹脂基板においても，やはりガスバリア層やハードコート層などが樹脂基板上に成膜され，上記の課題に対応している。しかし，有機EL素子は非常に薄膜でしかも酸素や水分に対して非常に敏感であるため，ガスバリア性や表面平滑性に関してはさらに高い水準が要求される。

特に水蒸気バリア性に関しては，一般的な樹脂ではおよそ$1 \sim 10 g/m^2 \cdot day$，ガスバリア膜を付加した液晶用基板でも$0.1 \sim 1 g/m^2 \cdot day$であるが，有機ELのバリア膜としてはこの性能では不十分である。

3.4.1　バリア膜

バリア膜として一般的に知られているのは酸化シリコン膜である。酸化シリコン膜は，食品包装材や液晶用樹脂基板のバリア膜としてよく用いられており，これによって水分や酸素に対するバリア性を有している。しかし，実際に樹脂基板上に酸化シリコンをバリア膜として蒸着を行い，その上に有機EL素子を作製してみると数日後には写真2に示すように，素子が劣化してしまう。酸化シリコン膜では有機EL素子用のバリア膜としては不十分といえる。

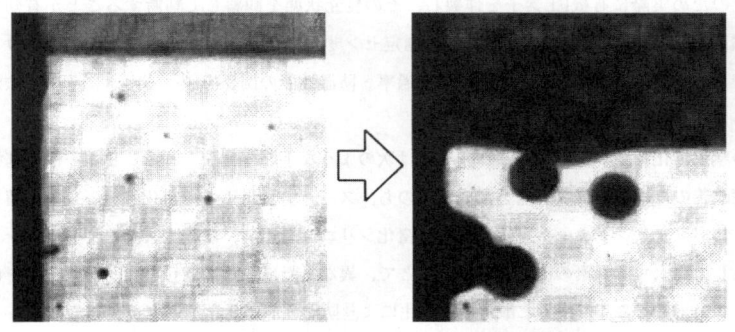

初期状態　　　　　　　　　　室温放置5日後の状態

写真2　LCD用プラスチック基板を用いた有機EL素子の顕微鏡写真

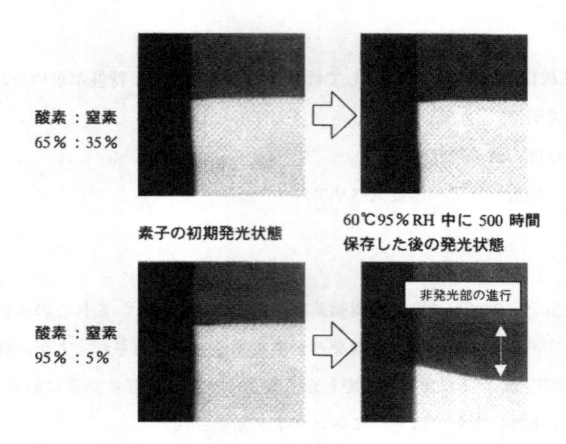

写真3　窒化酸化シリコンバリア膜の窒素酸素比とそのバリア膜を有する有機EL素子の保存性

　保護膜として採用されている窒化シリコン膜は非常にガスバリア性が高いことで知られており，当然プラスチック基板へのガスバリア膜としても適している。しかしプラスチック基板に成膜するためには低温で行う必要が有り，実際に成膜すると茶褐色の色が付いた膜になってしまうことが多く，そのままではディスプレイの観察面にあたる基板側には適さない。そこで成膜時に酸素を導入し窒化酸化シリコン膜とすることで，有機EL素子にとって十分なバリア性を得ることと光学的な透明性と両立させることが提案されている[3]。

　有機ELディスプレイにとって必要なバリア膜の防湿性能については透湿度で$1*10^{-5}g/m^2 \cdot day$以下と言われており，一般的に使われている透湿度測定方法のモコン法の測定限界以下である[4]。そのため実際に有機EL素子を作製し，その発光状態を観察して判断することが有効である。有機EL素子そのものをガスバリア性の測定センサーに使うのである。窒化酸化シリコン膜の評価でも，膜中の窒素酸素比と膜の光学透過率・防湿性能の関係を調べるときにその方法が取られている。

　実際の窒化酸化シリコン膜によるバリア膜は次のような手順で作製される。まず，樹脂基板上に密着性改善のためのバッファ層を形成したのち，スパッタ法によって窒化酸化シリコン膜を成膜する。スパッタリングターゲットとしては窒化シリコンを用い，成膜ガスとしてアルゴンと酸素を導入し，導入する酸素の流量を変えることで，異なった成分比の窒化酸化シリコン膜を作製することが出来る。ここで窒素と酸素の成分比により防湿性能と光学透過率が異なる。

　実際の検討では作製した素子を60℃95%RHの環境中に保存し，500時間後の非発光部の進行によって，窒化酸化シリコン膜の防湿性を評価している。写真3に発光状態のいくつかの例を示す。

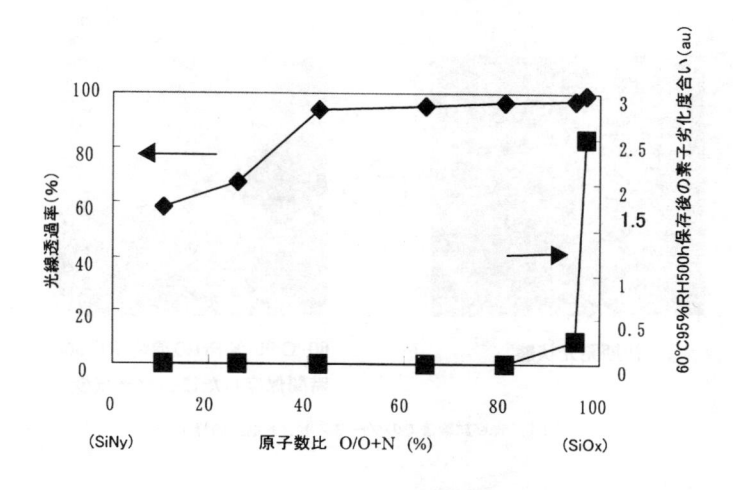

第5章 液晶とELの最新開発動向

図3 SiOxNy膜組成比と諸特性

酸素と窒素の比率の違いで，電極端部からの非発光部進行の度合いが異なることがわかる。

上記方法で評価した各種窒化酸化シリコン膜の防湿性と光学的透明性の計測結果を図3に示す。窒素リッチな膜の透明性はやや劣るが，酸素量の増加に伴い改善が見られる。膜中の酸素・窒素比率（O/O+N）が40%以上の膜では，光線透過率が90%以上と良好な透明性が得られている。一方の防湿性は，予想された通りにこれとは逆に推移している。つまり酸素リッチな膜においては，保存試験の経時に伴った素子の劣化（発光領域のシュリンク）が認められる。これに対し，比率（O/O+N）が80%以下の場合は，保存試験500時間後にも上記劣化は認められず，初期と同等の発光領域を維持している。この結果を併せると，比率（O/O+N）が40～80%の膜組成領域において，目的とする防湿性と透明性を併せ持った窒化酸化シリコン膜が得られることがわかる。

3.4.2 防湿性能の改善

次に，表示面内に存在する非発光の点（ダークスポット）の問題について述べる。ダークスポットの要因にも様々あるが，特に問題となるのは時間の経過と共に拡大していくダークスポットである。これは，図4に示すように初期のころは目視で確認できるかどうかの大きさであるが，高温高湿下で一定時間保存したのちに観察すると，何倍にも拡大する。

この拡大するダークスポットの原因の一つに，防湿層の欠陥がある。基板上に成膜される防湿バリア膜は100nm～200nmの薄膜であるため，ピンホールなどの欠陥が生じやすい。図5にバリ

電子ペーパーの最新技術と応用

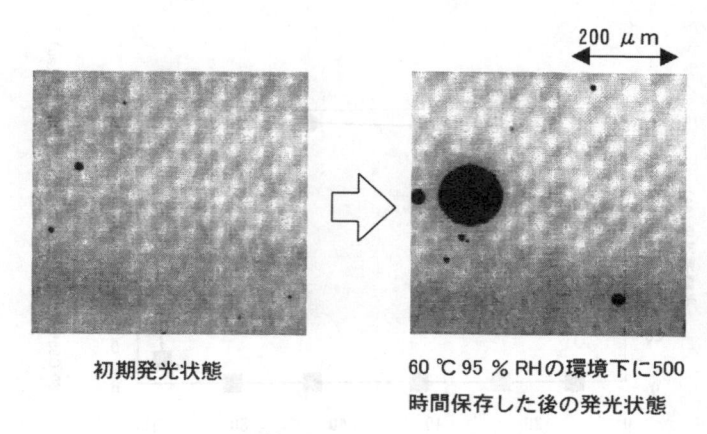

図4 保存試験後でのダークスポット拡大の様子

初期発光状態 → 60℃95%RHの環境下に500時間保存した後の発光状態

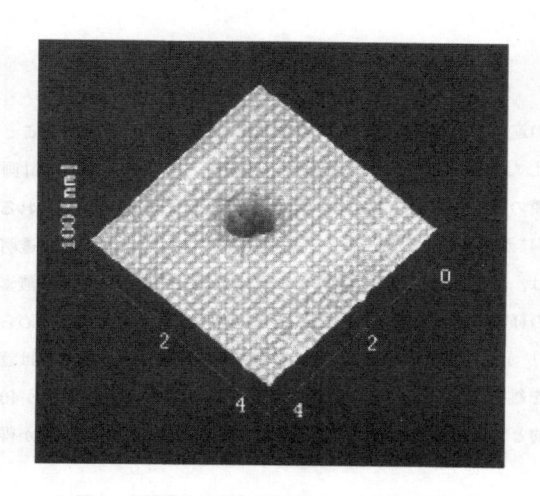

図5 防湿膜上に存在するピンホール欠陥のAFM像

ア膜上に存在するピンホールのAFM像を示す。この欠陥のサイズはサブミクロンオーダーで，基板上に微小な突起やへこみがあるだけでバリア層にピンポール等の欠陥が生じてしまう。図6にプラスチック基板材料としてPETおよびPCを用いた場合の基板表面のAFM像を示す。特にPET基板では多数の基板突起が認められ，その高さは数十～数百nmとバリア膜や有機EL薄膜の厚みと同等以上のため，容易にピンホール等の欠陥を発生させてしまう。そこでこれらのピンホ

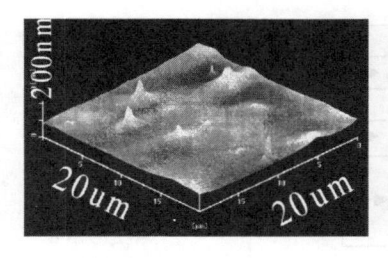

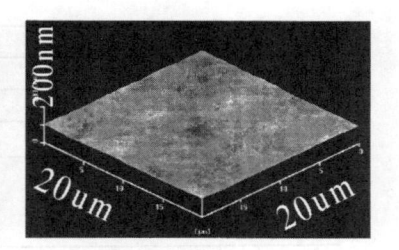

第5章 液晶とELの最新開発動向

(a) PETフィルム   (b) PCフィルム

図6 基板表面のAFMイメージ

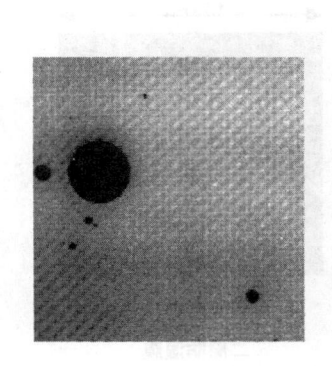

平滑層なし   平滑層有り

写真4 平滑層の有無による素子発光状態の違い（60℃95%RH500時間保存後）

ールを低減するために，防湿膜を成膜する前に樹脂基板上の突起やくぼみをUV硬化樹脂を塗布することで平滑化することが効果的である。樹脂基板上におよそ$5\mu m$厚さでUV硬化樹脂を塗布しその上にバリア層を成膜後，有機EL素子を作製した場合を写真4に示す。大幅にダークスポットを低減することが可能となっている。

　また樹脂基板上の突起やくぼみではなく，膜そのものの成膜中に生じる欠陥に起因するものの改良も重要である。成膜中に生じる欠陥を低減する方法のひとつには厚膜化が考えられるが，スパッタ法のようなドライな成膜法においては膜応力の増加に伴うクラックの発生等が懸念される。そこで，多層化による見かけ上の欠陥密度の低減が有効となる。各防湿層に存在する欠陥密度は単層の場合と変わらないが，多層化により有機EL素子の劣化度合いの圧縮や劣化までの時

```
                    ← 第2防湿膜
                    ← UV硬化型樹脂（中間層）
                    ← 第1防湿膜
                    ← UV硬化型樹脂（平滑層）

                    ← プラスチック基板
```

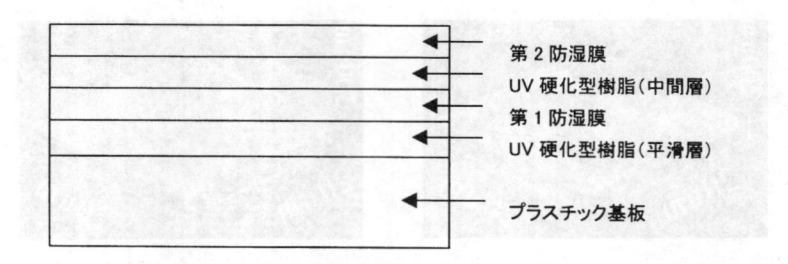

図7　多層防湿膜基板構造図

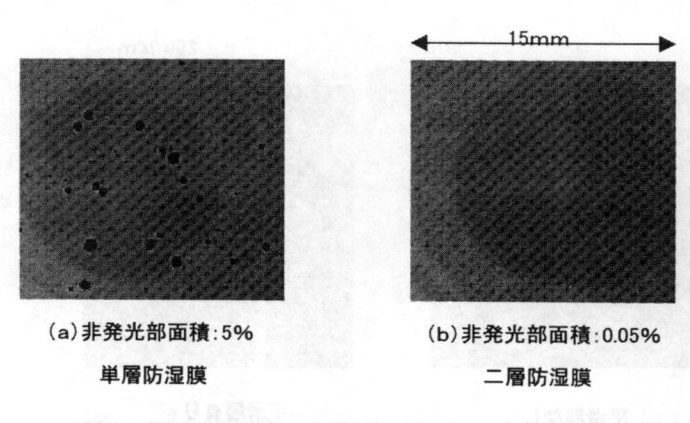

(a) 非発光部面積：5%　単層防湿膜

(b) 非発光部面積：0.05%　二層防湿膜

写真5　単層と多層防湿膜による素子保存性の違い（60℃95%RH500時間後）

間延長が期待出来る。多層防湿膜基板の構造を図7に示す。基板平滑層に用いたものと同じUV硬化型樹脂を中間層として用い，防湿膜を二層積層した構成となっている。単層と多層防湿膜基板による素子保存性の違いを写真5に示す。素子保存試験後のダークスポット面積について，単層の場合に比べておよそ100倍の低減効果が認められる。

3.5　フルカラーパネルの試作例

　実際にこれらの防湿膜技術と，低温プロセス等を適用して試作されたフルカラーパネルの例を写真6に示す[5]。パネルの主な仕様は表2のとおりである。サイズは3インチ角であり，160×RGB×120ドットのパッシブ駆動型ドットマトリクスディスプレイである。重量はわずか約3グラム，薄さは約0.2mmと超軽量・超薄型のパネルであり，写真に見られるように曲げることも可

第5章 液晶とELの最新開発動向

写真6 フレキシブルカラーパネル（試作品）

表2 フレキシブルフルカラーパネルの仕様（試作品）

表示エリア	3インチ
画素数	160xRGBx120
駆動方式	パッシブ駆動
階調数	各色256
重さ	3g
厚さ	0.2mm
輝度	70cd/m^2

能である。

3.6 おわりに

　プラスチックのように透湿性のある基板上に構築した有機ELについても，ハイバリアな防湿膜を適用することにより薄型軽量のフィルムディスプレイが実現できる。また可とう性も付与することが可能である。

　ただし製品化にあたっては，確実な防湿性能を持たせることと同時に，フレキシブルな基板を用いるが故の保持・搬送といった生産プロセスの問題解決を行っていく必要があると考えられる。しかし冒頭に述べたように，これまでに無い新たなディスプレイ分野を拓く可能性を秘めており，有機ELフィルムディスプレイは大きな期待が出来ると言える。

文　献

1) H. Kubota, S.Miyaguchi, S.Ishizuka, T.Wakimoto, J.Funaki, Y.Fukuda,T.Watanabe, H.Ochi,T.Sakamoto,T.Miyake, M.Tsuchida, I.Ohshita,and T.Tohma, "Organic LED full color passive-matrix display" *Journal of Luminescence*. **87-89**, 56–60 (2000)
2) J.K.Mahon, J.J.Brown, T.X.Zhou, P.E.Burrows,and S.R.Forrest, "Requirements of Flexible Substrates for Organic Light Emitting Devices in Flat Panel Displays Applications" *1999 Society of Vacuum Coaters 42nd Annual Technical Conference Proceedings*, p.456 (1999)
3) A.Sugimoto, A.Yoshida, T.Miyadera,and S.Miyaguchi, "Organic Light Emittimg Devices on Polymer Film Substrate" *Proceedings of The 10th International Workshop on Inorganic and Organic Electroluminescence (EL'00)*, p.365–366 (2000)
4) P.E.Burrows, G.L.Graff, M.E.Gross, P.M.Martin, M.Hall, E.Mast, C.Bonham, W.Bennett, L.Michalski, J.J.Brown, D.Fogarty, and L.S.Sapochak, "Gas Permeation and Lifetime Tests On Polymer-Based Barrier Coatings" *Proceedings of SPIE*, **4105**, p.75 (2001)
5) T.Miyake, A.Yoshida T.Yoshizawa, A.Sugimoto, H.Kubota, T.Miyadera, M.Tsuchida and H.Nakada, "Flexible OLED Display Using a Plastic Substrate" *Proceedings of The 10th International Display Workshops (IDW'03)*, p.1289–1292 (2003)

第Ⅳ編　応用展開

第6章　応用製品化の動向

1　Σbook —読書専用端末の開発—

加賀友美[*1]，越知達之[*2]

1.1　はじめに

　近年，電子書籍は電子コンテンツ市場の中で着実な伸びを示しており，今後，電子コミックを中心に2006年度には260億円の市場規模になるという予測もある．加えて，電子ペーパーなど記憶型の表示装置の開発も進んでおり，このような装置を用いた紙に代わるような新しい読書端末の実現と合わせることにより，電子書籍市場は加速的に普及していく分野として注目されている．

　また一方で，中国では，教科書の発行に起因する紙不足や環境破壊が問題視されており，中国政府主導でこれらの問題に対応するため，教科書を電子書籍コンテンツと読書端末に置き換えるプロジェクトも進んでいる．

　我々は，電子書籍市場の早期立ち上げを加速し，新しい電子書籍ビジネスの実現を目指して，いち早く，読書専用端末「ΣBook」を開発し，日本国内の電子書籍市場へ参入した．さらに，中国市場への参入も計画している．

　ΣBook端末は，以下の特長を有しており，まさに「まるで本」のように使える端末となっている．

① 持ち運びサイズで高解像度大画面
② 長時間入れ替えいらず電池長持ち，3ヶ月～6ヶ月
③ 待ち時間なしで使える電源ON/OFFなし
④ SD-CPRM対応で著作権保護

本稿では，ΣBook端末を開発するにあたって想定した読書用の端末についての要件と，読書端末に向けて電子書籍コンテンツを配信するために必要な環境整備への取り組みについて述べる．

[*1]　Tomomi Kaga　松下電器産業㈱　パナソニック システムソリューションズ社
　　　電子書籍事業グループ　開発チーム　チームリーダー
[*2]　Tatuyuki Oti　松下電器産業㈱　パナソニック システムソリューションズ社
　　　電子書籍事業グループ　開発チーム　主任技師

図1 読書専用端末「ΣBook」

1.2 読書端末に必要な要件

　一般のPCやPDA，携帯電話といった既存の機器を用いた電子書籍のコンテンツ配信サービスは既に開始されている。これらのコンテンツ配信サービス事業者では，HTMLのようなテキスト中心のコンテンツからイメージ中心のコンテンツまで，さまざまな種類のコンテンツフォーマットで配信を行っているが，十分な数のコンテンツが集まっているコンテンツ配信サービス事業者は多くない。

　このことは，PCやPDAといった既存の機器が，読書をするための環境を十分に備えていない可能性があるためと考えられる。そこでまず我々は，複数の作家ならびに出版社に対してヒアリングを行い，電子書籍コンテンツを閲覧するための機器及び環境についての要件をまとめることから始めた。この，作家や出版社からのヒアリングの中で，特に要望として大きかったのが，以下の項目である。

（1）作品の表現力を再現，保持できる

　小説や文庫などの作品には，微細なルビが使用されている場合がある。テキストデータに変換すれば，あえてルビ表現せず端末に表現することが可能である。

しかし，書籍表現には，

　① 文字フォントやルビによる字体の表現

　② 行間，文字のレイアウト

　③ 段落，ページの割り付け

第6章　応用製品化の動向

など，基本的には視覚的効果となる表現方法を用いて，読みやすさや作風のユニークさを表現している。これらは作品の意図や出版での表現ノウハウである。

また，コミックなどの表現は，
① 見開き2ページを使用した画面レイアウト
② ページ余白まで使用するコマ割り

など，あらかじめコミック誌を見開きで読むことを想定して作画は表現されている。

電子書籍コンテンツは，デジタル機器的表現だけではなく，これらの視覚的表現方法を再現し，永続的に保持することが必要である。

(2) 気軽に携帯し読書が可能

PCやPDAは，電源起動に時間がかかる。携帯性を重要視したPCもあるが，PCとしての機能に読書機能が提供される。少なくともPCで読書するためには，電源を入れ，システムが起動するのを待ち，アプリケーションを操作してから読書が開始する。文化的行為である読書を実現するためには，電源を入れる行為をせず，待ち時間なく読書が開始できて，加えて，電源が切れる心配なく読書が続けられる必要がある。紙の本と同じように，鞄などに入れて持ち運ぶことが出来て，読書に特化した操作が簡単に実現できる端末であることが必要である。

(3) 著作権保護機能の実現

電子媒体を扱う機器のために，電子データとなった書籍が不正にコピーされてはならない。電子書籍コンテンツ自体が，書籍のような携帯性が必要であるが，複製のユーザ間での不正なコンテンツのコピーは防止しなければならない。また，電子書籍コンテンツが，インターネットを通じて，不特定多数が入手できるようになるのを防止する必要がある。

以上のことから，我々は，電子書籍コンテンツを読むための機器の要件を図2のようにまとめた。これにあわせて，PCやPDAといった既存の機器がこれらの要件を満たしているかを図2に示す。

既存のPCやPDAといった機器は，読書するための特化した機能を提供するには十分ではなく，市場や出版関係者が，読書専用端末の期待が大きいと我々は判断し，これらの要件を満たす以下の基本仕様を持った読書専用端末「Σbook」を開発した。

① 見開き二画面の表示装置
② 電源のON/OFFがなく，待ち時間なしで使用可能
③ 読書中は超低消費電力で，一般的な電池で数ヶ月間動作可能
④ データストレージとしてSDメモリーカードを採用

「ΣBook」の最大の特長は，作家の意図する作品の表現力を保持するため，この読書端末では，閲覧するコンテンツのフォーマットを2画面で表示し，イメージベースのものを中心とした

電子ペーパーの最新技術と応用

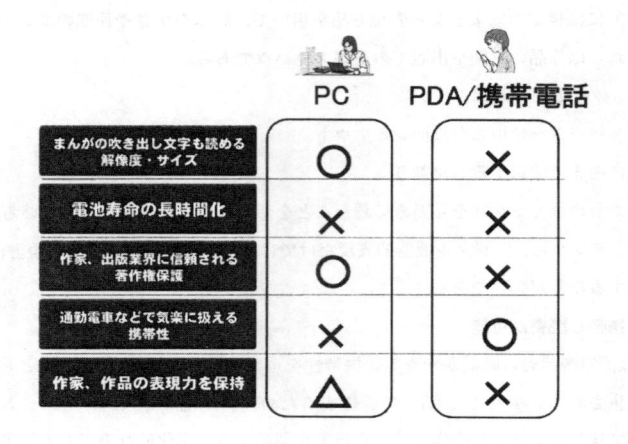

	PC	PDA/携帯電話
まんがの吹き出し文字も読める解像度・サイズ	○	×
電池寿命の長時間化	×	×
作家、出版業界に信頼される著作権保護	○	×
通勤電車などで気楽に扱える携帯性	×	○
作家、作品の表現力を保持	△	×

図2　読書専用端末に必要な要件

ことである。ヒアリングの結果からもわかるように，通常の小説のようなコンテンツに対しても，文字そのものや行間，ページの割り振りについてまでを著作物としてこだわる作家は少なくなく，読書端末にはそれらすべてを満たすような表示能力が必要となる。コンテンツの基本フォーマットをイメージとすることにより，紙の出版と同じように作者が意図したとおりの表現を保持することができ，加えて世界中のあらゆる文字についても表示することができるようになる。また，2画面表示を標準とすることで，従来の書籍のイメージをそのままで表現することが可能となる。従って，この読書専用端末は，イメージをいかに高品質に表示できるかが重要な鍵となる。

1.3　読書端末としての要件を満たす表示装置

表示装置は，我々の考える読書端末の中で，最も電力を消費する部分である。電池残量を意識せずに使える端末とするため，超低消費電力を実現したものが必要となるのに加えて，イメージベースの電子書籍コンテンツを高品質に表示できる表現能力が必須となる。

我々は，超低消費電力を実現するために反射型および記憶型の表示装置に注目し，その中から，ヒアリングの結果にもある，漫画の吹き出しの文字やルビまではっきり視覚できるためには，どの程度の表現能力が必要となるかの評価を行った。

評価には，作家や出版社も交え，実際の漫画や小説などのコンテンツを用いた。解像度及び階調に対して評価結果を図3に示す。

当初，我々は，2値データに近い文字フォントの表現では，800×600pixel程度の解像度の表示

第6章 応用製品化の動向

(1) 解像度による評価

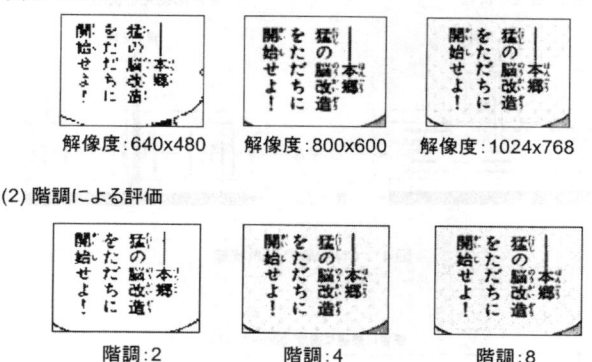

解像度:640x480　　解像度:800x600　　解像度:1024x768

(2) 階調による評価

階調:2　　階調:4　　階調:8

図3　解像度及び階調の評価

装置で視覚的に認識，読書が可能であると想定していたが，上の評価結果により十分な表現能力を実現するためには，1,024×768pixel，グレースケール8階調以上の表示能力が必要であることがわかった。

　この結果を基に，表示装置の選定を行った結果，コニカミノルタ社のCN（Chiral Nematic）液晶が上記の要件を満たすものであった。

　CN液晶は，図4に示すとおり，2つの安定した配向状態を持っており，①特定の波長の光を反射する状態と，②入射光を透過する状態が存在する。この2つの状態を切り替えることにより，液晶が入射光を反射し白く見える状態と，背面の青色インクが反射し青く見える状態を作り出している。

　CN液晶では，1,024×768pixelで180ppiという高い解像度を実現でき，加えてグレースケール16階調の表示が可能であり，漫画や小説などのコンテンツをイメージで表示するための十分なスペックを備えたものとなっている。

　しかしながら，CN液晶の表示は，黒色/白色ではなく青色/白色という色合いになっており，コントラスト的に弱い面もある。青色/白色が読書端末として受け入れられるかも心配であった。そこで，我々は，実際のこのコントラストの弱さが，コンテンツを読む上でどの程度影響が及ぶのかを評価した。図5に評価結果を示す。

　この評価では，CN液晶で表示されているコンテンツが，周囲の明るさ（＝照度）により，どの程度読みやすさが変化するかを測定した。CN液晶は，反射方液晶であるため，照度の低い環境では極端に読みにくくなるものの，通常の紙での読書に最適な照度では読みやすさは良好であ

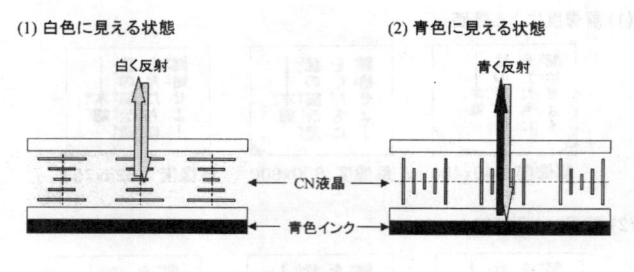

(1) 白色に見える状態　　　　(2) 青色に見える状態

図4　CN液晶の配向状態

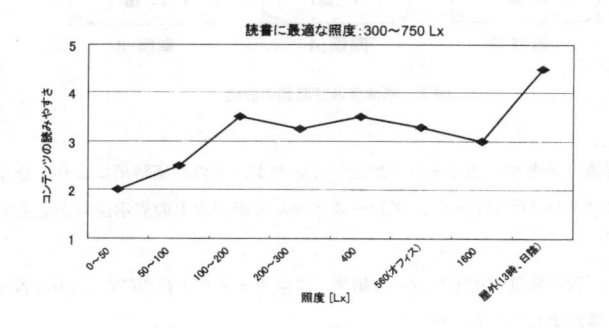

図5　CN液晶評価結果

った。また読書としての観点では，主観評価ではあるが，青色/白色のコントラストはなじみがなく，最初の印象としては多少の違和感があるものの，長時間の読書においては，バックライト的な明るさの表示装置よりもはるかに目にやさしく，紙と同等に長時間の読書をすることができる。

　以上の評価を踏まえ，我々は，CN液晶が読書端末の表示装置としての要件を満たしていると判断し，コニカミノルタ社の協力を仰ぎ，「ΣBook」を開発した。

1.4　著作権保護機能

　コンテンツの不法コピーの問題は，音楽業界ではコンテンツの売り上げに明確な影響を与えるほど深刻な問題となった過去の歴史があり，電子コンテンツ市場にとって，著作権保護機能は欠かせないものとなっている。これは，電子書籍市場についても同じであり，著作権保護機能なしで，作家や出版社からコンテンツを提供してもらうことは困難であり，市場普及を考えれば，保

第6章 応用製品化の動向

護機能なしの電子書籍コンテンツの提供自体を避けるべきである。そこで，我々は，データストレージとしてSDメモリーカードを採用した。SDメモリーカードはすべて，著作権保護方式SD-CPRM（Content Protection for Recordable Media）に対応しており，既に出荷されているSDメモリーカードについても，特別な変更なく著作権保護に対応したデータストレージとして利用できる。

1.4.1 読書端末への著作権保護機能の実装

SD-CPRMでは，コンテンツのファイルを暗号化し，その暗号を解くための復号鍵をSDメモリーカードの通常ユーザが操作できない領域に格納する。これにより，コンテンツをSDメモリーカードにバインドすることが可能になり，コンテンツのファイルのみ不正なコピーを行っても，閲覧することができなくなる。

また，SD-CPRMでは，コンテンツに対して，期間や回数といった利用条件を設定することが可能であり，レンタルサービスや定期刊行コンテンツなど，ビジネスモデルを広げることにも有用である。

我々は，電子書籍コンテンツでSD-CPRMの機能を最大限活用できるよう，SD-ePublish規格をSDアプリケーションの規格として策定を行い，読書端末への実装を行った。電子書籍コンテンツは，音楽や動画と比較しても，多種多様なコンテンツフォーマットが存在しており，SD-ePublishは，そのようなコンテンツフォーマットにも対応できるよう，コンテンツフォーマット自体ではなく，ファイルの格納方法を規定する方式としたことで，さまざまなコンテンツフォーマットでSD-CPRMの機能を使用可能となった。

1.4.2 セキュアなコンテンツ配信環境の整備

SD-e Publish規格の策定により，読書端末での著作権保護を実現することが可能となった。しかしながら，実際にユーザがコンテンツを入手できるようにするためには，インターネット等を経由してデータを配信する必要があり，配信時での不正コピーをどのようにして防止するかが問題となる。

我々は，電子コンテンツの配信を，暗号化されたコンテンツ本体の配信と，復号鍵を含むライセンスの配信とに分けることにより，配信されたコンテンツがそのままSD-CPRMの形式でSDメモリーカードに書き込めるようにした。ライセンスの配信には，配信センターとユーザPC間でワンタイムパスワードを利用し，配信時にライセンスのデータが不正に取得され使用されることを防いでいる。

この仕組みにより，コンテンツの配信・保持・閲覧のすべての段階において不正コピーを防止し，著作権保護を実現した配信環境を整備している

また，ライセンスには，SD-CPRMで設定可能な利用条件を含めることが可能で，レンタルサ

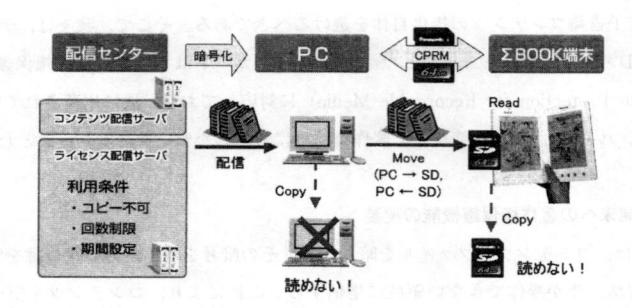

図6 セキュアな電子書籍コンテンツ配信

ービスや定期刊行コンテンツといった形態の配信サービスにも対応が可能である。

現在は，この仕組みをさらに応用し，PC以外のコンテンツ配信環境として，書店ダウンロードボックスやインターネット接続可能なテレビを用いた配信など，ユーザがコンテンツを購入できる経路の拡大を目指している。

1.5 次期表示装置に対する期待

電子ペーパー，記憶型ディスプレイ装置は，これからますます新規の技術，機能によって進展し，新商品が発売されて行くだろう。我々は，読書専用端末「ΣBook」をCN液晶を用いて開発，発売したが，今後，新しく読書に適した表示装置が提供されていけば，我々の「ΣBook」端末もさらに新規の表示装置を搭載する予定である。さらに，我々が表示装置として期待する仕様を以下に挙げる。

(1) 表示仕様

書籍データを表示すると言う観点で，以下の仕様を満足するもの。

① 1,024×768pixel
② 180ppi
③ 7.2インチサイズ
④ 16階調以上
⑤ コントラスト 10：1以上

ただし，書籍データとして，限りなく黒，限りなく白であるかどうかは，検討の余地がある。そもそも出版されている書籍の紙自体が，黒，白ではないからである。

(2) 製造

読書端末においては表示装置がキーコンポーネントではあるが，あくまでも読書する端末であ

る。低価格を実現するために，表示装置の低価格化は必須である。製造工程の単純化，製造工程での取扱いの容易性も最終的低価格を実現するのは必須の機能であろう。また，近年，新規端末を市場投入するとしても，長期にわたって開発していては，市場の立ち上げには間に合わない。表示装置の生産には，新規に大規模な製造装置や，製造工程での特殊な製造治具を用意しなくても生産が可能である表示装置の出現に期待したい。

(3) 環境適応

読書端末として商品となっても，表示装置自体の扱いが繊細では端末は普及しない。たとえば自動車内に持ちこんで放置しても良い性能まで必要となるならば，ダッシュボード80℃以上の環境に放置されても，札幌雪祭り会場に持ち込んでも，その後には読書ができることを期待する。当然，亜熱帯地域への旅行でも，ショートや腐食せず読書ができることを期待する。

紙の様に，折れたり，切れたりする必要はないが，読書する環境を広げることができるならば，読書端末としての世界的規模での普及が期待できるだろう。

1.6 おわりに

ΣBook端末は，既に2004年2月より，本稿で述べたセキュアなコンテンツ配信サービス提供とともに，販売を開始している。ダウンロードボックスやテレビといった，さまざまな経路でのコンテンツ配信サービスも順次スタートしていく予定である。

今後は，書籍に限らず，オフィス文書やマニュアルといった，日常の業務で一般的に紙を使用しているものをΣBook端末に取り込むためのツール等も整備し，ΣBook端末を読書だけでなく，さまざまな用途で紙の代わりとして活用できるサービスを増やしていきたい。

※この原稿は、出版当時の動向の記載である。

2 ソニーの進める電子書籍プロジェクト，LIBROプロジェクト

宇喜多義敬[*]

2.1 プロジェクトの概要

電子書籍に対する現実的期待感は20年くらい前から高まってきたと考えられる。これはCD-ROMの出現により，より多くのデータが一枚のデスクに収められる様になったことと，色々な検索方法が確立し，その中から簡単に情報を引き出すことが現実となったことによる。

その後10年してインターネットが普及するにつれ，このデータが簡単に好きなところに送れるようにはなったが，現在2兆2千億円以上あるといわれている紙をベースとした出版ビジネスが，音楽や映像の世界が経験したような，大きなメディア変換に遭遇するに至ってはいない。この理由を考えると大きく分けて3つの課題が想起される。すなわち，

① 紙に代わり紙を超える表示媒体が存在しない。
② 出版データを安全に読者に届け，その対価を公平に分配する仕組みがない。
③ コンテンツを紙の出版にあわせて電子化する共通基盤がない。

どれをとっても本質的な課題ではあるが，技術の発展と時代背景がこの本質的課題を解決可能な領域に押しやりつつあると判断している。この課題解決により電子書籍ビジネスを立ち上げようとしたのが，今回進めたLIBROプロジェクトである。

2.2 電子ペーパーの出現

本プロジェクトを発足させた2000年秋から2001年にかけて，学会等で発表されていた電子ペーパーを開発していた会社や研究所を一社一社訪ね，試作品を見せていただくと共にその実現性をディスカスしてまわった。電子ペーパーの定義・技術やその種類と内容は本書のⅢ編以前にゆだねるが，その時点ですでに1，2年先には現実化されそうな技術として，液晶系と粉流体系の電気泳動方式があったと思う。前者は液晶表示で多く量産されている技術を基本にしているので量産を考えても現実性が高かったが，本質的には光をガラス基盤の底面で反射させる制御を液晶で行うのに対し，後者は顔料等の粉体自体で光を反射させる方式のため紙のそれに原理的に近く，最終的にE-Ink社のマイクロカプセル電気泳動方式を採用するに至った。一言で言えば後者の方がより紙に似た表示能力を持っていたと言える。本方式はそれぞれプラスとマイナスに帯電した白と黒の顔料を40μm程度の透明カプセルに封じ込め，これをTFTサブストレートとしてのガラ

---

[*] Yoshitaka Ukita　ソニー㈱　パーソナルソリューションビジネスグループ　PSPGネットワークサービスセンター　ネットワークサービス部門　e-Bookビジネス推進室　統括部長

第6章 応用製品化の動向

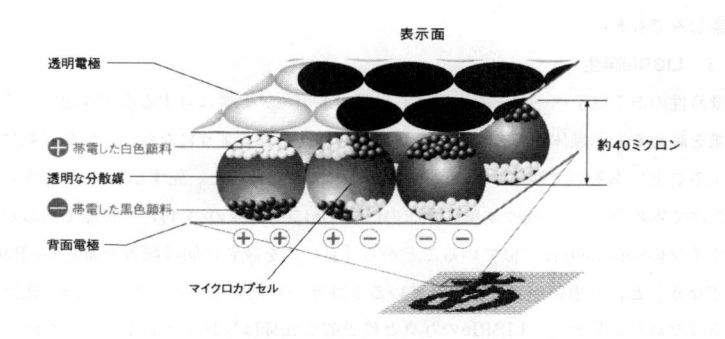

図1 E Ink方式電子ペーパーの構造と表示原理

ス基盤とITOを有したフィルムでサンドイッチする構造を持っている。すなわちこの透明カプセルをガラスとフィルムの両層間で電圧制御することで，両顔料を位置制御し新聞紙に近い反射率と高視野角が実現した。本方式の詳しい説明は図1と本書Ⅲ編第4章の7を参照してほしい。

　最終的には本方式を使って，対角6インチ，セグメント数600×800，レゾリューション約170PPI，4階調のパネル仕様とすることを決めた。出版を意識し本を意識した結果このような仕様にしたが，一番気を使ったのもこの仕様決めであった。論理的にも紙の印刷に見劣りしない表示にするには，PPIをあげ階調を多段階で達成される事は明白であるが，当然TFTパネルのコストやメモリーのコストが上がるのでどこかで最適化する必要があった。一般的には試作を幾つか作り，最終的には目視による判断をするが，まったく新しい表示媒体ではそれも自由にならず閉口した。結果としては現在市場で良い評価をいただいてるので安心はしているが，本技術に満足しているわけではなく問題もまだ多い。特に新しいページを表した時に前のページの情報が残る「残像」の問題は紙の置き代えを考えても本質的に解決しなければならない課題であるが，今回は前のページから新しいページに情報を書き換えるときに，一度白の顔料と黒の顔料を原点に戻すためフラッシングを行うことで対応した。これは階調を達成するため白と黒の顔料の位置制御を時間のファクターで制御するが，論理的には各々の前の位置情報を持っていないと正確にコントロールできない事等に対する現実的な対応によるものである。また，この制御による変化に要する時間も様々な要因から長くなり，本方式もまだまだ改善していかなければならないことがある。しかし，本方式の量産の実現は，先にあげた電子出版ビジネスを立ち上げるのに必要な本質的な課題をみごとに解決していて大いに評価する必要がある。今後本方式を目標に色々な電子ペーパーが現実となってくる事を想起すると，歴史的な出現と言っても言いすぎではないと思う。更に本方式は現状の改善に留まらず，本編第6章の3で記されるような多いな発展性も持ってい

169

て楽しみでもある。

2.3　LIBRIé誕生

　量産性のある電子ペーパーの出現は，出版のメディア変換に対する本質課題である「紙に代わり紙を超える表示媒体が存在しない」事に解を与えられるようになった。使命が紙に代わり紙を超えることにあるので端末のスタイルは紙の本にこだわった。先ずLIBRIéと言う名前は，スペイン語で本の意味のLibroや本屋の意味のLibreriaにe-Bookのeを付けた造語であるが，その発音がワインのSommeliereに似ていることから「良い本を読者に届け読者を新しいe-Bookの世界にいざなう」と言う思いが良く表されていると評価いただいている。次にHardの仕様でも本に対するこだわりを見せた。LIBRIéの写真と代表的な仕様は写真1と表1に表したが，その中で幾つかのこだわりを紹介する。

　まず外形は約126mm×190mmでいわゆる版形四六判の本のそれと同じである。電子ペーパーである表示部も前に記したが対角線6インチで文庫本に近づけた。重さは電池やカバーをつけた状態で300gを切り，AC電源使用を考えた時（電池・カバーが無い状態）の重さは約190ｇを達成していてとても軽く感じる。毎年日本で発行される本の平均的な重さが310ｇ前後と言われているので，実質でも紙の本を超えているといえる。更に本機はユーザー用の内部メモリーを約10メガバイト持っているので平均的な本なら20冊，外部メモリーとしてのメモリースティックを使うとトータル500冊の本を納めることができ，こうなると完全に紙の本を超えたと言っても良い。また厚さも最大部で約13mmと大変薄く持ち運びには不自由しない。電源としては単4形アルカリ乾電池4本とACアダプター対応をした。電子機器の電池の状態での使用時間は一般的に「時間」表示であるが本機は電子ペーパーの特性上基本的には書き換え時のみ電力を使用するので時間表示を止め「書き換えの回数」で表示することとした。本機は上記電池において1万回の書き

写真1　LIBRIe

第6章　応用製品化の動向

表1　LIBRIéの主な仕様

型名	EBR-1000EP
規格	BBeB規格準拠
表示部	E INK方式電子ペーパー
画面サイズ	6インチ
解像度	SVGA（800×600ドット），約170ppi（Pixel Per Inch）
表示色	4階調グレースケール，白黒
電源	単4形アルカリ乾電池×4 付属ACアダプターDC5.2V
最大電池持続時間	約1万ページ（単4形アルカリ乾電池使用時，ソニー標準モードによる測定）
インターフェース	メモリースティックスロット×1 USB端子×1 ヘッドホン端子×1
内蔵メモリー	約10MB
著作権保護	OpenMG
本体外形寸法	約 幅126mm×高さ190 mm×奥行き13mm
質量	約190g（ソフトカバー・乾電池含まず）
付属品	ソフトカバー，USBケーブル，ACアダプター，電源コード，単4形アルカリ乾電池4本，CD-ROM（ソフトウェア），保証書付き取扱説明書など

換えが可能となっている（二値表示において）。これは平均的頁数の本換算で40冊分に相当する回数なので紙の本を超えることには至らないが平均的使用を考えると十分な領域に入ってきたと考えている。

次に紙を超える点について述べてみたい。本機LIBRIéは後で記すBBeB規格に準拠しているがこの規格は文字情報と画像情報両方を扱うことができ，これが紙を超えることを可能としている。その一つが文字の大きさを自由に変えることができる点である（写真2）。本機は明朝とゴシックのベクターフォントも持っているので，基本的には多段階で自由に文字の大きさを変えられる能力を持っているが，商品企画上自由であることは決して使い良さにつながらないので専用ボタンで5段階に拡大できるようにした。小さな文字を読む事につらさを感じている人には大変有難いフィーチャーであると評価されている。活字を大きくした紙の本も需要が増えているが，この際は頁数も増え重くなり単価が上がる傾向だが，電子出版では当然それもなく，この特色は紙の本の超えた電子出版として本質的で不可欠な特色であると思う。この拡大機能は文字だけに留まらず，画像の一部拡大も可能とし，写真3にあるように漫画のコマ拡大や細かい資料の拡大に有用な機能と考えている。

続いてマルチメディアの要素であるが，これには音への対応が本機ではなされている。音声ファイルとして環境が整っているMP3を採用することで制作側にも配慮したが，これにより小説

171

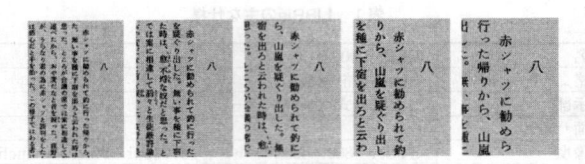

写真2　LIBRIéの文字拡大例

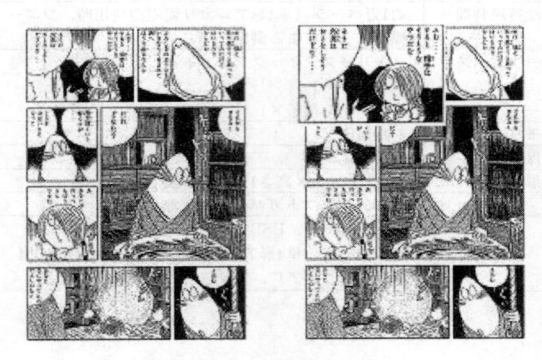

写真3　LIBRIéの画像一部拡大

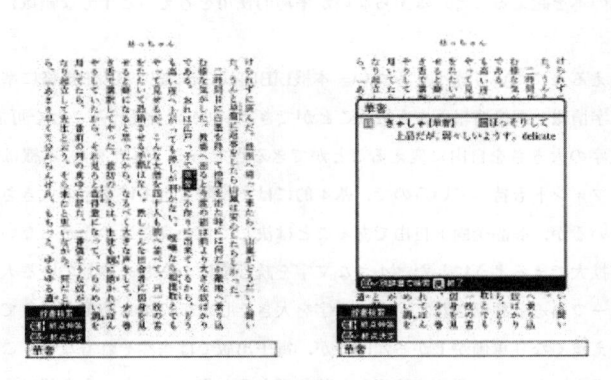

写真4　LIBRIéの文中での辞書検索

の朗読や英会話本に会話等を音で確認できることが可能となり，当然ではあるがこれも紙の本ではできない大きな特色である。また文字と音の組み合わせは新しいメディアとしての新しい表現力も想起され，今後の電子出版の可能性を広げるものと確信している。

第6章 応用製品化の動向

　電子出版の世界ですでに市場を確立した領域は「辞書」の領域であるが，本機も電子辞書の機能を有している。通常の電子辞書としての機能の他に写真4のように，本文中の語句を選択する事で自動的に内蔵の辞書に検索にはいり，その結果を表示する。外部メモリーであるメモリースティック辞書が別途発売されているが，この機能はこれでも有効である。

　その他，1冊に40箇所のしおりをうてる機能や必要な文章や画像をスクラップして本として保存できる機能は，本にはできない機能ではないが格段に本と比べて使いやすくなっていると思う。以上LIBRIeの特徴を本を超えるという観点から説明したが，電子出版の存在感は電子辞書でも証明されたように紙の本には出来ない事を表現することであることを考えると，上記したような特徴をもつことは電子出版として不可欠であるし，これだけではなく今後も更に本を超える機能を開発し続けることが本課題の根本的解の一つであるとも思う。

2.4　出版データを安全に読者に届け，その対価を公平に分配する仕組み

　本目的のために呼称OpenMGという電子出版用著作権保護技術を開発した。その技術的内容を説明するのは本書の目的ではないので説明は控えるが，簡単に言うと暗号化されたコンテンツデータとそれを解くための鍵から構成されている技術である。これにより暗号化されたコンテンツはNet配信だけでなくCD–ROMやメモリースティック等のパッケージメディアで配られ，これを別途入手した鍵によって安全に解かれるような事も可能となった。一方この鍵の概念を持つ暗号技術は出版のメディア変換を迫るためにはなくてはならない仕組みでもある。これは数年前いわゆるナプスター問題が音楽界を震撼させその余波が現在でも音楽界に存在することを考えると，出版界でも他山の石とする重要な課題である。この著作権保護技術で安全に出版物を読者に届けることが確立されたが，それだけでなく新しい試みも技術的に可能となっている。例えば，有効に働く鍵の使用期間を設定できることで本の閲覧可能な期間が設定され本のレンタルや図書館的使用が可能になったり，本の部分的閲覧機能によりある範囲からある範囲までは自由に閲覧できることで新しい立ち読み行為も可能となっている。更にPC使用等での紙媒体へのコピーも出版側で許可するかしないかを決められる。著作権を保護することはコンテンツ業界にとって本質的なことであるがこれが先端技術によって裏づけられるようになり，この前提で読者が支払う対価を公平に分配する仕組みも出来上がった。出版データを安全に読者に届け，その対価を公平に分配する仕組みの確立は著作権保護だけに留まるわけではない。そのため本プロジェクトでは集めたコンテンツを蓄え管理するコンテンツサーバー，これを安全に配信する配信サーバーまた顧客のデータベースを持つ，かつ課金・認証等の機能を有する顧客管理サーバー等のサーバーSystemを大きな投資をし開発完成させた。現在この管理運営はコンテンツを集め配信する目的で設立させた事業会社，株式会社パブリッシングリンクによりなされている。出版データを安全

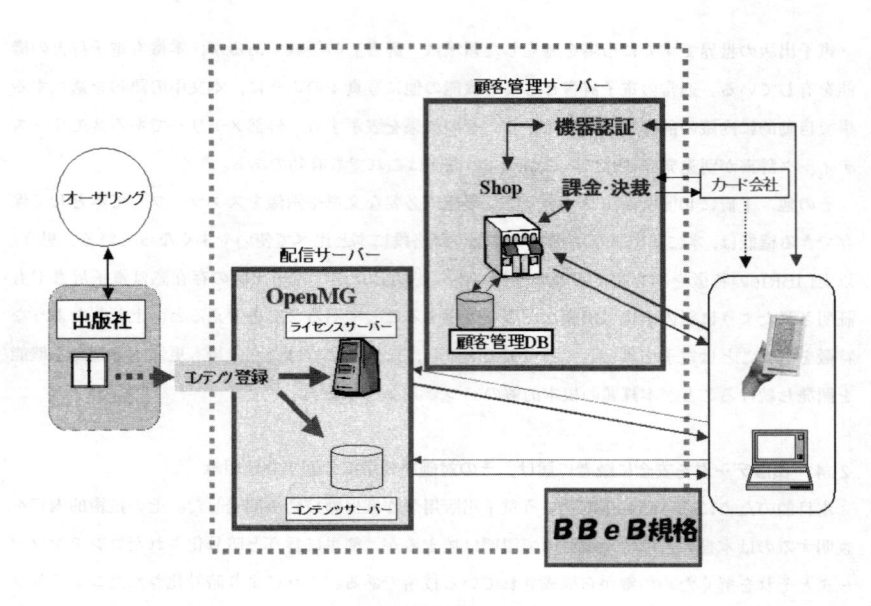

図2　System構成図

に読者に届けその対価を公平に分配する仕組みは最先端の技術と大きな投資のいる「System」が必要であるが，これを出版社一社一社が持つことの非効率さと非現実的を考慮してこの事業会社は作られた。よって出版のメディア変換の確立のためにも多くの出版社の方にこの会社のSystemを大いに利用してもらいたい。図2に簡単なSystem構成図を載せる。

2.5　コンテンツを紙の出版にあわせて電子化する共通基盤

今までの紙の出版においても出版のデータはほとんどがデジタル化され，それぞれの製造工程で有効に使われまた保存されてきた。ただ残念なことに出版界全体で共通な約束事があるわけではなく，出版社から生産委託された印刷会社の持つ印刷工程に適したデータの持ち方を印刷会社主体で行ってきた。これは文字データを紙の上に印刷しそれを製本するという目的のみの使い方であるので，ある意味合理的でもあったが今回のように電子出版という新しいデータの活用方法が出てくると，前記したone source one useとしての使い方からone source malti useとしてのデータ使用に対する環境が必要となってきた。要は出版データの持ち方に共通した約束事がないと大変不便なことになってきたのである。

一方電子出版は今までの出版文化で確立した文字表現が可能であることは当然として，紙には

第6章　応用製品化の動向

出来ないことが出来てはじめてその価値が確立するので，今までの紙出版を超える約束事も決めなければならない。この二つの要素を同時に進めるため，電子出版の共通規格としてBroadband e-book standard, BBeB規格を開発し本プロジェクトに採用した。BBeB規格では，このごろほとんどの印刷会社がone source malti useを視野に入れて出版データを整備し始めたが，その際に使われる「XML」を中間フォーマットとして持ち，紙の出版と電子出版の共通した約束事として提案している。ご存知のようにXMLでは自由なタグのつけ方が出来ることから各々の団体間での情報開示が必要であるが，我々は多くの印刷会社やすでに電子出版を始められている団体とは，お互いにXMLの相互コンバートを進めることで了解を得ている。BBeB規格の最終フォーマットはバイナリーコードを主体としているが，これは配信やデータの暗号化また検索性を考えての事である。BBeB規格は大きく分けて頁ごとに情報を表示することに適したBBeB Bookフォーマットと，電子出版として確立し大きな市場のある電子辞書的な使われ方に適したBBeB Dictionaryフォーマットからなっている。前者はユニコードを採用し標準内字として14,000文字が規定され，また外字もコンテンツに埋め込むことが出来るので日本語の出版物としては十分な文字対応といえるし，海外での展開も容易に出来るように配慮してある。また色々なルビ規定や多彩な文字表現も規定したりマルチメディア表現も考慮することで，紙で出来ることは元より紙を超える表現が容易にでき，今後の共通基盤としてBBeB規格が受け入れられるように配慮してある。前記したOpenMGもこの範ちゅうに収められている。後者のフォーマットではほとんどの検索方法を網羅していることから電子辞書として遜色のないフォーマットとなっている。更に以上述べたBBeB規格を電子出版の共通規格として広く採用いただくため，オープンでフェアーなライセンス活動をスタートしている。また安価にBBeB規格に準拠したデータを作るため，PC上で使用可能なオーサリングツールも開発し販売されている。このオーサリングツールで可能な入力ファイルはボイジャーのXML, .txt, HTMLであるが，上記したように既存のCTSやDTPまた各種のXML対応を今後進めることで，更に安価で使い易いツールに進化させたいと思っている。表2でライセンスの種類と概要を示す。

2.6　まさに始まる電子出版ビジネス

以上述べてきたように，我々は出版のメディア変換を目指し，3つの本質的課題に対し一つ一つ解を提示し，まさにビジネスとしてスタートを切ったところである。この出版業界は前記したように巨大なマーケットで音楽のそれの4倍強のビジネス規模を持っているが，その反面，歴史も古く，長く培われた手法や仕組みが存在し，そのため新しいことの導入に困難なことも多く，直ぐに新しいメディア変換が行われるとは思っていない。しかし以上述べてきた本質的な課題を業界をあげ，また異業界とも積極的に交流・協力しあい解決することで，変換の進展が可能とな

表2 ライセンスの種類と概要

ライセンス契約の種類	主な役割	補足説明
コンテンツホルダー	コンテンツ品質責任者	コンテンツが「BBeB規格」に準拠していることに対する責任者。出版社IDの登録が必要。
コンテンツ製造	オーサリングツールを使ってコンテンツを制作・加工する	BBeB Dictionaryのみソニーから製作用ツールを提供。BBeB Bookについては、キヤノンシステムソリューションズ(株)にてオーサリングツールを販売している。
XMLコンバータ製造	各種ソースデータからソニーXMLへのコンバータツールを開発・販売する。	CTS, HTML, XML等タグソースデータ⇒ソニーXMLソースデータのコンバータ製作に必要な仕様書の開示。
ツール製造	BBeBの再生機で再生可能なバイナリーデータまで生成可能なツールを開発・販売する。	配信・販売用のデータに変換する機能のついたコンバータツールあるいは編集ツールの制作。仕様書の他、バイナリー変換のライブラリ等提供。
コンテンツ配信	Net等を使ってコンテンツを配信する。	商標等の提供。必要に応じ、DRM OpenMGに対応したコンテンツ配信に必要な情報の開示。
パッケージ販売元	コンテンツをメモリーにパッケージ化し、販売する。	メモリー(種類不問)にコンテンツをいれ販売。商標等提供。
ビューア製造	「BBeB規格」準拠のアプリケーション内蔵機器及びソフトの開発・製造をする。	アプリケーション製造に必要な仕様書等開示。

ると信じている。その中においてやはり大きな位置を占めるのが電子ペーパーの存在である。今後マイクロカプセル電気泳動方式の進化やその他の方式も大いに進化し、紙のようにフレキシブルな素材の上で情報表示ができ、オフセット印刷のように美しいカラーがビデオレートの速さで表示が出来るようになると、全く新しい出版の世界が成立し、私たちの生活も文化も大きく変化すると断言できる。これは大げさでなく新しい文明のスタートになるかもしれないと思っている。その世界を強く信じてスタートさせたのが今回のLIBROプロジェクトである。

第7章　電子書籍普及のためには

嵩　比呂志*

1　はじめに

　2004年，松下，SONYから相次いで専用端末が投入され，電子書籍市場の立ち上がりが期待される。ここでは，電子書籍が本当に立ち上がるためにはどのような要素が必要かを述べる。

　2002年の電子書籍市場は，推計で約10億円と言われている。普及率から見れば，現在の紙媒体の書籍市場が2兆3,000億円であることから，0.0%という数字が現実となる。しかし，電子書籍市場の成長率は40%から60%と高く，様々な調査機関測によれば，2005年には180～540億円に拡大すると予測されている。また，現状の刊行点数は約25,000タイトル，毎月約1,000点ペースで増加していることから，市場は成長の方向にある。これから，市場に受け入れられるための条件を考察していく。

　まず，電子化するメリットについて，紙の書籍と比較して，電子書籍（電子出版）のメリットについてを列挙する。

① 　紙の出版では返本・在庫のリスクがつきまとうが，電子出版では当然のことながら，返本，在庫といったものはない。電子データとして蓄積しておくだけである。
② 　次に一旦出版された紙の書籍には採算上の理由から，絶版といった形態が存在するが，採算上の理由から電子出版で絶版とする必要はない。
③ 　絶版にすることは出版社にとっても出版権を喪失するというデメリットを被るが，電子出版ではあえて絶版にする理由がないため，出版権は確保される。
④ 　最近は印刷直前の工程まで電子化されていることが多くなったものの，一旦紙にした出版物の再利用はできない。電子書籍ではデータの再利用が容易なのは明らかである。
⑤ 　顧客との対話の観点からすれば，現在の紙の出版物は書店経由で顧客に販売されるため直接対話のパスはない。電子出版ではインターネット経由で販売されるため顧客との直接対話のパスも開かれる。

　収益の面で見れば，電子出版により，紙の出版物が駆逐されるという危惧感もあるようだが，

---

* Hiroshi Suu　㈱東芝　マーケットクリエーション部　セキュアデジタル・ビジネス推進プロジェクトマネジャー

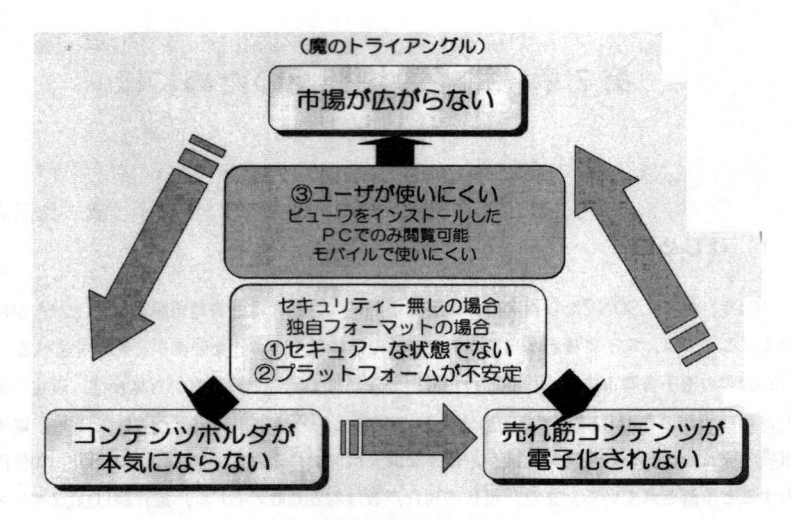

図1 電子書籍市場拡大の阻害要因

現状の電子書籍の市場規模を考えれば，むしろ，電子書籍をアドオンし，更に，紙出版との相乗効果を狙うのが得策である。

2 市場に現存する不安要素の洗い出し

現在，数億円規模の電子書籍市場が，調査機関の予測通り2005年に170億〜500億円に推移するものか，ここではまず，不安要素を洗い出してみる。

電子書籍市場拡大を阻む「負のスパイラル」から抜け出しているのかどうかがポイントである。まず，図1を用いて，「負のスパイラル」について説明する。現象面からすれば，「市場が広がらない」という事実が観測される。そのメカニズムは，コンテンツを持つ出版社が電子出版に本腰を入れず，紙の書籍で売れ筋の新作や話題性のあるコンテンツを電子化しないことに起因する。こういう状態では，ユーザは電子書籍市場で買うコンテンツがないのだから，当然市場は広がらない。そうすると，出版社は売れない市場にコストをかけてコンテンツを投入する気にはならず，悪循環はずっと続く。

出版社が本気にならない理由はいくつか考えられる。その中で大きいのはデジタル化したコンテンツのセキュリティ，不正コピーへの心配である。心ないユーザがコンテンツセキュリティの対策がなされていないコンテンツを，インターネットを通じてばらまいてしまえば，コンテンツ

の価値は失われてしまう。事実，音楽などではこうしたことが起こっている。かといって，出版社自身がこうしたセキュリティ技術を開発できる立場にもなく自身では解決できない問題であるため，この心配は解消されない。もう一つは，コンテンツのメンテナンスコストである。紙の出版物では版を一旦起こせば，メンテナンスのための費用はごく僅かであった。ところが，コンピュータ技術の進歩の速さから，コンテンツの制作環境，閲覧環境がめまぐるしく変化するため，それに対応してコンテンツの手直しが幾度も発生し，これがメンテナンスコストとしてのしかかる。出版社の希望は紙のように一度作れば永続的に使い続けられるフォーマットが欲しいと考えている。

セキュリティに関しては，現在のデジタル・コンテンツがセキュアでないのかと言われればセキュアであると答えられる。しかし，現時点でセキュリティを確保するのに最も多く使われている方法は，特定のパソコンやPDAにしばり付けてしまう方法である。たとえ，違法なコピーがばらまかれたとしても，他の機器では見ることができないため，出版社の要求である不正コピー問題に一応，応えたことになる。

ところが，ユーザからみれば，このタイプの単純なセキュリティではとても使いづらい。読む機器を限定されることは，モバイルを含む複数の機器で読みたいという要求とは相反する。もし，読みたければ，また別の機器で買って下さいという極めて，不親切，不条理な話である。これではユーザのコンテンツ購買意欲はあがらない。こうした不便さをいかに無くしていくかが，電子書籍普及の一つのカギとなると考えている。

以上まとめると今後，電子書籍の市場が成長する条件は，次の2点となる。
① 魅力あるコンテンツが数多く，安心して市場投入されること
② 電子書籍をどこでも読める環境が整うこと

3 魅力あるコンテンツが数多く，安心して市場投入されるには

まず，①について更に説明していく。コンテンツセキュリティは，ユーザの使いやすさと非常に密接な関係がある。現状のデジタル著作権管理（DRM：Digital Rights Management）システムについて述べる。基本的な考えはコンテンツの不正コピーや不正流通を許さないことにあり，コンテンツは暗号キーで暗号化される。

図2は，現状ではどのように暗号キーがユーザー機器に届けられるかという模式図である。一番簡単な方法は，暗号キーをPC，PDAの持つ固有のID（番号）に関連付けることである。暗号化されたコンテンツをある特定の機器でしか使えないように限定すれば，たとえ，コンテンツが不正コピー，不正流通がなされても他の機器では読むことができないので，一応の安全は保障さ

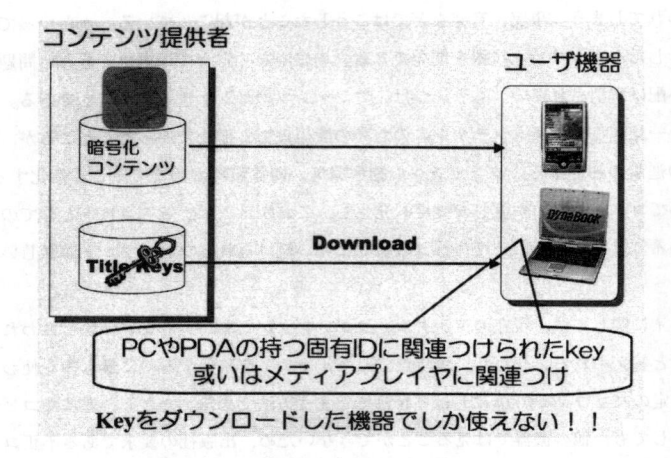

図2　現状のDRMシステム（1）

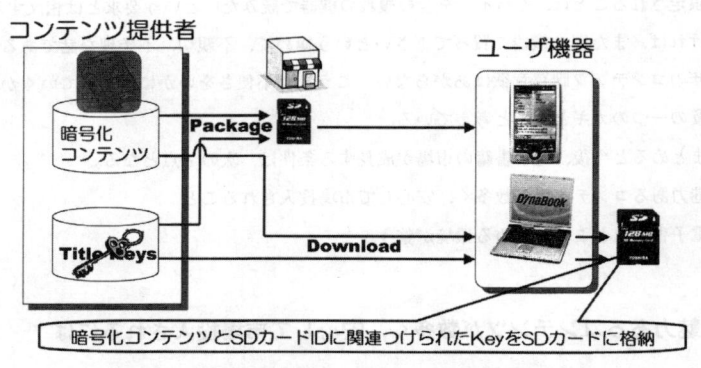

図3　現状のDRMシステム（2）

れる。当然だが，他のPCでは見ることができない。暗号キーは，ハードウェアそのものに縛り付けるか，メディアプレーヤのようなビューワ・ソフトに縛り付ける。どちらの場合でも，コンテンツは暗号キーをダウンロードした機器でしか見ることができないため，ユーザ使い勝手は悪い。

第7章　電子書籍普及のためには

　この課題を克服するために，メモリー・カードを媒介する方法がある（図3）。電子書籍におけるSDカード規格では「SD e-Publish」がこれに相当する。SD e-Publishには，コンテンツをダウンロードするか，パッケージで購入するという二つの選択肢がある。パッケージ購入の場合は読む権利に相当する暗号キーとコンテンツを一括して購入する。暗号化コンテンツをネットワークでダウンロードする場合は，暗号キーの購入タイミングは自由である。読みたいときに暗号キーと暗号化されたコンテンツが揃っていれば良い。この方法では，暗号キーをSDカードの持つ固有IDと関連付け，暗号キーをメモリ媒体保護領域の中に格納する。メモリ・カードを媒介することにより，PCやPDA，あるいは他の機器でコンテンツを見ることが可能となる。こうすることで，ユーザの使い勝手ははるかに向上する。問題は，SDカードは半導体メモリを使用しているためコストが高い点である。SDカードの価格は，半導体の技術進歩により価格は低下するトレンドにはあるもののハードディスクなどに比べれば，ビットコストははるかに高い。最近の実勢価格でも128MBクラスで4,000円台である。コミックなど画像データが主のコンテンツでは1つで30MB程度の容量を必要とするため，約4冊程度格納できる。紙代に相当するメモリ代は1冊当たり約1,000円となり，非常に割高である。更に，暗号キーと暗号化されたコンテンツはSDカードに入っていなければならないという制約がある。このため，SDカードに入りきらない場合，あるいは入れ替えを必要とする場合は，別途用意されたチェックイン，チェックアウトという機能を格納したPCで操作を行う必要がある。また，暗号キーと暗号化されたコンテンツはSDカードに入っていなければならないという制約から，コンテンツのディストリビューションに制約がある。このように現状のDRMは，ユーザビリティ，コスト，ディストリビューションを考えると改善する余地が残っている。

　SDカードの利便性を保持しつつ，SDメモリの保護機能を外部メモリまで拡張する。こうすることで，メモリコスト，容量についてはビットコストの安いHDDやCD-ROMなど様々な物理媒体の利用で解決が図れる。また，暗号キーと暗号化コンテンツを分離する効果として，超流通が可能となり，ディストリビューションの問題が図れる。図4に示す通り，SDカードに暗号キーを格納し，暗号化コンテンツを格納する物理媒体を自由にする。SDカードのCPRM（Content Protection for Recordable Media）機能を用いて暗号キーを保護する。暗号キーの不正な複製ができない仕組みについて，図5を用いて説明する。暗号化コンテンツを復号する暗号キーはSDカード毎に異なったものを用いる。暗号キーは後述するライセンスセンターが発行する。SDカードは1枚毎に異なった固有番号を有しており，この固有番号と暗号キーは関係付けられている。暗号化コンテンツを復号するときにはSDカード-A向けに発行された暗号キーはSDカード-Aに格納されて初めて機能する。図5のSDカード-BにあるSDカード-A向けに発行された暗号キーは機能しない。このメカニズムにはSDカードのCPRM機能を利用している。なお，暗号キ

図4　MQbic説明（1）

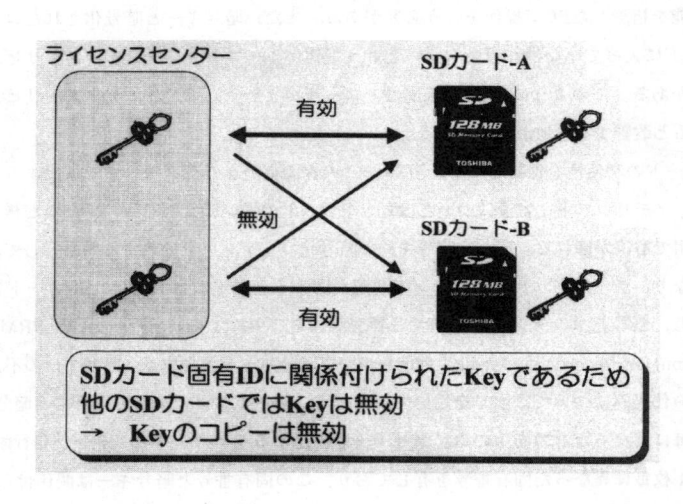

図5　MQbic説明（2）

第7章　電子書籍普及のためには

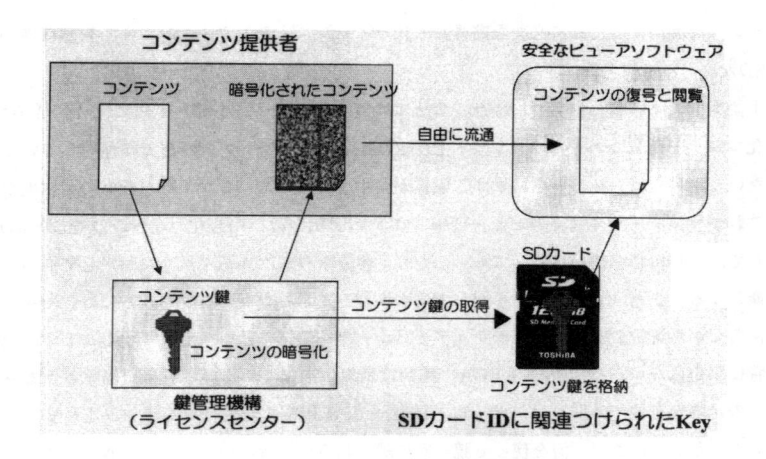

図6　MQbicシステム構成

ーはSDカードのメモリエリアに格納されコピーは自由にできるので，PCなどへの保存などはできる。以上説明したように，暗号キーの不正な複製の増殖問題は，暗号化コンテンツの復号時点で歯止めがかかるようになっている。この仕組みはＳＤカード規格の「SD e-Publish」の拡張規格としてオーソライズされている。

こうした考えをもとに，東芝ではより使いやすいDRMとして「MQbic（マルチ・キュービック）」を開発した。2003年10月27日から毎日新聞「まんがたうん」でデジタルまんが販売を通じて実証運用している。MQbicは電子コンテンツの流通プラット・フォームとして位置付けられ，命名はマルチ・コンテンツ，マルチ・ディストリビューション，マルチ・ターミナルズという3つのマルチを実現することに由来する。

図6を用いてシステム全体の説明を行う。暗号キーを発行する鍵管理機構はコンテンツのID管理とコンテンツの暗号化に関わる。コンテンツの暗号化を実施する場所は鍵管理機構内に設置された暗号化サーバの場合と出版社内部に設置した暗号化サーバの場合がある。いずれの場合も鍵管理機構はコンテンツIDの発番と暗号化に用いるマスター暗号キーの発行を行う。図6は鍵管理機構内に設置された暗号化サーバを用いてコンテンツの暗号化を行う場合に相当する。

ユーザに対しては，閲覧するための安全なビューア・ソフトを配布する。このビューア・ソフトはSDカードと連携して，暗号化コンテンツの復号と閲覧が行える機能を有する。暗号キーを格納したSDカードとビューアソフトを搭載した機器との組み合わせにより，閲覧する機器の制限はなくなる。暗号化コンテンツ自体はユーザが閲覧したい機器に自由にコピーしておけば良い。

183

コンテンツを利用するために必要な暗号キーはライセンス・センターと呼ぶキー管理機構が発行し，SDカードに格納する。

以上説明したように，暗号化コンテンツとコンテンツ・キーを分離されることができるため，暗号化コンテンツは，ハードディスク，CD-ROM，ネットワーク上のどこに存在していても問題はない。暗号化コンテンツを格納する媒体が自由となるので，コンテンツ配布の自由度が高まる。これがマルチ・ディストリビューションである。例えば，暗号化コンテンツをCD-ROMで配布して，読む権利を後から買ってもらったり，ネットワークからダウンロードしてもらうことが可能となる。また，コンテンツを読む方法も多様となる。コンテンツを読むには，セキュリティを保ちながら読むことが可能なセキュア・ビューアを機器にインストールすることで，読む機器に特に限定はない。PC以外にもPDAや携帯電話専用端末，あるいは将来登場するさまざまな機器への対応が可能である。ユーザーは，PDAやPC専用端末などにコンテンツをコピーして入れておくことで，どこで，何を使って読むかに縛られることはない。これがマルチ・ターミナルである。

4　電子書籍をどこでも読める環境が整うには

電子書籍をどこでも読める環境を整えるには，という課題について説明していく。電子書籍のユーザから見た利点と欠点について分析する。ユーザの行動を大きく分けると「購買する」，「持ち運ぶ」，「読む」，「保管する，廃棄する」の4点になる。まず，「購入する」時点では利点として，いつでもどこでも買える，すぐに買える，品切れ，絶版がないといったことが挙げられる。欠点としては，インターネットでのe-コマースと同様に購入から読むまでの手続きが面倒であったり，現状での問題点となっているコンテンツ数が少ないことが挙げられる。次に「持ち運ぶ」という観点からは，電子化されているためかさばらない，何冊も持ち運べるという利点がある。一方，端末を使って閲覧するため，端末の大きさや重さに依存して欠点ともなりうる。「読む」という行為において，電子化されているため検索性に優れる。これは電子辞書が電子書籍の中で唯一認知されている現状から明らかである。更に，文字サイズが変えられる，動画や音声との連動も可能となることについては紙の出版物ではできない特徴である。逆に，欠点として，ディスプレイによっては目が疲れる，画面が小さく読みにくい，端末を立ち上げないと読めない，電池が切れると読めない，操作性が悪い，機種，OSなど機器に依存して全ての電子書籍がどの端末でも読めるとは限らないなどが挙げられる。最後に，「保管する，廃棄する」ことについて，利点としては大きな保管場所を必要としない，廃棄してもゴミにならないといった電子化のメリットの反面，データが消える不安がある。

第7章　電子書籍普及のためには

- モバイル環境下での閲覧を可能とする
- すきま時間の有効活用
- コンテンツ消費の拡大
- 電子書籍市場、端末市場の拡大

市場拡大
コンテンツ消費拡大

コンテンツホルダー
本気、安心

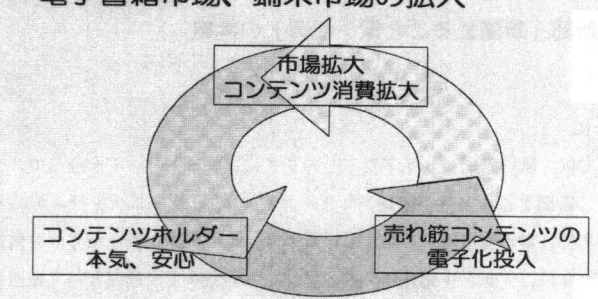

売れ筋コンテンツの
電子化投入

図7　専用端末投入による期待

現状、電子書籍を読む端末として考えられるのは、PC、PDA、携帯電話、専用端末の4種類に大別される。PCは画面が大きい反面、立ち上げに時間がかかり、電池がもたない、持ち運びに不便である。PDAはすぐに立ち上がる反面、画面が小さく読みにくいのが欠点となる。携帯電話もすぐに立ち上がる、持ち運びに便利な反面、画面が小さい、見にくい、操作性が悪いなどの欠点がある。最近では携帯電話向けの電子書籍配信が伸びていることからすれば、こうした端末で電子書籍を読むという習慣が徐々に浸透していく可能性はあるが、電子書籍の市場を立ち上げるためには、専用の端末の投入、浸透が必須であろう。現に、電子書籍の利点と欠点についてを分析から欠点として挙げられるものの多くが読む機器である端末に依存することが大きいからである。

2004年、松下、SONYが投入した専用端末はまだ模索段階であり、これから次々と電子書籍の欠点として挙げられている事項を払拭してくれる端末が出現することであろう。図7に専用端末投入による期待をまとめた。ポイントとして、モバイル環境下での閲覧を可能とすること、すきま時間の有効活用といった紙の書籍の持つ良さを継承しつつ、上述の欠点を払拭していくことによって、コンテンツ消費の拡大、ひいては電子書籍市場の拡大、端末市場の拡大につながるものと考える。特に、新しい表示デバイスの技術革新が端末の欠点払拭に深く関わっている。

図1に示した電子書籍市場拡大を阻む「負のスパイラル」を「正のスパイラル」に変えられる可能性は十分にあり、そうなることに期待したい。

第8章　電子新聞の動向

1　産経新聞「新聞まるごと電子配達」の挑戦

小林静雄*

1.1　はじめに

　産経新聞社では，紙の新聞のレイアウトそのままにブロードバンドを通じてユーザーのパソコンに配信する「新聞まるごと電子配達（ニュースビュウ）」サービスを行っている。「電子新聞」ではなく，あえて「電子配達版」と称しているのは，紙の新聞とまったく同じ情報をトラックと人手で運ぶ代わりに，デジタル化された紙面をブロードバンドで運ぶという輸送手段の違いだけであることを強調したいがためである。

　このサービスは2001年（平成13年）4月に発表し，同年10月から特定のCATV網でサービスを開始，翌2002年3月から本格的に事業展開している。ブロードバンド環境さえあれば日本国内のみならず世界中で，朝夕刊とも最終版を見ることができる。さらに産経新聞が発行するすべての県版を見られ，約十年前にさかのぼっての記事検索も可能だ。

　機能的には紙面の拡大縮小，ページめくり，範囲指定したうえでの印刷などができる。拡大機能はタテ8倍，ヨコ8倍（面積比で64倍）まで拡大でき，読みやすい拡大比率に設定してカーソルを移動することで，紙面を動かすこともできる。関連記事にはリンクが張ってあり，例えば一面記事の最後に「社会面に関連記事」と書いてあれば，そこをクリックすると社会面の関連記事に飛んでいく。

　新聞社系のWEBサイトとは，ひと味違った技術とサービスで新聞業界の注目を集めてきたニュースビュウだが，残念ながらビジネスとして，成功しているとはまだ言いがたい。しかし，いくつかのメーカーが開発に力をいれている電子ペーパーが性能，価格などの点で商品として成熟してくれば，ニュースビュウ方式による「電子配達版」は大きく飛躍する可能性があると思っている。

　「電子配達版」に限らずパソコンを送受信装置とする伝送方式の弱点は，携帯性で紙の新聞に劣ることである。しかし，電子ペーパーが鮮明な映像を映し出しページめくりの機能をそなえ，送受信機能も持つとどうなるだろうか。家で朝刊紙面を読みこんだ電子ペーパーを通勤の電車内

　＊　Shizuo Kobayashi　産経新聞社　役員待遇デジタルメディア局長

第8章　電子新聞の動向

で見ることも可能になるかもしれない。さらに電子ペーパーに送受信機能がつけば双方向サービスも可能になるし，画面の小さい携帯電話では不可能だったサービスが新しいビジネスになるかもしれないのだ。

1.2　「電子配達版」の経緯と展開

　まず産経新聞が，なぜ「電子配達版」を始めたのか説明しておきたい。

　ブロードバンドという言葉がまだ世間一般では，それほどなじみがなかった2000年（平成12年）に，産経新聞はデジタルメディア本部（現デジタルメディア局）を立ち上げ，同本部に新事業開発室を設けた。私が室長を兼ねたこのチームに与えられた命題がブロードバンドを利用した新ビジネスの開発だった。いろいろな最新の技術，各種新製品を見歩く中で出会ったのが，株式会社サピエンス（豊島区南大塚，蓮池曜社長）が開発していた紙面イメージをデジタル技術で圧縮し電波で送信する技術だった。

　伝送方式を電波でなくブロードバンドに切りかえるだけで，あとは基本的には同じである。この技術を使って新聞紙面を配信する事業を検討しはじめた。この段階でいろいろな人の意見を聞いたが，その中に「なぜ紙面イメージにこだわる必要があるのか」「紙面イメージで伝送するとテキストにならないし，検索機能もつけられない」という強い疑問の声があった。紙面のレイアウトにこだわるのは，デジタル時代に逆らうもの，時代遅れの発想だ—という指摘である。

　しかし，結果的に新聞のレイアウトそのままに紙面イメージでパソコンに伝送することにこだわった。キャッチフレーズも「新聞まるごと電子配達」とした。そのこだわりは「ニュースを分かりやすく伝えるには新聞紙面を見せるのが一番だ」という認識があったからだ。

　新聞社はWEBサイトでニュースを伝えているが，重要なニュースでも軽い情報的なニュースでも見出しや扱いの大きさは同じ，速報性があるからと新しい情報を上に重ねていくと重要なニュースでも下にもぐってしまう—そんな感じがあった。読む方は見出しを見て，関心がある情報だけを開いて読めばいいのだが，それでは重要なニュースを読み逃がしてしまうかもしれない。例えて言えば，新聞をベタ記事（一段見出しの記事）ばかりで作ったとすると，読者はどこから読んでいいのかわからなくなるはずである。仕方なく興味のありそうな見出しの記事だけ拾って読んだりすると，重要な記事を読み落とすだろう。

　インターネットで情報を得ることをもっぱらにする若い人は，「興味があることだけがわかればいい」というかもしれない。しかし，新聞社として「わかりやすくニュースを伝える」ことにこだわった。新聞は明治初年以来，約130年の歴史があり，その長い歴史の中で常にニュースのわかりやすい伝え方を磨いてきた。その結果，われわれは「一面にある記事は重要な記事だ」「同じ面でも記事の置いてある位置で重要度がわかる」などということは，皮膚感覚として身に

ついている。この感覚を大事にしたいというのが紙面イメージにこだわった大きな要因である。

それにインターネットの即時性を考えれば，東京発の最新情報を世界のどこにいても手に入れられる読者のメリットは大きいといわざるを得ない。政治，経済，社会などの一般ニュースのほかスポーツ，生活情報，WEBでは落ちてしまうベタ記事，あるいは県版の地域ニュースなどが総覧できる新聞の形で見られることは，海外に住む日本人にとってはとくに貴重な情報源になると思っている。

だが，電子配達にもウイークポイントはある。まず第一にパソコン画面で新聞紙面を読むことは，読みにくいということである。新聞の1ページはA2版，見開きにすればA1版という大きさであり，当然のことながら紙面はA4型などのパソコン画面に入りきらない。新聞の場合，大きな記事では紙面の一番上の段から7段，8段も下へ文章が降りることがしばしばある。紙の新聞なら視線を走らすだけで難なく読めるのだが，パソコンで読むとなるとカーソルでいちいち動かさなければならない。これが結構わずらわしいようだ。読者へのアンケートでも，この点の指摘は多い。逆の言い方をすれば，紙の新聞の一覧性がもつ優位さである。

この問題点はパソコンが大型画面になったり，タテ型のディスプレイが登場したりすると解決するかもしれない。また，薄型テレビのデジタル化でパソコンとテレビが融合し，大型の壁掛けテレビに電子配達版の新聞を映し出してソファーに座りながら見られるようになれば「画面が小さくて読みにくい」という問題はなくなってしまうだろう。

第二の弱点は，携帯性の問題である。電子配達版はパソコンがなければ読めないし，あっても地下鉄の中では受信できない。この携帯性の問題は，この記事の最初に述べたように完成された機能をもつ電子ペーパーが登場すれば一気に解決することかもしれない。

視点を変えて新聞経営的な立場で考察すると，どうだろうか。

新聞経営のコストの中で，高額な輪転機を含む印刷コスト，用紙代，トラックなどの輸送費，戸別配達にかかわる人件費などがかなりのウェートを占める。輸送費用や配達人件費を負担するのは別会社だったり，販売店だったりするにせよ，新聞産業に必要な経費という大枠でとらえれば，これらのコストは新聞経営の負担になっているのは間違いない。

誤解を恐れずに言えば，ブロードバンドによる電子配達ならば，配信のための基本的な経費はかかるにせよ，印刷する必要はないので印刷経費は発生しないし，従って用紙代も輸送費も不要，人件費も大幅に節約できるといえる。もちろん，新聞社が販売店に製品である新聞を卸し，販売店が売る（配達する）という現在の仕組みを維持したままでも，ブロードバンド網が広く普及すれば離島や山間部，海外への配達などに大きな威力を持つものと確信している。

2 表示技術者から見た電子新聞への期待

川居秀幸*

2.1 はじめに

ほんの5,6年前までは,学会等のごく限られた場において,専門家の間だけで使われていた「電子ペーパー」という用語も,ここ数年ですっかり市民権を獲得したようである。さらに最近では,電子機器メーカー数社から読書専用端末が発売されるなどの動きも見受けられ,この未来の新表示デバイスに対する関心はますます膨れ上がってきているように思われる。

電子ペーパーの応用途としては,当初からオフィス文書のリライタブル化や電子書籍・電子雑誌などが挙げられていたが,これらとともに最も頻繁に話題に挙げられてきたアプリケーションの一つが電子新聞である。電子新聞に期待が集まる理由としては幾つか考えられるが,まずは,現行の宅配システムが行き詰りつつあるという現実が挙げられる。これは,マンション等の集合住宅においてセキュリティが強化され,個別の宅配が困難なケースが急増していることに加え,何よりも配達員の確保が難しくなってきていることによる。しかし,この点もさることながら,電子新聞への期待が膨らむ理由はむしろ,昨今のハード・ソフト両面における情報通信技術の目を見張る発展を目の当たりにする一方で,旧態然とした宅配制度の現状を見た場合に,誰もが感じるギャップであり,「何か出来ないのか」という漠然とした疑問感ではないかと筆者は考えている。もちろん,紙への印刷をベースとした現行のシステムの持つ利点は少なからずあるだろうが,それにしても,これだけ技術が進歩し,かつ,いち早く正確な情報を入手することの重要性が増している現在の状況において,「いつまでも,印刷して配っていることもないだろう」という素朴な疑問を感じないではいられない。では,現行の紙新聞はどのような形で電子新聞へと脱皮・発展していくのであろうか? その質問に対する答えは未だに明確になっていないこともまた事実であり,電子新聞に対するイメージは十人十色である。技術サイド,サービス提供サイド,ユーザー・サイド,それぞれの観点からの異なった意見が交錯し,なかなか噛み合っていないようにも見受けられる。

筆者の属する日本画像学会技術委員会第7部会(以下,第7部会)では,ここ数年来電子ペーパーの将来像について協議し,その検討結果を報告してきており,2003年度は電子新聞に関する考えを整理して報告した[1]。そこでの質疑応答でも,さまざまな異なる見解が出され,コンセンサスの形成までにはまだまだ時間がかかりそうな印象を受けた。本論文では,技術サイドの意見を整理して提示することによりコンセンサス形成の何らかの一助になることを目的として,ディスプレイ技術者である筆者から見た電子新聞実現に向けた考えを述べる。さらに,前述の第7部

---

* Hideyuki Kawai セイコーエプソン㈱ テクノロジープラットフォーム研究所 主任研究員

会報告についても簡単に紹介する。

2.2 電子新聞の意義

まずは，電子新聞を実現することの意義について筆者の考えを述べてみたい。

2.2.1 ユーザーとして

新聞が電子配信化されることによる利点は，既に多く語られてきている。例えば，新聞紙消費の削減よる森林資源の保護，印刷・物流のコストやエネルギーの大幅な削減，最新ニュースの即時入手，関連情報の検索やリンクなど，電子新聞の出現により情報の供給側，需給側ともに多くのメリットを享受できることが予想される。さらに，これらの利点を突き詰めてみると，電子新聞の出現の持つ最も本質的な意義は，「情報コンテンツと表示メディアとの分離」であると言うことが出来る（もっとも，この「情報と媒体との分離」は電子新聞だけに限らず電子ペーパー全体に共通に言えることである）。このようにコンテンツと表示メディアとが分離することにより，コンテンツ側，メディア側双方に大きな変化が引き起こされ，新聞に更なる進化をもたらすものと思われる。

例えばコンテンツ側から見ると，紙の上への印刷という束縛から解放されることにより，紙面サイズや字数，レイアウト上の制約を受けることなく比較的自由にデザインすることができるようになるだろう。例えば，記事の割り付けを考える時に新聞サイズにとらわれる必要はなくなり，過去のレイアウト手法はほとんど意味を持たないものとなる可能性がある。もちろん初期的には，表示デバイスの画像分解能や画面サイズ，スクロール技術の未熟さから逆にデザインの自由度が狭まってしまうことも十分考えられるが，いずれは技術の向上と電子ディスプレイの特性を生かした表示手法の改良によって解決される問題と考えられる。さらに，時間軸の面でも自由度が大きく拡大する。すなわち，印刷や配送の必要から来る原稿の〆切りという概念もなくなり，記者の取材や執筆，編集作業の様態も大きく変化するものと思われる。ニュースをアップデートするタイミングや頻度は，朝刊や夕刊の印刷時間ではなく，ユーザーからの要望を基に，各社あるいは記者・編集者個人のポリシーによって決められることになろう（この点に関しては賛否両論あろうが，コンビニエンス・ストアの出現により商品の物流・管理システムがそれに対応して大きく変化せざるを得なかった例を考えても，やはり避けては通れない現象であろう）。少なくとも，現行の紙新聞を前提とした作業形態や編集スタイルは，電子新聞の時代では大きく転換せざるを得なくなると思われる。

印刷，配達という付加的業務や紙面サイズという制約から開放されることにより，新聞社としても本来の業務（取材，分析，編集，等）により一層注力できるようになる。我々読者が新聞に求めている使命は，信頼性の高い情報や深く掘り下げた解説をタイムリーに入手できることであ

第8章　電子新聞の動向

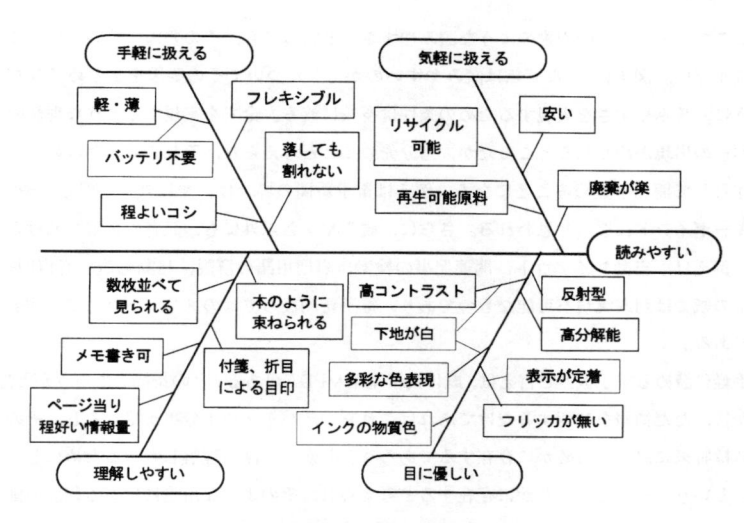

図1　読みやすさの要因分析

（図中ラベル）
- 手軽に扱える：軽・薄、バッテリ不要、程よいコシ、フレキシブル、落としても割れない
- 気軽に扱える：リサイクル可能、再生可能原料、安い、廃棄が楽
- 読みやすい：反射型、高分解能、表示が定着、フリッカが無い
- 目に優しい：高コントラスト、下地が白、多彩な色表現、インクの物質色
- 理解しやすい：数枚並べて見られる、メモ書き可、ページ当り程好い情報量、本のように束ねられる、付箋、折目による目印

　り，この点が他の情報メディアと対比した場合に新聞に期待する役割である．今後さらに情報通信技術が発展し，情報メディアが多様化した際に，新聞が生き残っていくためには，この本質的役割を進化・発展させていくべきであろうし，そのために電子新聞の出現は大きな追い風となると思われるのである．

　電子新聞時代における新聞社の主業務は，情報データベースの構築と維持であろうと思われる．情報の新鮮度，充実度，信頼度，検索性などデータベースの質的・量的な出来具合いや使い勝手によってユーザーから峻別されるようになるだろう．文字サイズや色合いなど表示上の優劣については表示デバイス側の問題になり，またオンライン・サインアップの普及によって従来のような訪問勧誘や定期購読契約の形態は廃れていくであろうから，いよいよ新聞各社は「情報提供の質」という本質的な部分においての競争に専念することになるのである．このような方向に進むことは，ユーザーにとって大いにメリットとなると思われる．

　一方，表示メディア側から見た場合，今までは紙に独占されていた領域に電子デバイスが踏み込むことになり，新規なビジネス領域，それも膨大な市場が現に見えている領域への参入であり，デバイス・メーカーにとって大きな魅力であろう．今までは，読む行為に耐え得るだけの表示特性を有するメディアは紙しか存在していなかったため，紙の独壇場であったのだが，印刷物のような読みやすさを実現する電子ペーパーの登場により，大きなビジネス・チャンスが生まれることになる．

ここで，一口に「印刷物のような読みやすさ」と言っても，その要因について考えてみると実は奥が深い。図1に，「なぜ紙は読みやすいのか？」についてその要因をまとめてみたが，このように，読みやすさを実現するための条件は多岐に渡る。全てを実現するような理想的な電子ペーパーの出現が待たれるところだが，当分先のことと考えられ，それまでの間はいくつかの特性に注目して開発を進めることになる。例えば電子新聞の場合は，やはり「手軽さ」や「気軽さ」がキーポイントになると思われる。さらに，読みやすさ以外にも，読者の理解を助けるような機能，例えば，自動レイアウト，関連記事の検索，専門用語の解説，自動翻訳，音声朗読などは，従来の紙では到底実現不可能なものであり，電子新聞ならではのメリットとして是非欲しいところである。

手軽に読める電子機器と言えば，既に携帯電話やPDAがある，との指摘もあろうかと思われる。確かに，ただ情報を確認するだけであればこれらのデバイスで十分事が足りるし，そのようなニーズは将来に渡っても確かに存在するであろう。しかし，深く理解し考えるためにじっくりと読む，というニーズもまた確かに存在すると考えられ，そのような用途にはある程度の画面サイズや表示品質が必要である。そのようなニーズに対応するためには，電子ペーパーのような新規デバイスが大いに存在価値をもつものと考えている。逆に言えば，電子ペーパーが電子新聞分野に入り込むには，携帯電話やPDAには出来ない，あるいは一味違った機能や特性を持たせなければいけないと思われる。

以上述べてきたように，電子新聞においては，コンテンツと表示メディアとが分離されるために，双方が関連しながらもある程度独自に発展していくことが出来るようになる。さらに，一方の発展が他方を刺激して，更なる進歩を促進することも十分考えられる。このことは，情報提供サービスの形態や表示機器の種類など，ビジネス・モデルの多様性を引き起こすことにつながり，関連企業や個々の技術者の腕前を発揮するチャンスが増える結果になると思われる。

筆者の考える電子新聞の意義はまさにここにある。つまり，情報コンテンツと表示メディアとがお互いの束縛から開放されることにより，ソフト，ハード両面で大幅な多様化が可能となり，ユーザーの要望にこまめに対応した様々な情報提供サービスが出現する。それによって，「信頼性の高い情報をより早く届ける」という新聞の本質的役割をより効果的に進化・発展させることが出来るようになると考えられるのである。

2.2.2 開発者として

前節では，ユーザーとしての立場から電子新聞の意義について述べたが，次は，長く電子ペーパー開発に関わってきた技術者としての立場からの意見を述べてみたい。

電子ペーパー開発者として，筆者が電子新聞に期待するところは下記の2点である。

① 電子ペーパーの開発・発展の原動力

第8章　電子新聞の動向

② 開発に携わる技術者・企画者にとっての具体的指針

冒頭で、電子ペーパーという用語は市民権を得てきたと述べたが、「では、具体的なアプリケーションは？」と訊かれると恥ずかしながらハタと困ってしまう。確かに、電子ブックなど漠然とした応用途ならいくらでも挙げることは出来るが、さらに具体的なビジネスモデルや製品形態となると、現実的なシナリオを提示することはなかなか難しい。「パタパタと折り畳んでカバンへ」とか「クルクルと丸めてポケットへ」などと口で言うのは簡単だが、必要な技術が実際に製品レベルまで成熟するのはまだまだ先のことと言わざるを得ない。今既にある、あるいは近い将来に入手可能な電子ペーパー技術で、いったいどのような魅力的かつ威力のあるアプリケーションが考えられるのであろうか、…これは実は、電子ペーパーに携わる者が多かれ少なかれ共通に持っている命題である。つまり、電子ペーパーのキラー・アプリケーションが、今求められているのである。

このような状況を鑑みて、電子新聞こそが電子ペーパーにとってのキラー・アプリケーションになり得る非常に有望な候補であると筆者は期待している。ビジネス的にも技術的にも魅力あるキラー・アプリケーションとして、多くの人から期待と関心を集め、開発に携わるものに具体的な開発指針を与え、その結果として電子ペーパーの実用化に向けての強力な原動力となる可能性が電子新聞にはあると考えている。それは、キラー・アプリケーションに求められる必須条件である「膨大な市場規模」と「高い実現可能性」の両方を有しているからである。

電子新聞を"ニュース、情報の電子配信サービス全般"と考えた時、閲読端末デバイスの市場性について異を唱える人は、まずそう多くないと思われる。若年層の新聞購読率が低下しているという話を最近耳にするが、それは若者が情報に対して無欲になってきたのではなく、現行の紙新聞システムに興味を示さなくなってきたためであり、実際に、紙の新聞を読んでいない人も、携帯電話やPDAなど他のツールでしっかりと情報は取り込んでいる。情報（その種類・内容は別として）に対する欲望は、古今東西、老若男女問わず、変わることはない。新聞が電子化して、前述のように消費者のニーズに対応してサービス形態が多様化することにより、閲読ツールも多様化して広く普及し、場合によってはシーンにあわせて一人で数台を持つようになることも考えられる。そうなると、この市場規模は計り知れないものとなると予想することは、決して非現実的ではないのではなかろうか。

また、実現可能性の観点からも、電子新聞には大いに期待が持てる。一般的に、ある商品を実現できる可能性は、その商品に要求されるスペックと技術の現状とのギャップに反比例すると言えるが、電子新聞の場合このギャップが、電子書籍など電子ペーパーの他の潜在的アプリケーションと比較して狭いと思われる。それは、新聞を読む主目的が情報の入手であり、長時間読み続けるということはあまり考えられず、むしろ、タイムリーに欲しい情報を入手できることの方が

重要であると思われるからである。電子ペーパーの内,「ペーパー」より「電子」の方に重点がある,と言っても良い。電子ペーパーの理想像はもちろん印刷物のような表示品質であるが,残念ながら現状では分解能,コントラスト共に遠く及ばず,600,1,200dpiは当たり前の印刷品質に対して,電子ペーパー側は最先端のレベルでも数百ppiがやっとと言ったところである。そして,この差は当分の間縮まりそうにない。その点電子新聞であれば,前述のように携帯電話やPDAで満足している人もいるように,表示品質に対する要求スペックは(とりあえず当分の間は)比較的低いと言える。印刷と見まちがう程の表示ではなくても,現行のディスプレイより十分に読みやすければ,受け入れられる可能性は大きいと,多少楽天的ではあるが予想出来るのである。

以上のように,電子新聞に市場規模と実現可能性の観点から,電子ペーパーにとっての強力なキラー・アプリケーションとなり得る要素を有していると考えている。「これ！」と言った有望な応用用途が不在なために,関係者の間にまだ電子ペーパーの製品形態や応用分野についての共有化された具体的イメージはなく,メーカー側,ユーザー側共に,明確な方向性を定めかねているという状況も見受けられる現状において,電子新聞というアプリケーションを起爆剤として,具体的なビジネス形態やデバイス仕様,サービス手法,必要なインフラ整備などの議論が各方面で盛り上がり,電子ペーパーの発展がますます加速することを大いに期待したい。

2.3 電子新聞の将来像

前述の第7部会報告の中で議論されたポイントの内,予想される要求特性を以下に,ロードマップを表1に抜粋して紹介する。

(1) カラー対応か,モノクロで十分か

カラー化により分解能を犠牲にするとなると,一概にカラー有利とはいえない。新聞,すなわちテキスト情報が主で,振り仮名も必要な用途に限った場合,最低でも200ppi,出来れば300ppi以上が必要であり,それがカラーで実現できるまでは,モノクロの方がむしろ良いのではないか。

(2) 静止画か,動画か

動画のためにテキストが読みにくくなったり,あるいは消費電力が大きくなって電池の重量がかさばるようでは,一概に新聞に適しているとは言い難い。文字をしっかりと読めるように静止画に注力して,動画はおまけ程度に考えた方が良いと思われる。

(3) 画面サイズ

画面の大型化はコストの大幅な上昇をもたらす。画面サイズの不足はレイアウトの工夫でカバーできる可能性もあるため,当面は新聞紙サイズに拘らず,分解能の向上や,軽量化,ハンドリング性の向上の方に重点を置いた方がメリットが大きいと思われる。

第8章　電子新聞の動向

表1　電子新聞のロードマップ[1]

	2005年　　【進歩のポイント】現行技術の組合せ＋軽量化の工夫
デバイス	【表示パネル】 　A5サイズ(見開きA4)　　200ppi，静止画中心　　反射型モノクロ表示 　片面のみプラスチック基板(TFT基板はガラス) 【電池寿命】　　　　　　　　　　　【情報入出力】 　1回の充電で1週間　　　　　　　　　メモリメディア、USB
サービス	・新聞紙面のレイアウトをそのまま配信、あるいはテキスト＋写真による記事情報配信。 ・Webサイトで概要情報のみ配信し、会員登録者にはさらに詳しい情報を提供。 ・目次付きデータ。
関連技術	2003　ヤフー、名作漫画の電子ブックを有料で配信するサイト「Yahoo!コミック」を公開 　　　　松下電器、読書用端末「ΣBook(シグマブック)」を発売 2004　E Ink社、凸版印刷、電子ペーパーの商品化(予定)

	2008年　　【進歩のポイント】フレキシブル化（フィルム化）
デバイス	【表示パネル】 　A5サイズ(見開きA4)　　200ppi，静止画中心　　反射型カラー表示(一部カラーもあり得る) 　両面プラスチック基板(プラスチックTFT基板) 【電池寿命】　　　　　　　　　　　【情報入出力】 　1回の充電で1ヶ月　　　　　　　　　無線LAN(家庭内、HotSpot)
サービス	・端末画面に合わせたレイアウト、視覚的に記事へのアクセスを支援するような工夫。 ・記事データベースの検索性が向上し、アクセス権提供サービスが始まる。 ・My新聞モードが充実。 ・XMLタグ付きデータ。Internet情報(株価、会社HP)へのリンク。 ・紙宅配(5000円)か電子配信(4000円)かを選択できる。
関連技術[2]	2008　本の購入の多くは、本屋に行かずに家庭からオンラインショッピングシステムで行われる 2009　一月2000円以下で大容量ネットワーク(150Mbps)を自由に利用できる環境が実現する 2010　情報KIOSK(駅やコンビニ等に設置された情報販売店)で電子新聞を無線接続により購入 　　　　できる携帯端末が普及する 2011　屋外使用時の通信速度が30Mbpsの移動通信端末が普及する

	2013年　　【進歩のポイント】多様化、ユビキタス環境
デバイス	【表示パネル】 　A4サイズ(見開きA3)　　300ppi　　動画にも対応　　形状が多様化 【電池寿命】　　　　　　　　　　　【情報入出力】 　無充電(太陽電池で常時使用可)　　　ブロードバンド無線WAN
サービス	・新聞社から個別記事のバラ売りが始まる。 ・自分だけの「切り抜きデータベース」構築のための仮想フォルダー提供サービス。 ・連続小説＋連続ムービー。 ・従来の配達店は、地域チラシ情報を収集し、センターへの送信と配布範囲管理を行う。
関連技術[2]	2012　ネットワーク上におけるマルチメディアソフトの著作権、プライバシー保護等の情報通信倫理 　　　　に関わる不法行為を自動的に監視するセキュリティ技術が普及する 2013　世界中で使用できる100Mbps程度のマルチメディア無線携帯端末が普及する 2014　紙と同様な柔軟性を持つポータブル電子ノートが普及する

(4) 発光型か，反射型か

消費電力（電池の大きさ）の面での優位性に加えて，あらゆる環境下（特に屋外での直射日光）における視認性の観点から反射型の方に軍配が上がった。

(5) 片面か，見開きか

現行の新聞・雑誌との類似性から来る操作上の親近感や，折り畳んでの収納などの理由から，見開きタイプが有利。また，数枚の電子ペーパーを束ねたような雑誌型という意見あり。

(6) フレキシビリティ

表示パネルだけならば既にフレキシブル化技術が多く報告されているが，制御回路や電池，筐体までも含めた全体のフレキシブル化にはまだ当分時間がかかるため，中期的目標。

(7) 重量

重くても600g程度，理想的には200g以下が求められるものと考えられる。表示パネルがガラスでは軽量化に限界があり，将来的にはフィルムをベースとしたパネルが望まれる。また，デバイス全体の軽量・薄型化，フィルム化を考える上で，電池の問題は重要である。

(8) 通信機能

初期的には，インターネットからのダウンロードやROM購入などの，一方向データ受信で十分である。しかし，通信インフラの整備に伴って，いずれは時と場所を選ばずに情報のやり取りが出来る，いわゆる"ユビキタス環境"に移行するであろうことは容易に予想できる。

(9) 音声機能

長い文章は読むより音声で聞いた方が楽であり，ユニバーサルデザインの観点からも大きな意味がある。

(10) その他

上記以外の機能として，以下のような意見が出された。

- 起動に時間がかかるものは駄目で，スイッチオンですぐに表示されることが必須。
- 取り込んだ情報は，1ヶ月程度で自動的に消去されるようなシステムが必要ではないか。
- 著作権の観点から，PDF形式など文字コードとして切り出せない形式が好ましい。

2.4 おわりに

電子ペーパーに関わっている技術者として電子新聞へ期待するところを述べた。本文中で指摘したように，電子化にともなって新聞の形態は大きく多様化すると思われる。開発者としてだけではなく，ユーザーとして，今後の動向に大いに注目したい。

第8章 電子新聞の動向

文　　献

1) 川居,「電子ペーパーの将来像を考える（その1）：電子新聞」, 日本画像学会2003年度第2回技術研究会, pp.22-31（2003）
2) 文部科学省科学技術政策研究所・科学技術動向研究センター, 第7回技術予測調査報告書（2001/7）

3 未来の新聞はどうなるか

橋場義之[*]

3.1 はじめに

デジタル技術の発展は,本書が取り上げている「電子ペーパー」を含むさまざまな技術的成果を生み出しており,紙という媒体を使っていたこれまでの「新聞」のありようも変わらざるを得なくなってきている。実際,すでに世界の多くの新聞社では,紙の「新聞」を発行しながらも,同時にウェブサイト上で「電子版」と呼ばれる新聞をアップし,ニュースを伝えている。また,PDFファイルによって,紙で発行している新聞とまったく同じスタイルの「電子新聞」を発行している新聞社も登場し始めている[1]。

ところで,このようにデジタル技術がもたらす「新聞」の変容を考える時,改めて,それではこれまで私たちが「新聞」と呼んでいたものとは一体何だろうか,と問い直さざるを得ない。

漢字の語源をたどれば,「新たに聞いたこと」,つまり英語の「NEWS(ニュース)」のことであり,現代中国でもそうした意味でいまも使われている。日本では,それが転じて,ニュースを伝える媒体としての「新聞紙(ニュース・ペーパー)」という意味も共に含んで使われるようになった(場合によっては,それを発行している会社としての「新聞社」を意味して使われることもある)。従って,「未来の新聞はどうなるか」という問いは,次のような意味を内包しているといえよう。すなわち,インターネット・電子ペーパーといったデジタル技術が進展する中で,「ニュースの未来」と「新聞紙の未来」を問うことである。

だが,デジタル時代はまだ始まったばかりである。その地平にどのような情報社会が出現するのか。まして,過渡期ともいえる今,このような大きなテーマに確実な答えを出すことは至難の技である。そこで,本論では,この2つの未来を予測する上で必要なことは何かをめぐって考察することにする。

3.2 新聞とはなにか

3.2.1 ニュース媒体の主役だった新聞

古来から,人々は「ニュース」を求めてきた。日々を生き残るため,世界における自分の位置を知るために,そして,人間は知ることそのものを楽しむためにつねに最新の情報を得ようとしてきた。こうした情報を伝えるのがメディアである。まずは人々の口伝えやゼスチャーという身体的なメディアであっただろう。ついで,情報は物体としてのメディアに載せて運ばれるようになる。古代のパピルスから始まり,人々は石・竹・木などに情報を書き記すことを覚えた。

---

[*] Yoshiyuki Hashiba 上智大学 文学部 新聞学科 教授

第8章　電子新聞の動向

　紙が普及し始めると，その紙をいかに多くの人々に手渡すかを工夫するようになる。これを実現したのが，1450年，グーテンベルグによって発明された活版印刷の技術であった。人々はこれによって，紙を使い，多くの情報を印刷（複製）し，それまでとは比べようもないほど一度に多くの人に情報を伝えることができるようになった。マス・メディアの出現である。

　情報は，「多くの人々に」だけではなく，「いかに早く」も求められてきた。伝書鳩，馬車，汽車，電車，自動車，航空機といった運搬を担う交通技術の発展がこれに貢献してきた。紙に印刷するまでの情報の伝達手段も，電信・電報・電話・ファックス……と進歩の歴史を歩んできた。

　このような時代時代の技術を利用して，つねに「多くの人々に，早く」ニュースを伝えてきたのが新聞というマス・メディアであった。「多くの人々に，早く」伝えることが出来るマス・メディアは，長い間新聞のほかにはなく，人々は新聞を読みながら，その日その日の出来事を知り，自分がいま生きている世界の様子を知り，日々の生活にその情報を生かしたり，楽しんできた。18世紀以降の近代新聞は，人々に欠かせない唯一の基幹マス・メディアであったということができる。

3.2.2　主役の座の交代

　ところが，20世紀に入って，新聞はその主役の座を脅かされるようになった。

　まず初めが，ラジオ・テレビという電波メディアの登場と普及である。アメリカでは，1891年にエジソンがラジオの特許をとり，1940年代にはテレビが重要な位置を占めるようになった。人々は，1日，あるいは半日ごとに得られる新聞のニュースよりも，ラジオ・テレビで伝えられるニュースの速さ＝「速報性」＝に飛びついた。情報の種類も，生活の必要性よりは娯楽性の強いものが多くを占めるようになった。そしてなにより，テレビの「映像」が情報の現場に人々をより近づけることを可能にした。新聞は，基幹マス・メディアとしての主役を譲らざるを得なくなったのである。

　次いで起きたのが，いわゆるデジタル革命である。デジタル技術の特徴は，情報の収集・整理・加工・流通が，誰でも，容易に，多量に，すばやく出来ることである。

　これによって，新聞も変わった。まず，送稿・整理・印刷というプロセスにこの技術が導入され，時間の短縮が実現した。紙という媒体を使いながらも，製作工程が短縮されることによって，遠くの人々にもより最新のニュースを届けることが可能になった。紙の新聞を発行してきた新聞社は同時に，紙媒体のほかに，インターネットのウエブ上にもニュースを流すようになった。ラジオ・テレビ・ネット――多メディア時代の到来であり，人々は，さまざまなメディアを自分の欲求に合う仕方で，必要な情報を手に入れるようになったのである。

　日本の新聞総発行部数1部当たりの人口の推移を図1[2)]でみてみよう。この数字は新聞の普及度を示すものであり，数値が少なくなるほど普及度が高まっていることを意味する。そこで図1

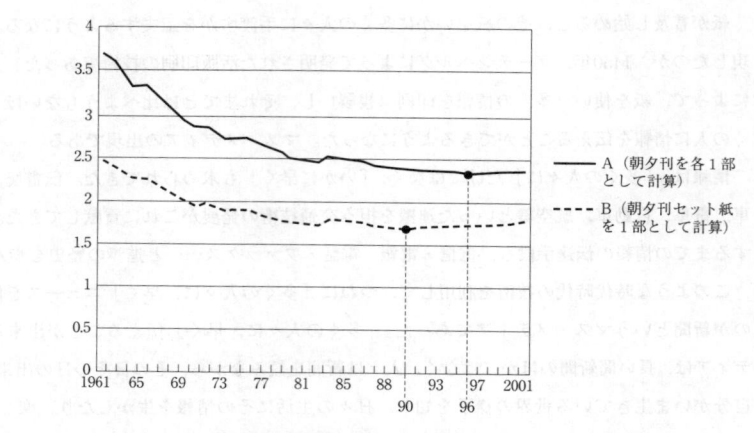

図1　日本の新聞発行部数1部当たりの人口の推移

　をみると，朝夕刊セット紙を1部として計算した場合と朝夕刊それぞれを1部として計算した場合のどちらも，1部当たりの人口は漸減傾向（普及が少しずつ進む）をたどり続け，前者の場合は1996年に2.33人，後者の場合は1990年に1.69人と，最低（普及が最高）を記録した。しかし，いずれの場合もその後は，ごくわずかではあるが漸増傾向（普及度が下がる）に転じている。

　このことは，新聞の"夕刊離れ"がまず1990年に始まり，続いて"朝刊離れ"が1996年から始まったということを示している。1996年は主要な新聞社が一斉にネット上でのニュースサービスに乗り出し始めた時であり，デジタル化が人々に与えた影響（後述）と合わせて考えれば，この年が大きなターニング・ポイントになったとみることができよう。

3.2.3　新聞の特性

　さて，新聞社が紙だけでなく，電子媒体でもニュースを流すようになった時代に，では一体新聞とはなにか，ということを改めて考えてみよう。

　それにはまず，紙に印刷された「新聞」の特性から考えてみることが必要だろう。

　コミュニケーション手段（あるいは表現手段）で他のマス・メディアと比較してみると，新聞は「ことば（活字）＋映像（静止画像）」で行っている。これは書籍でも同じだが，一方，ラジオは「ことば（音声）」のみのメディアであり，テレビ，映画，ビデオ，デジタル媒体となると，「映像（静止画像・動画）＋ことば（音声・活字）」と多様に使い分けすることができるメディアであることが分かる。

　新聞が提供する情報は，新聞小説など一部の例外を除けば，ほとんどすべて事実に基づくもの＝ノンフィクションである。しかし，テレビ・ラジオはどうだろうか。今日ではニュース専門

第8章　電子新聞の動向

のテレビも登場はしているし，事実に基づいたドキュメンタリー番組の放送もあるとはいえ，全体の中での放送時間は少ない。いわゆるニュースの時間は一日のうちでも限られた時間でしか放送されず，多くは娯楽番組が占めているのが現状である。

その上で，デジタル技術が普及するまでにあったマス・メディア，すなわちラジオ，テレビ，との比較で言われていた新聞の媒体特性を挙げると，①一覧性，②ニュースバリューの明確性，③保存性などであろう。新聞を広げれば，そのページにあるニュースがひとめでわかる（一覧性）。見出しやレイアウトによって，どのニュースがより重要かが分かる（価値付け）。取って置けるので，あとから読み直せる，切抜きが出来る（保存性），といった具合だ。

こうした特性を別のコンセプトで表せば，新聞は「紙を媒体にして，ノンフィクションを扱う，パッケージ系のマス・メディア」ということもできよう。

パッケージの仕方は2種類あり，ひとつはその内容（情報）であり，もうひとつは時間である。内容については，事実に基づいた情報（ノンフィクション），中でも「何が起きた」「何がわかった」といった基礎的な情報（一次情報）を中心にして，新聞社という送り手が選んだものをまとめて伝えるということである。内容のパッケージの枠組みは，一般紙ならばほぼあらゆる分野であり，専門紙，例えば経済紙なら経済という枠組み，スポーツ紙ならスポーツという枠組みを設けることになる。

時間については，締め切りという一定の時間の制限の中で，ニュース（情報）の選択をしているということになる。重大ニュースを速報として伝えるための「号外」は，この内容枠と時間枠というパッケージ要因を一時的に取り外して対応した形態ということができる。

これに加えるならば，マス・メディアとしての性格から，多くの人々に，安価で伝えるという条件の下，情報は必然的に「標準的な」ものにならざるを得ないのである。もっとも，そうした条件下でも質量ともにつねに「より良い，より多く」を追求していくのが，メディア側に課せられた責務であり，市民からの変わらない期待・要求である。

3.3　デジタル化が新聞にもたらすもの
3.3.1　新聞と新聞社にもたらしたもの

一般に，科学技術の進歩は，ニュースの需要を拡大する方向にあることはいうまでもないだろう。交通手段の発達は人々の直接経験を増大することになり，それは生活空間としての"世界"を拡大する。そうなれば，人々の関心分野もそれに従って増大することにつながっていく。また，情報伝達・表現手段の発達も，間接体験の増大—関心領域の拡大となり，やはりニュース需要の増大につながることになる。そして，これらは同時に，関心分野の増大のみならずその関心の深さ・程度の増大にも必然的につながっていく。

新聞・新聞社の歴史は，そうしたニュース需要の領域と質量の双方の増大に応じて，これまでさまざまな自己変革を迫られてきたといえる。ニュース需要の増大に合わせて生じるさまざまな関心分野をカバーするために，ページ数を増やし，情報収集のためのネットワークを拡充し続けてきたのもそうした現われであろう。

だが，デジタル技術，とくにインターネットの出現は，新聞・新聞社にこれまでにない劇的な対応を迫っている。

日本の場合，インターネットは1990年代中頃から普及のテンポが速まったが，1990年代前半の新聞では，すでにテレビとの速報競争に負けたことが明らかになっていたため，提供するニュースの質的転換を図ろうと模索していた。すなわち，人々は「何が起きたか，分かったか」という1次情報に関してはテレビの伝えるニュースで満足しており，新聞はテレビにない，ニュースの背景説明や詳しい分析・解説，さらにはニュースをめぐる多様な意見の紹介といったものを主力にするべきであり，そのための紙面構成・情報収集システムの再構築が真剣に検討されていた。

一方で，新聞社はインターネットの普及に応じて各社とも自社HPを立ち上げ，ウェブ上でもニュースを流し始めることになる。日本の新聞界最初のウェブサイト立ち上げは1995年のことであり，翌1996年以降は各社が競うように情報提供サイトを開設した。これに伴って，ニュースは締め切り時間に無関係に逐次ウエブに掲載されるようになり，新聞はウェブ上での「速報競争」にカムバックせざるを得なくなった。

インターネットは新聞社を「速報も，深い記事も」という"2兎"を追う立場に追い込んでいったのである。パッケージ・メディアの新聞は，そうでありつつも同時に非パッケージ系の性格も自らの中に織り込むという二律背反する矛盾を抱え込んでしまったといえよう。

3.3.2　ニュース接触の変化

デジタル化は，情報の受け手にも変化をもたらした。それは，「情報をめぐるライフスタイルの変化」とでもいうべきものである。

そのひとつは，人々の情報入手の態度にみることができる。これまで，人々は多くの情報を主にマス・メディアに頼ってきた。それ以外は，自らの手で入手するしかなく，その手段は例えば，自ら現地に赴いて自分の目で確かめたり，あるいは手紙や電話で問い合わせたりするなど極めて限定されていた。しかし，インターネット空間では，ありとあらゆる情報が，ありとあらゆる質的レベルで発信されている。そこへのアクセスは容易であり，人々はこれらの中から，自らの関心に従って必要な情報を積極的に取りに行くことができるようになった。

「ニュース」に限った場合の人々のメディア接触状況を示す仔細なデータはないが，総務省統計局が5年ごとに行っている「社会生活基本調査報告」の1991，1996，2001年のデータを比較してみると，少なくとも新聞・雑誌・テレビ・ラジオという従来型メディアへの接触状況は，現在

第8章　電子新聞の動向

表1　1日当たり情報行為[*1]の変化（国民早総平均）

(単位：時間：分)

	1991年				1996年				2001年			
	週全体	平日	土曜日	日曜日	週全体	平日	土曜日	日曜日	週全体	平日	土曜日	日曜日
全体	2:23	2:13	2:33	3:02	2:33	2:21	2:48	3:15	2:32	2:22	2:44	3:10
10〜14歳[*2]	—	—	—	—	2:10	1:50	2:52	3:07	1:58	1:40	2:24	2:59
15〜19歳	2:07	1:54	2:21	2:58	2:14	1:57	2:40	3:11	1:59	1:43	2:23	2:55
20〜24歳	2:04	1:53	2:15	2:46	2:12	2:00	2:29	2:57	1:58	1:49	2:10	2:28
25〜29歳	1:59	1:47	2:10	2:43	2:07	1:54	2:22	2:54	1:56	1:45	2:12	2:38
30〜34歳	1:56	1:45	2:12	2:38	2:04	1:51	2:23	2:46	1:55	1:44	2:11	2:36
35〜39歳					2:02	1:48	2:22	2:48	1:55	1:42	2:15	2:41
40〜44歳	2:05	1:53	2:18	2:52	2:12	1:57	2:33	3:03	2:08	1:55	2:26	2:52
45〜49歳					2:17	2:03	2:35	3:14	2:19	2:05	2:38	3:10
50〜54歳	2:21	2:10	2:29	3:06	2:25	2:10	2:39	3:21	2:28	2:16	2:43	3:20
55〜59歳					2:34	2:23	2:45	3:20	2:36	2:25	2:47	3:21
60〜64歳	2:55	2:49	3:00	3:21	3:05	2:59	3:05	3:36	3:08	3:02	3:09	3:33
65〜69歳	3:18	3:13	3:22	3:37	3:25	3:20	3:29	3:43	3:29	3:25	3:28	3:47
70〜74歳	3:41	3:40	3:42	3:49	3:51	3:51	3:45	3:57	3:50	3:48	3:47	4:02
75〜79歳	3:59	3:57	4:01	4:07	4:07	4:07	4:02	4:11	4:07	4:06	4:01	4:18
80〜84歳	4:06	4:04	4:07	4:13	4:16	4:12	4:20	4:30	4:21	4:20	4:13	4:31
85歳以上	4:00	4:03	3:52	3:57	4:25	4:28	4:14	4:21	4:24	4:27	4:11	4:25

*1　テレビ・ラジオ・新聞・雑誌の行動時間
*2　「10〜11歳」が1996年より追加

〔総務省統計局『社会生活基本調査報告』各年版を基に作成〕
「情報メディア白書2004」より

の40歳前半を境に，それ以下の人々とそれ以上の人々との間には明らかなパターンの違いが生じていることが分かる。すなわち，前者が年をとるごとに従来型メディアへの接触を少なくしていく傾向にあるのに対し，後者は逆の傾向を見せている（表1参照[3]）。例えば，1996年当時30歳から34歳だった人たちの層は，従来型メディアへの接触時間は平日で1時間51分となっていたが，35歳から39歳になった5年後の2001年には，1時間42分に減っている。一方，1996年当時35歳から39歳だった人たちの層で変化をみると，96年が1時間48分で，2001年は1時間55分と増えている。

日本の場合，1996年という年が，インターネットの普及でメディア環境が大きく変わり，人々の情報行動に変化を及ぼし始めた時だったということを示唆している。

一方，時事通信社が毎年行っている「時事世論調査」の「インターネットに関する世論調査」結果を2000年から2004年にかけてみると，マスコミが提供するニュースを閲覧するためにネットを利用する人々は，年齢層による経年変化はあるもの，2004年にはどの年齢層もほぼ20〜30％台に収斂しつつあるようにみえる（図2[4]）。この傾向が大きく変化する今後の要因には，ニュース提供サイトの大幅なデザイン変更や使い勝手をよくするための技術革新などがあろう。

いずれにしても，こうした情報環境の中では，情報を得るための行動が積極的な人々と，相変わらず受動的な人々との階層化がこれまで以上にはっきりと，かつその格差が大きくなってきているのではないだろうか。

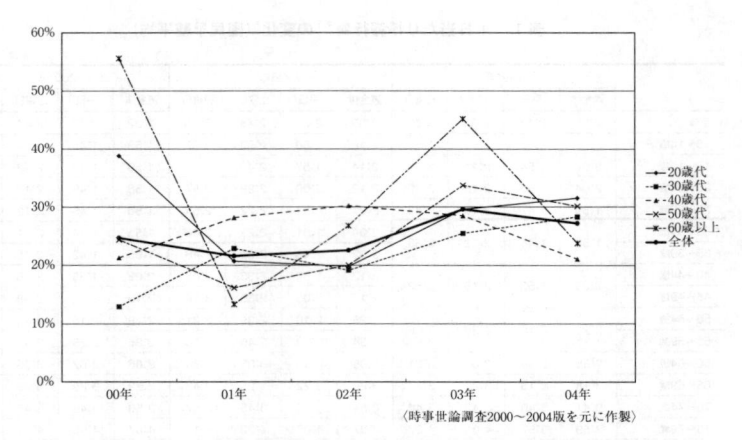

図2 【ネットの利用目的】マスコミが提供するニュースを閲覧

〈時事世論調査2000～2004版を元に作製〉

　これは，人々が情報を受け取るための"代理人"としてのマス・メディアの役割に変化が生じてきていることを示唆するものといえよう。その変化は，もはや代理人はいらない，といった極端なものではないし，代理人として地位の絶対的低下とみるべきでもないだろう。むしろ，相対的な地位の低下の中で，代理をさせる内容が多様化しているととらえる必要があるのではないだろうか。
　もうひとつは，人々が情報はただ（無料）で手に入る，と思い込み始めたことである。各新聞社がインターネットの普及に応じて開設したHPでは，紙の新聞に掲載されるニュースのエッセンスともいうべき形でニュースが提供されている。現在，世界中の約4,000以上の新聞社がHPをもってニュースを流しており，HPへのアクセスは基本的に無料である。また，YAHOOなどのポータル・サイトもニュースを提供しているが，そのほとんどは新聞社・通信社が提供しているのが実態である。人々はこうして，日ごろの情報入手費用を「通信費」という形で支払ってはいるのだが，このことが情報の対価という概念を失わせつつあるのが現状であろう。
　多くの新聞社は，HP上でのニュース・サービスについて，紙の新聞への影響を仔細に検討する前に，まずは新しい技術に乗り遅れまいとして「とりあえず」開設してきたのが実情であろう。実際，世界中の新聞社が運営するウェブは多くが広告費でまかなわれているが，採算点に達しているところはごくわずかである。世界新聞協会（WAN）が2002年に世界各国の423の新聞社から回答を得た「インターネット事業に関する調査」結果によると，同事業で利益を得ていると回答したのは，わずか17％（前年15％）であり，赤字の回答は58％（前年63％）であったという[5]。
　新聞各社はこうした事態に対処するため，近年はネットでの無料提供記事を制限して，記事の有

第8章 電子新聞の動向

料化を図ったり，会員制の導入に踏み切ったりするところが増えているが，まだビジネスモデルの確立までには至っていないといえよう。

米コロンビア大学，大学院ジャーナリズム学科の「Project for Excellence in Journalism＝PEJ」が2004年3月に発表した「ニュースメディアの現状（The State of News Media 2004）」は，こうした現状の最大の問題を「技術的ではなく，経済的なものだ」とした上で，「CNN（中略）やNYT（中略）などのオンライン（デジタル）・メディアは，旧来のメディア（新聞）が苦労してきた若者対策に最も成功している有望な分野であっても，収益力のなさや他メディアから寄せ集めたコンテンツへの過度の依存，市民自身がオンライン・ジャーナリズムの分野で役割を果たすべきか否かについてのメディアの確信のなさなどから，豊かな将来が侵されている」と分析。「強力なウエブ・ビジネスのモデルが完成しないうちに，人々が利益の上がる従来のメディアを捨てて，利益の出ないウエブメディアに乗り換えていくようになれば，メディア（組織）の経済的活力や米国ジャーナリズムの質が弱体化するだろう。メディアはその取材能力を大幅に縮小させ始めるかもしれない」と警告している[6]。

デジタル化の波にさらされている新聞に代表される旧来型マス・メディアの危機感が明確に描かれているといえよう。

3.4 未来の新聞

さて，デジタル化に伴うこのような新聞と市民の変化は，近い将来，どのような情報の需給関係をもたらすであろうか。

過渡期である現段階で断定的に言えることはあまり多くない。ただ，少なくとも以下のようなことは言えるだろう。

デジタル化によってニュースの質はともかく，その情報量が圧倒的に増大してくる。また，その提供される時間的制約，つまり紙の新聞の朝刊・夕刊というようなパッケージ化をする場合の時間間隔がなくなるか極端に短縮し，情報は逐次提供される。そうなると，人々は①情報収集が一層受身になる，②情報の整理が追いつかない，③これに伴って，自らの関心領域の中に引きこもるようになる（関心の幅が狭まる）――などの傾向が強まると推測される。その結果，従来の新聞が果たしていた役割，つまり「大方の人々の関心領域をカバーし，標準的な質を保った情報をコンパクトに整理して伝える」ことの重要性は一層高まると予想できるであろう。

一方，ますます拡がる人々の関心領域の幅とその関心度の深まりにも対応しなければならない。新聞は，これまで以上に多様な関心の中でニュースの質と量の双方で市民の需要に応えなければならないということになる。

これを実現するためには，理論的に考えれば，1部ごとにパッケージされていた「新聞」とい

う商品の中に盛り込まれる情報をもっと増やすことであろう。

　しかし，これにはいくつかのネックがある。ひとつは経営効率の問題である。記者の総数と同時に，より専門的領域をカバーできる記者の数をもっと増やさなければならないし，ページ数も増やす必要があるが，それは実現可能だろうか。また，ページ数を増やすことによって，販売価格が上昇する。高くて，分厚い商品となった新聞を果たして読者は受け入れてくれるだろうか。新聞が紙媒体のまま多様なニュース需要に十分に応えていくためには，おそらく次のような形態に変化していくしかないであろう。

　すなわち，ごく標準的な情報はいつの時代でも必要とする人々がいるから，情報の"ユーティリティー"商品である一般紙の需要は，減ることはあっても決してなくなることはないであろう。ただしその形態は，現在よりさらにコンパクトで，内容も手軽なものになるに違いない。

　その上で，質・量ともに多様な需要に応えるためには，一層高度な関心をもつ人々のために，領域ごとにハイ・クオリティーな別刷りの新聞を"バイキング方式"で提供せざるを得ないだろう。人々の好みに応じて新聞を作る"テイラード方式"ということもできる。人々は，一般紙だけで済ますこともできるし，好みに応じて，さらに別刷りの新聞を選ぶこともできる――複雑な商品組み合わせによって，新聞は単品商品という概念を崩すことになる。

　だが，このような新聞は，どのように消費者に届けられるのであろうか。紙の場合，それはかなり困難を極めるであろう。日本のような宅配制度では，新聞の組み合わせを世帯ごとに異なって配達するなどということは不可能に近い。また，店頭で売るにしても，朝日新聞とか毎日新聞といったひとつのブランドの新聞が，実は何種類もの商品構成になっているとしたら各紙を店頭に並べるにも広いスペースが必要とされる。これも，ほとんど不可能なことであろう。

　こうした新聞のありようの変化が予想されるとすれば，デリバリーの面でのネックを解決してくれる技術として大いに期待できそうなのが，電子ペーパーということになる。電子ペーパーにどのような内容のニュースを，どのようなレイアウトで盛り込むのかは，実現される電子ペーパーの「入れ物」としての性格によるであろう。ただし，そのような時に，なおかつジャーナリズムの質を落とさず，むしろ高めていくにはどうしたらいいか，という課題が依然大きな意味をもっていることを忘れてはならない。

第 8 章　電子新聞の動向

注)

1) 第 8 章「1　産経新聞「新聞まるごと電子配達」の挑戦」を参照
2) 『日本新聞年鑑03‐04』，日本新聞協会，電通，p 402,「発行部数1部あたり人口の変遷」をもとに筆者がグラフ化した
3) 『情報メディア白書2004』，電通総研，ダイヤモンド社，p 235,「1日当たり情報行為時間の変化」
4) 『時事世論調査』「インターネットに関する世論調査」の2000年から2004年の各版のデータをもとに筆者がグラフ化した
5) 日本新聞協会報2002年10月1日付記事「世界の新聞社　ネット事業，17％が黒字に」
6) 前掲会報2004年4月27日付記事「米『ニュースメディアの現状』」，カッコ内は筆者注

参考文献

・マルチメディア新聞，和田哲郎，日本経済新聞社，1995
・新聞が消えた日，日本新聞労連，現代人文社，1998
・新聞学　第3版，稲葉三千男ほか，日本評論社，2000
・新聞は生き残れるか，中馬清福，岩波新書，2003
・本と新聞の情報革命　文字メディアの限界と未来，秋山哲，ミネルヴァ書房，2003

第9章 ユビキタス社会の到来と電子ペーパー

宮代文夫[*]

1 はじめに

ユビキタスの概念は米国ではまだポピュラーではないが，日本では国策の一つとして総務省をはじめとして，国がそのインフラ作りに注力している。したがって読者の多くの方がユビキタスの概念を理解しておられるとは思うが，人により，立場により，また発展段階のどこを捉えて論じているかにより大分コンセプトが異なる。ここではざっと「ユビキタス社会－そのあるべき姿－」について述べ，次にその中で「電子ペーパー」の果たす役割がいかに重要かについて述べたい。

2 ユビキタス社会の到来

2.1 「ユビキタス」とは何か？

ユビキタス（Ubiquitous）という言葉はラテン語で「至るところに存在する」という意味である。いったい何が至るところに存在するのか？ それは神である。つまりユビキタスは宗教的な言葉で「神は至るところに存在しておられる。だから，われわれ人間はどこにいても，その場でお祈りをし，お願いをすれば，きっと神に聞き届けてもらうことができる。またどんな辺鄙なところで悪事を企んでも，そこにも神はちゃんと存在して見ておられるのだ」という意味・解釈になろう。これを米国Xerox社のMark Weiser氏が「ユビキタス・コンピューティング，つまりどこにいてもコンピュータにアクセスできる世界」を目指す，という概念を提唱した。同氏はユビキタスはITの第3の波として次のように定義している。すなわち，

① 第1の波：メインフレームの時代 ⇒ 1台を複数の人が共同利用する。コンピュータは人より偉い。人はうやうやしくコンピュータを使わせてもらっている。コンピュータに最適な環境の部屋でオペレータは寒さに震えながら仕事をしている。

② 第2の波：パソコンの時代 ⇒ 1台を1人が利用。コンピュータと人とは対等である。しかし，現実には，まだ万人に親切な使いやすい設計になっていないため，使いこなしは容易

---

[*] Fumio Miyashiro ㈳エレクトロニクス実装学会 顧問；IMAPS フェロー

第9章　ユビキタス社会の到来と電子ペーパー

ユビキタスの本質は「開けゴマ」である

呪文でアクセスする

図1　ユビキタスの本質は「開けゴマ」である

ではない。逆に，コンピュータに使われている観すらある。

③　第3の波：ユビキタス・ネットワーク時代⇒多数の分散型コンピュータをあらゆる人が好きな時にコンピュータを意識せずに活用できる仕組みが出来上がっている。ここではあくまで人が主役で，常にコンピュータはスタンバイの状態で，人の命令を待たなくてはならない。

と解釈できる。もっとも，各項の後半は私の勝手なコメントも付加されているが。このユビキタス状況を実現するためには，次の3つの条件が必要である。

①　ネットワークが接続されていること
②　コンピュータを使うことを意識させないこと
③　利用者の状況に応じた最適のサービスが提供されること

ここで，ユビキタス時代の具体的例を誤解を恐れずに示すと，図1に示したようにおとぎ話の「アラジンと魔法のランプ」の中で，ランプをこすると魔物（ランプの精）が忽然と現われて「何かご用でしょうか，ご主人様」という。そこで例えば，「私の将来の妻はどこにいるのであろうか」などと尋ねると，ややあって「それはここからずっと北にある湖を見下ろす森の中の〇〇城におられる△△D姫です」などと答えてくれる，などという話を幼少の頃われわれは読んでいる。

この場合はランプをこすってランプの精を呼び出してから,それに音声で命令または願い事をすることになっている。同じアラビアンナイトでも「アリババと40人の盗賊」では主人公が岩の扉の前で「開けゴマ」というだけでこれが開錠のキーワードとなり,見事に入口が開くということになっている。日本の昔話でも,灰を播きながら「枯れ木に花を咲かせましょう」というとこれがコマンドとなり,一斉に花をつけたなどとある。この種の話は枚挙にいとまがない。ひょっとすると古代に「ユビキタス社会が存在したのではないか」と思えるほどである。

2.2 現在考えられているユビキタスネットワークの概念

現在,情報通信の送・受信にはいろいろな手段があり,接続するネットワークもいろいろな方式が混在している。また,個人からネットワークへつなぐ手段としても携帯電話をはじめとするいろいろな方法があり,いわば「前ユビキタス状態」といえる。これをユビキタスと呼んでいる向きもあるが,将来のあるべき姿とは大きく乖離していると言わざるを得ない。

図2に模式的に「前ユビキタス時代」を示した。通信網はアナログ・デジタル/有線・無線/電波・光/国内・海外/放送・通信・電力系,などと種々混在しておりそれぞれを接続するのはかなりの困難を伴う。インターネットへのアクセス一つとっても固定系・無線系/ISDN・ADSL・FTTHと選択肢がある。また,コマンドの発信はかなりの機能を持った発信機,パソコン,PDA,第3世代携帯電話などが必要である。これらを常に持ち歩き,かつ電源を確保しておく必要がある。

2.3 あるべき姿のユビキタスネットワークと電子ペーパー

ユビキタス時代の最終的姿としては,私案ではあるが,図3に示すように,分散型コンピュータ群を配した環境に向かって,われわれが音声でコマンドを発すると最寄りのアンテナつきコンピュータがこれを察知し,要求事項を解決すべく,統合ネットワークに接続し,そのソリューションが瞬時に手元の電子ペーパー上に映像+音声という形で返ってくる。もちろんそれを電子ペーパー内蔵のテラビット・メモリに瞬時に蓄えておくこともできる。利用者の機械操作は一切不要である。これは今できるかどうかは別として,あるべき姿を示したものである。

ユビキタスネットワーク社会は「どこにいても,何の制約もなくネットワーク,端末,コンテンツを自在に意識せずにストレスなく,安心して利用できる通信サービス環境の構築」が前提であるから,国家的規模でしかも計画的にインフラが構築されることが大前提である。それには

(1) 統合デジタル通信網

数Pbsの能力を持つ幹線系の構築,つまりすべてのネットワークが意識することなくシームレスに接続されている統合デジタル通信網。

第9章　ユビキタス社会の到来と電子ペーパー

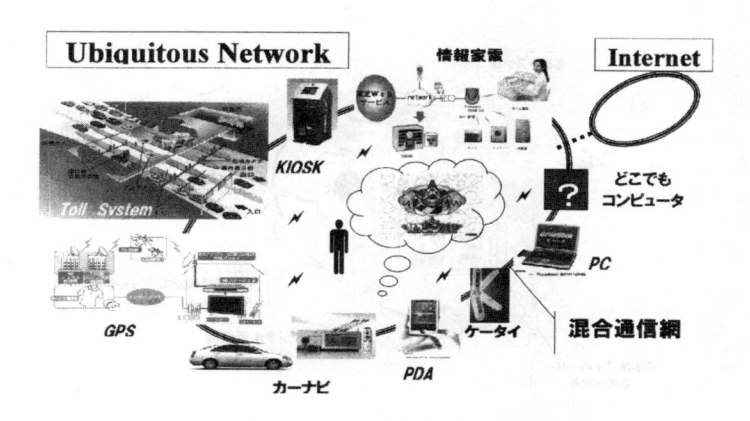

図2　現在考えられているユビキタスネットワークの概念

(2) ユーザ環境

しかもそのネットワークがユーザのいるシチュエーションに応じ，最適の通信サービス環境を自在に提供できるようにスタンバイされていること。

(3) 情報取得と個人認証

五感や広域における位置等の多種多様な情報を高精度に取得でき，かつDNA認証が瞬時に可能な個人認証技術ができていること。

(4) 情報検索

リアルタイムかつ適切な形態で情報が検索出来ること。

(5) アプライアンス

高いコンパクト性，利便性を持つ個人端末ができていること。これは携帯電話の発展系としてのウエアラブル・コンピュータを経て「電子ペーパー」が最終の姿となろう。

2.4　ユビキタス社会は本当に到来するのか？

このような夢のようなことができるのか？　という疑問が出そうである。答えはYesである。しかもここ数年以内，2010年ころまでにはインフラも整い，実現するであろう。一見，ぜいたくなようにも見えるが，実は最適制御が行われ，能率のよい社会の実現であり，諸技術の将来ターゲットの先にはユビキタス社会が見えており，このようなすう勢は止めようとしても止まるものではない。必ず実現するであろう。現実には「ユビキタスIDセンター」を設立した坂村 健氏や，「Auto-ID Center」を設立した慶大の村井 純氏などは「すべてのモノに標準化されたID番号を

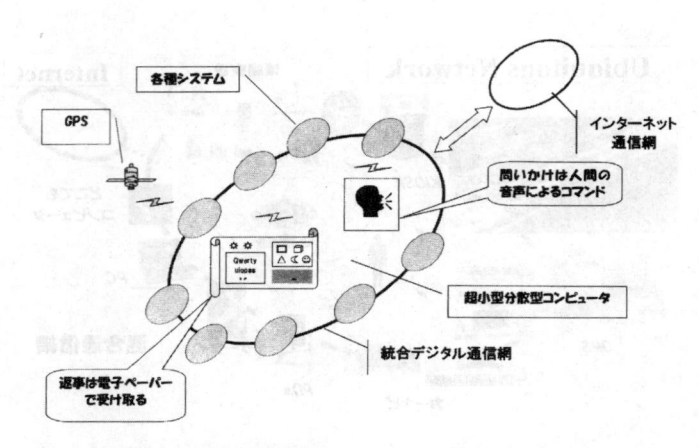

図3 将来の「あるべき姿のユビキタスネットワーク」

(RFIDで)つけ，これをT-Engineと呼ばれるアンテナ，CPUつき超小型コンピュータで認識・管理する」という活動を始めている。またユビキタス社会は，社会インフラの構築という前提が必須となるので，国が注力しないと絶対に実現しない。幸い日本は通信のデジタル化，情報家電のデジタル化，統合デジタル通信網の実現，電子政府の実現，などがスケジュール化されており，さらに半導体技術，映像ディスプレイ技術，センシング技術，ネットワーク・ロボット技術など，いわゆるフラグシップ技術の大半のポテンシャルをもっており，世界中で最もユビキタス社会の実現にふさわしいコア・コンピタンスを有しているといっても過言ではないであろう。テクノロジーの飛躍的進歩を促すには，高度な目標が必要で，それにはややムリを承知で，夢を盛り込んだ「あるべき姿」を提示するのが効果的であると信じている。

3　ユビキタスネットワークの主役としての電子ペーパー

図3に示した「ユビキタスネットワーク社会のあるべき姿」の中で，もちろん主役は人間個人であるが，個人が今まで家庭生活，社会生活を送る基本的動作は「会話」である。特に答えを期待する質問をリアルタイムに行うのは音声が主体である。したがって，個人がある場所で知りたいことを投げかける場合，それは最適の答えが返ってくる対象にまで届かなくてはならない。理想的にはその質問の内容をコンピュータネットワークがとらえて，瞬時にリサーチし，答えの形態を整えて発信者にフィードバックする，という形が理想的である。「今後ますます発展を遂げるケータイがあるではないか」という声が出そうだが，ケータイはあくまで特定の相手とつなぐ

第9章　ユビキタス社会の到来と電子ペーパー

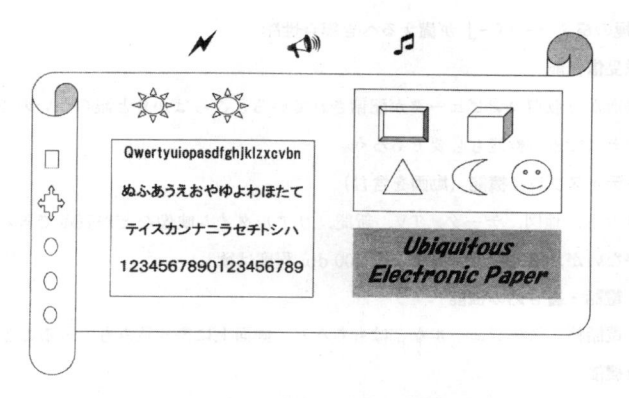

図4　究極の「ユビキタス時代の電子ペーパー」概念図

道具である．さて，発信は超小型分散型コンピュータ群に向かって発するとして，答えはどうするか？　もちろん，答えは個人の手元に折り返し届くのが前提であり，また，答えに求められているものは質問の単純さに比べて比較にならない程の情報量の大きさが要求される．つまりデータ，地図，画面，動画，音声，音楽，ドキュメント，などである．これもケータイでは限界がある．理想的には持ち歩く時はコンパクトになり，情報を得るときは広げて音と画像で大量の情報を確認する媒体が必要である．そのベスト・ソリューションが「電子ペーパー」である．

3.1　電子ペーパーの備えるべき条件と仕様

図4に「ユビキタス社会における電子ペーパーのあるべき姿」を示した．こういうコンセプトは現在の技術，技術動向，実現の可能性，などはひたすら無視して，臆面もなく「あるべき姿」を主張し続けることが大切であり，またその方が研究者・技術者のチャレンジ精神を刺激して大きな成果が実現できるものである．次に備えるべき条件を述べるが「ケータイに勝る利便性が実現しなければ意味がない」ことは銘記していただきたい．

(1) 個人携帯端末としての携帯性，利便性

ポケット型というよりは，衣服の一部，またはウエアラブルという形で携帯を意識しない形状が望ましい．折りたたむ（または丸めると）と簡単に身体に装着でき，広げるとA4サイズまたはB5サイズになるのが理想である．もちろん基本的には電子機器・大画面ディスプレイの形をとるので超低電圧駆動，超低消費電力の回路・デバイス・画像が必要であり，電源は太陽光，人力発電装置，外部環境からの供給，なども活用して意識しない状態が望ましい．

213

(2)「究極の電子ペーパー」が備えるべき総合性能

① 無線送受信機能

受発信場所が分散型コンピュータが配備されているところばかりと限らないのでネットワークに直接アクセスできる機能も必要であろう。

② カラーディスプレイ機能（動画を含む）

ドキュメント，地図，データ，TV，新聞，リアルタイム映像などが表示できること。欲をいうとキリがないが，解像度は少なくとも 200 dpi 程度は欲しい。

③ PDA・電話・書き込み機能

住所録，電話帳，スケジュールなどはもちろん，画面上に書き込みもできることが望ましい。

④ カメラ機能

静止画・動画とも対応できる機能を搭載する。

⑤ テラビット級メモリ機能

得られたドキュメント・映像などを保存し，必要あるときすぐ再生できる必要がある。動画対応できることは必須である。

⑥ 音声処理・音響機能

フレキシブル画面上にマイク，スピーカ機能も持っており，呼びかけも画面に向かって行えば済む。

3.2 仕様を満足させるための要素技術開発の必要性

3.1に掲げた仕様の大部分は，実はいろいろな電子機器，例えば携帯電話，PDA，ウエアラブル技術コンピュータ，大型ディスプレイなどのロードマップに載っている。したがって特に電子ペーパーを意識しなくてもよいかも知れない。「電子ペーパー屋」がすべきことは巻物または折りたたみ式型の高信頼・ディスプレイ装置（映像・音声・書き込み・メモリなどの機能をもつもの）の開発・実用化である。仕上がりがいろいろの突出部をもたないフレキシブルなものにするには電源の問題（電池を入れるならやはりフレキシブルな形にしなくてはならない），各種部品・キーデバイスが電子ペーパーを構成するフレキシブル有機シートの中に「Embedded parts & devices」の形で入っていなくてはならない。この場合，もちろん熱放散の問題も解決しておく必要がある。フレキシブルＡ４版大型ディスプレイの開発が基本であることは言うまでもない。テラビットメモリは多分MEMS応用デバイスの登場となろうが，これも違和感なくフレキシブル有機シート（厚さは1mmが上限，できれば0.5mmの中に収めたい）の中に組み込まれる必要がある。

第9章　ユビキタス社会の到来と電子ペーパー

4　おわりに

　以上，好き勝手な要望を描き，最後は「究極の電子ペーパー」に全部責任を押し付けてしまった観があるが，電子ペーパー開発者にとってはここ数年のターゲットとしては申し分ないものであると信じている。日本では印刷メーカーや複写機メーカーなどが「フレキシブル有機EL，LCDディスプレイ」などを手がけている。欧米では材料メーカーや総合電機メーカなどが手がけている。しかし，ユビキタス時代で通用する仕様の実現には材料屋，デバイス屋，実装屋，システム屋，などが総動員され，しかも足並みが揃わないと実現しない至難のターゲットであろう。つい先日（2004年5月）シアトルで開かれたSDIではその走りとも思われる試作品がいろいろ報告されている。私は，これをぜひ日本で世界に先駆けて実用化されることを期待してしめくくりとしたい。このための大きな「共同開発プロジェクト」が提案され，国からかなりの予算がつくことを期待したい。

第10章 「本の未来」はほんとうに来るのか
——電子ペーパーが超えなければならないもの——

歌田明弘[*]

1　電子ペーパー発展の必然性

　言うまでもないが，コンピュータはもともと読むための装置ではなかった。作業をするための装置であり，ディスプレイは，コンピュータと人間が対話するためのインターフェイスにすぎなかった。しかし，コンピュータがパーソナルなものになり，さらにはインターネット，とくにウェブが急速に一般に普及したことで状況は一変した。作業過程を確かめるための装置だったディスプレイが，あっという間に「読むための装置」になることを求められるようになった。ウェブという膨大な読み物が誕生し，ネットにアクセスできる人は誰もがきわめて安く——だいたいは無料で——読める。誰もが情報の発信者になることができ，膨大な数の人々が自分のなまの感情や主張・観察を24時間発表できることになった帰結として，そういう状況が生まれることになった。コンピュータのほうの事情をたどればそんなことになるだろう。

　その一方，従来ニュースや本といった「読みもの」を発行してきた出版社や新聞社などは，「読者離れ」に対する解決策を模索するなかでコンピュータ・ネットワークを使った市場に新たな可能性を求めはじめた。なにしろこの新しいメディアを使えば，コストの大きな部分を占める資材や制作，流通のための費用が浮き，在庫を抱えるリスクも軽減できるように思われたのだから。

　こうした2つの流れがあるにもかかわらず，その流れを堰きとめるものがあるとすれば，そのひとつはまずコンピュータがまだ十分に読みやすいものになってはいないということだろう。たしかに解像度の面では，パソコンはずいぶん改善された。しかし，「読みやすい端末」になるためにいまだ十分には達成されていない条件をひとつあげるとすれば，それは反射型のディスプレイということだろう。バックライトの液晶画面では，光源が画面の背後にあるので光を覗きこみながら読むことになってしまう。目が疲れないわけはない。それに対して，米イーインク社の電子ペーパーを使ったソニーの読書専用端末「リブリエ」や反射型の液晶を使った松下電器の「シグマブック」などは長時間読んでも目が疲れず，反射型表示の利点を実感させるものになっている。小中学生に電子教科書を配布するプロジェクトを進めている中国政府は，電子教科書の条件

[*]　Akihiro Utada　評論家

第10章 「本の未来」はほんとうに来るのか

として反射型の表示をあげているそうだ。電子教科書を使うことにした結果，子どもたちの目が悪くなってしまったのでは何にもならないから，当然の配慮だろう。

「読みやすい端末」が求められるのはいわば歴史の必然で，電子ペーパーのような技術はかならず受け入れられると思ってきた。しかし，実際に端末に搭載され，市場を見つけることが現実の課題となってくると，本稿で書くように，それほど楽観視はできないと感じられるようになってきた。

2　ナノテク技術と「本の未来」

5年ほど前，電子ペーパーを開発しているメーカーや研究者の話を聞きにいってまず気づかされたのは，薄い表示装置というのは，それはそれで扱いにむずかしいということだった。使うほうから言えば，重くてかさばる装置は持ち運びに不便だ。だから，軽くて薄くなるのは歓迎すべきことだが，紙ぐらいに薄くなると，はらりとたわんでしまう。また，折れると壊れてしまうようでは売り物にはならない。だから，結局，台紙などをつけて補強せざるをえない。実際そうした試作機を目にして，何とも複雑な心境になった。できるだけ薄くしようと努力してきた結果，新たな問題が出てきたわけだ。

イーインク社の電子ペーパーの生みの親，マサチューセッツ工科大学の研究者ジョゼフ・ジェイコブソンはこうした欠点を早くから感じとっていたのか，1枚1ドルぐらいで電子ペーパーができるようになったら，電子ペーパーを本の形にするとずいぶん前から言っていた。その装置にダウンロードすればそれ1冊で世界中の本が読める。最後の本になるということで「ラスト・ブック」という名前をつけた。ジェイコブソンの言うとおり，本の形にすれば，今どのあたりを読んでいるか空間把握も容易で，また，どのあたりに書いてあったか記憶を呼び起こすのにも役に立つ。人類がこれまで蓄積した本の情報把握技術がそのまま使える。

その後，ナノテクノロジーに対する期待が高まって，ジェイコブソン自身もこうした方面の研究を始めたようだった。また，アメリカ政府が2001年度から立ち上げた「国家ナノテクノロジー先導計画」（NNI）では，「極小のトランジスターとメモリーの能力やコンピュータのスピードを数百万倍アップする」とか「太陽電池のエネルギー効率を倍にする」などといったことと並んで，「世界最大の議会図書館の所蔵物すべてを角砂糖大の記憶装置におさめる」ということが7項目の「グランド・チャレンジ」のひとつとして上げられた。こうした記憶装置ができ「ラストブック」に組みこめば，それだけで人類の英知をそのまま利用できる。文字通りの究極の本になることも考えられなくはない。もっとも，「世界最大の図書館」を端末に収納しておくより，「世界最大の図書館」の資料も含んでいるネットワークにアクセスして，更新されていく情報に随時アク

セスできるようにしたほうが利用価値は高いだろう。高集積の記憶装置それ自体は役に立つだろうが，ほんとうに「議会図書館の所蔵物すべてを記憶装置におさめる」ことが必要で，また望ましいことなのかについては疑問の余地がある。こうしたアイデアは逆に，「読むための端末」の最大のリソースがウェッブであることをあらためて教えてくれるようにも思われる。

3 電子ペーパー端末の問題点

少なくとも今はまだ1枚1ドルではなく高価な電子ペーパーだから，ジェイコブソンの言うように束にはできない。電子ペーパー1枚を端末に使うことになるわけだが，これがまたむずかしい。

ネットワークのブロードバンド化の進行によって，パソコンや携帯電話のトレンドは，急速に動画表示にシフトしてきた。動画はいうまでもなく変わり続ける画面であるが，電子ペーパーの多くは，電気の供給がなくてもいったん表示した画面をそのまま固定するという相反する特徴がある。また，現状の電子ペーパーには，画面変換のスピードが遅く，動画表示に向かないものもある。フィリップス社は動画表示ができる応答速度の速い電子ペーパーを開発しているそうだが，とはいえ，消費電力が少なくてすむという特徴と，電力を使わざるをえない変わり続ける画面である動画とは，やはり原理的には相容れないのではないか。

ソニーの読書用端末の電子ペーパーはモノクロだが，イーインク社に多額の投資をした凸版印刷はカラーの量産化にも踏み切る予定と聞いているので，カラーにはなるのだろう。しかし，動画が重視されてきた電子機器の市場動向とあうかどうかは大きな問題である。将来的には動画に強い端末市場と，「読みやすさ」と消費電力の少なさを重視する端末市場に分化していく可能性もあると思う。

いずれにせよさしあたり現在のところは，軽くて持ち運びやすく，目にやさしい電子ペーパーに見あった市場を探す必要がある。電子書籍専用端末の発売も明らかにそうした模索のひとつだろう。

しかしながら，専用端末について誰しもまず思うのは，電子書籍を読むためだけに専用端末を購入する人がどれぐらいいるだろうかということである。

当たり前のことながら現状では無視されているとしか思えないのは，電子書籍を読む必要があって読みやすい装置が求められていたわけではないということだ。最初に書いたように，読みやすいコンピュータがなぜ必要なのかといえば，インターネットの普及によって電子機器で読む必要が出てきたということにある。電子書籍を読むためだけの端末というのは，そもそもの前提に沿ったものではないわけだ。もちろん読みやすい端末で電子書籍を読みたい人がいないわけでは

第10章　「本の未来」はほんとうに来るのか

ないが，2003年度の電子書籍の市場規模は15億円，出版市場の0.06％に過ぎないと推計されている。電子書籍市場すべてをあわせても小さな出版社1社分ぐらいの売り上げしかない。読み手の欲望がまだないところに端末を出すわけだから容易なことではない。

　もっとも，「読みやすい装置がないから電子書籍市場が立ち上がらない」とも言われ，読みやすい装置が生まれれば，たしかに状況は少しずつ変化していくのかもしれない。しかし，その一方，人々の「読みたいもの」に対する欲求が変わってきたということもまた言える。紙媒体だけしかなかったときとは違い，あるまとまりを持ったパッケージ化された文書ではなく，細分化された情報を検索し選び出すことのメリットを読者はもう十分に感じとっている。そしてまたマスメディアによる完成されたドキュメントだけが価値があったり読むに値するわけではなく，それ以外のかたちの文書（たとえばメール，ウェブの書きこみなどのビビッドな文書）の持つおもしろさも知っている。本というのは，ヨーロッパ中世の聖書を筆頭に，グーテンベルクによる印刷術の発明をはさんで長らく最高の文書形態の地位を占めていたわけだが，明らかにそうした時代は去ろうとしつつある。プロの書き手ではなく，一般の人々が何を考えているかを知りたいという欲求も強くなっている。実際のところたいていの人にとってもっとも強い関心をいだき，いつでもどこでも参照したい文書は，ニュースや本ではなくて，知り合いから送られてきたメールやこれから行く場所についての情報などだろう。

　インターネットの登場によって実際にこうした文書がいとも容易に入手できるようになったときに，本しか読めない装置というのはいかにも中途半端な感じがする。広大な文書の海の一郭を囲ってプールを作り，そこで遊べと言われているような印象を免れない。

　とはいえ，ネットにアクセスするのは消費電力を使うし，動画と相性が悪い点も，電子ペーパー端末でウェブを読むことをむずかしくしている。電子ペーパーがかつてとは見違えるぐらいの精細度やコントラストをせっかく得られるようになってきたというのに，残念ながら市場への出口が見えにくいというのが現状だろう。

　たしかに，電子ペーパーは液晶に比べて広視野角のものが多いし，いったん表示されれば固定されて消費電力が少ないからポスターなどにはよい。液晶に比べて画面を変えるのに時間がかかったとしも，ポスターならば問題はない。イーインク社がまずやってみせたように，デパートの天井から電子ペーパーを使ったポスターをぶらさげたり，サンドイッチマンに電子ペーパーを使った看板を持たせるといった用途はありうるだろう。無線端末を使い，客の反応を見て臨機応変に表示を変えられるので，従来のポスターにはない特徴を持った表示媒体になる。駅の広告看板やつり革広告なども，いちいち取り外しをせずにこまめに表示を変えられるようになるだろうから，こうした方面はきわめて有望な電子ペーパー市場になりそうだ。しかしながら，「では端末は？」となると，実際のところ，かなり発想を変えないとむずかしいのではないか。

電子ペーパーの最新技術と応用

　ソニーの電子書籍端末「リブリエ」をめぐるビジネスモデルについては難点があるように思い，そうしたことはすでに書いたが[1]，そうとうに頑張って魅力的なものにして見せているとは思う。これらの文章に書いたように使ってみてあれこれ不満が出てくるということはあるかもしれないが，（そして税込みで4万円を超える値段はともかく）そのデザインは手に取ってみようという気にさせるものになっている。またコンテンツについてのビジネス・モデルは，現在の出版状況はもちろんのこと，携帯電話や音楽のダウンロード販売などを多角的に参考にした様子がうかがえる。

　たとえば「タイムブック・タウン」で販売している「リブリエ」の電子書籍は2カ月のレンタルで，期間が過ぎると読めなくなるわけだが，このところ本の寿命は短くなっている。いっとき話題の本が集中的に販売されるが，そうした本の多くは読み返されることがない。だとしたら，レンタルにして価格を下げたほうが読者にとってもいい，ということはありうるだろう。また出版洪水で，人々はどの本を買えばいいかわからなくなっている。だとしたら，どういうタイプの本を読みたいのかをあらかじめ選択してもらい，その要望に添った電子書籍を販売サイドが提供したほうが親切だという発想もありうるだろう。「タイムブック・タウン」では一冊ごとの販売だけでなく，「エンタテイメント」「文芸」「オー・ファム（女性層向け）」「新書セレクション」「ビジネスプラス（ビジネスマン向け）」「NOVA-e（英会話のNovaの本）」「官能小説」とジャンル分けしたクラブ制を敷き，それぞれのホームページを作って毎月いくつかの本を推薦し，読者が選びやすいようにしている。

　支払いについても，一回に高額の支払いをさせると抵抗が多いということからだろう，何度も登録や支払いをしなければならないが，月210円の基本会費と，一冊315円からの電子書籍の購入費，もしくは月5冊まで読める1,050円のクラブ加入費（「新書セレクション」は月3冊で630円）と少しずつ分けて料金を取るようにしている。退会しないかぎり毎月クレジットカードから自動引き落としされるので私などはこわい感じがするが，携帯電話などで自動引き落としのサービスに慣れている世代には抵抗が少ないと見たのだろう。

　とはいえ，この端末は携帯電話ではないことははっきりしており，実験として興味深いもののはたしてうまく行くかどうかはわからない。もうサービスがはじまっているのだからそう遠からず結果は出るだろう。こうした苦心が実ってうまく行けばもちろん言うことはない。しかし，もしうまく行かなかったときには，電子ペーパー端末の行くえはどうなるのだろうか。これだけ苦労し，端末のデザインも魅力的であるにもかかわらず普及しなかったとなれば，どういうことになるのだろうか。

　電子書籍端末を発売したもののうまく行かなかったアメリカなどからは，なんで日本では今ごろ電子書籍専用端末なんだといぶかしく思う声もある。相次ぐ専用端末の発売の背景には，先に

第10章　「本の未来」はほんとうに来るのか

書いたように中国での電子教科書市場誕生への期待があってのことのようだ。中国市場への進出に成功すれば，日本での成否にかかわらず端末としての採算はあうのかもしれない。しかし，日本で端末が売れなければ日本の電子書籍市場が立ち上がらないことには変わりはない。今からうまくいかなかったときのことを考えても仕方がないのかもしれないが，先に書いたように，電子書籍を読むためだけに何万円もする端末を買うのかというのはきわめて大きい問題である。

4　アーカイヴ型電子書籍の可能性

松下電器の電子書籍端末「シグマブック」は，ソニーの電子書籍とはまさに好対照だ。ソニーの「リブリエ」が電気店で売られているのに対し，「シグマブック」は書店で販売されていることにはじまって，本と同じく見開きにするなど「シグマブック」は本のモデルをできるだけ踏襲しようとしている。また，コンテンツがレンタル制で2カ月で読めなくなるソニーに対し，こちらは電子書籍のアーカイヴ機能も重視しているようだ。印刷会社からIT事業などへと多角化してきている廣済堂などは，図書館の貴重書などをスキャンし，「シグマブック」で見せる提案をしている。オリジナルの劣化を防ぎ，著作権保護も図って公開や貸し出しができるというわけだ。はたしてほんとうに十分な収益になるかどうかはわからないが，新刊重視の今の出版業界の傾向とは異なったところに電子書籍の存在意義を見出していくというのはひとつの考え方だろう。

5　専用端末はただで配るしかない？

もっとも，「読むための専用端末」をほんとうに普及させようと思ったら，ただで配るぐらいのことが必要なのではないか。多様な用途がある携帯電話でさえも，当初はただ同然で配って普及させたことは記憶に新しい。携帯電話の場合は，端末をただで配ってもその後の通信費で回収できるという通信会社の思惑があって成り立っていた。

「読むための装置」の場合，普及後売り上げが見こめるのはコンテンツ提供者か配信会社だが，たいていの出版社は，そもそも資金力がないし，無料で配るコストを負担できるほどの売り上げは見こめないと考えるだろう。けれども，わずかな例外もあるように思う。それは定期購読の刊行物で比較的高額のものを出しているところだ。その代表例は新聞で，大手一般紙の年間購読料は5万円近くになる。複数年の定期購読を確実にしてもらえるということであれば，それと引き替えに，コストを抑えた端末を無料で配る費用を負担することはできるのではないだろうか。混んだ通勤電車で大きな新聞を開くのは気がひけるが，携帯電話感覚で手軽に読めるということになれば（しかもただならば）需要があるだろう。ウェッブでも新聞サイトはあるが，関心のある

221

ジャンルの見出しを拾い読みして短縮された記事を読む程度で，長文の解説記事などをじっくり読むわけにはいかない。長時間読んでも疲れず，読みやすくレイアウトされた専用端末ならばそうしたことも可能だ。この端末を渡すかわりに月あたりの購読料を少し高くしてもそれなりに需要はありそうな気がする。夫婦共働きの家庭は多いし，妻が専業主婦であっても夫が購読している新聞を持って出てしまえば家に新聞はなくなる。少ない費用負担で2部ほしいという家庭も少なくはないだろう。

さらにこの「電子ペーパー新聞」がウェブにアクセスできるようになっていれば，広告をクリックして広告主のサイトに飛び，詳しい情報の入手から商品の購入までできる端末になりうる。通常の新聞広告の場合，読んで覚えておいてのちにアクションすることになるが，「電子ペーパー新聞」では，その場で直ちにアクションできる。広告価値は，紙の新聞よりも高い。しかも，カンヅメになってだいたいの人が時間を持てあましている電車の車内で広告から販売までできるというのはまたとない媒体だろう。電子ペーパー新聞というパーソナルな広告表示装置を他社に先駆けて配ることに成功したメディア企業は，少なくない収益源を確保できるはずだ。

新聞社が電子新聞に移行するにあたっての障害としては，既存の印刷システムへの多額の投資が無駄になってしまうということや，販売店からの反発といったことが言われる。後者については，全国ネットの販売システムを整備している全国紙よりも，地方紙のほうが問題は少ないのかもしれない。日本でも地方出身者に出身地の電子新聞を届けるということはありそうだが，もっとも有望なのはアメリカの新聞だろう。アメリカでは，USAトゥデイを除けばみな地方紙である。いうまでもなくニューヨークタイムズやワシントンポスト，ウォールストリート・ジャーナルなどは地域外や海外にも読者はいる。ウェッブで有料購読を試みたりしているところもあるが，長期購読を前提に専用端末を配るほうがより確実に読者を囲いこめるはずだ。

新聞が最有力だが，月刊購読料の高い雑誌でも同様のことは考えられるだろう。

ソニーの「リブリエ」は，独自フォーマットを使っているので，電子書籍を販売しているのは「タイムブック・タウン」のサイトだけだ。こうしたやり方ならば，専用端末を普及させられれば，コンテンツ配信収入を得ることができる。普及させるためには，携帯電話同様，端末とコンテンツを一体化して考え，どちらかで見あえばそれでいいという発想は最低限必要だろう。繰り返しになるが，電子ペーパーの販路はすでに広大な可能性が開けているわけではなく，これから開いていかなければならないといった性格のものだ。だとしたら，かなり思い切った方法もトライしてみるべきだと思う。

6　本を超えて

　ジェイコブソンの「ラストブック」や松下電器の「シグマブック」などはいずれも紙の本をモデルに電子的な読む装置を考えているわけだが，パッケージ化された従来の本をモデルに「本の未来」を考えることが正しいのか，このところ疑問を感じはじめている。

　紙の本がなくなるとは思えないが，百科事典や辞書がすでにそうなってきたように，紙の本である必然性や優位性は，長い時間をかけて少しずつほかのジャンルでもなくなっていくだろう。百科事典や辞書の変化はもっぱら電子化によるものだったが，ウェブの浸透による本の変化はまだこれから本格化する。①読みやすさ，②コスト，③利便性についてはさしあたり紙のほうがすぐれているが，①流通，②アクセスのしやすさ，③情報の得やすさといった面で，ウェブにつながっているメリットは今後ますます大きくなっていく。本にかぎらず，ウェブに背を向けたメディアは長期的にはマイナーなものになっていかざるをえない。

　こうした変化を前提にしたとき，まず第一に，いまの大半の電子書籍事業のように，出版社をもっぱら対象にコンテンツの確保を図るのが妥当なのだろうか。

　出版界全体の売り上げが落ちているといっても，出版社は，紙の本を売ることで利益をあげており，基本的には紙の本を捨ててまで電子書籍をやろうとはしない。紙の本で十分な収益のあげられる人気作家の新刊について，低価格の新書や文庫はともかく，ハードカバーの紙の本をより安い定価設定で電子書籍化し，紙の本の売り上げを落とすようなまねはめったにしないだろう。出版社を相手にしていたのでは，いつまでたっても魅力のある電子書籍の新刊の品ぞろえはできない。電子書籍の活路は，出版社ではなく，著者と直接コンタクトをとりコンテンツ化していくことにあるのではないか。

　本の印税はおおむね10パーセントで，たとえば1,500円の本一冊あたりの著者の収入は150円である。著者にしてみれば，一冊150円の収入になれば，紙の本でも電子書籍でも同じなわけだ。しかし，出版社は，紙の本より安い電子書籍にすれば収入減になってしまう可能性が高い。早期の電子書籍化を承諾しやすいのは著者のほうだろう。一般に著者は出版社が抱えこんでいるわけではなく，ミュージシャンなどと比べて独立性が高い。だから直接交渉することが可能である。電器メーカーなどには著者と交渉するだけのノウハウがないので出版社の手を借りなければならないのが現状なのだろうが，自分の原稿の管理を自分でしたい書き手は増えているように思う。消耗品と同じように本を売り，たちまち絶版にしてしまう出版社に対して，不信感を持っているプロの書き手も少なくはない。現在，本を出すときに著者は，電子媒体についての権利を包括する契約を出版社と交わすことがあるが，作家が別途，独力で簡単に販売できる方法があれば，力のある作家はとくに，出版社に電子化権をゆだねることはしなくなるだろう。「本の未来」の突

破口はこのあたりにひとつありそうである。

　その際に無視してはならないのは，素人の書き手の存在である。ウェブが，お金の見返りを求めない大量の書き手の存在によって魅力的なメディアになったことを忘れてはならない。苦心してコンテンツを集めなくてもすでに大量に無料の情報の送り手が存在し，彼らはカラーでなければ困るとか動画も扱えない端末は拒否するといっているわけでもない。電子ペーパーに制約があれば，その制約内で利用することができるという意味でもまたとないコンテンツである。そして，こうした新しい書き手が創造行為の見返りを簡単に得られることができるようになったときに，ほんとうに「読むための装置」の未来は開けるのではないか。

　創造行為の代価を得る方法としては，コンテンツを見聞きさせる代わりにお金を得る通常の商品流通のモデルのほかに広告モデルがあるわけだが，デジタルの世界では，将来的には投資モデルが有効なのではないか。私は，デジタルではコピーフリーにし，読んでおもしろいと思った人々から投資を募るシステムを，インターネットを使って自動化することができないかとこのところ考えはじめている。デジタルな作品を読んで気に入った場合はその作品のデジタル証券を購入し，投資する。制作コストをまかなえるだけの出資が集まったときに紙の本として出す。もし制作コストをはるかに上まわる収入が得られた場合は，作家本人と出資者に配当を出す。ネットを使ってこのような仕組みを自動化し，大規模化できれば，コンテンツを見るよりもまえにお金をとる現在のコンテンツ市場とは異なった「料金後払い」方式のコンテンツ流通が可能になる。デジタルの世界では，著作物のデータベース作成から認証・決済まですべて自動化できるわけだから，そうした長所を利用しない手はない。これまでの読者は，商品購入の代価として将来戻ってくることのないお金を「払い捨て」にしていたわけだが，読者は代金を支払う代わりに，ことさらに意識せず，これまでと同じようにお金を払いながらもその支払いを投資として扱うようにすることは可能だろう。将来そのコンテンツに人気が出たときには，先見の明があったということでお金を支払った（つまり投資した）読者は経済的見返りを得られる。ネットにつながる多くの人が，作品の新しい作り手を「発見」し投資して，作家が成功することを望んで宣伝し，首尾よく作家が育ったときにはその見返りを得るというというシステムがネットを使えばできるはずだ[2]。

　そもそも需要と供給によって価格が決まるという価格システムはアナログの世界ではありえても，劣化しないコピーがコストなしでできるデジタルの世界では原理的には成り立たない。成り立たせるためには，技術に制約を加えなければならない。今の仕組みは従来の社会の枠組みにあわせるためにデジタル技術が持つ本来の可能性を過度に押しとどめてしまっている。従来の構造から解き放つ方向を模索することによってこそ「読むための装置」の可能性は開けてくるように思われる。

第10章　「本の未来」はほんとうに来るのか

文　　献

1) 「リブリエ」についてはhttp://www.ascii.co.jp/sonyflash/review/ebr1000_2.html。販売サイト「タイムブック・タウン」については「出版ニュース」2004年4月下旬号に書いた。
2) 新人がデビューしやすいコンテンツ市場のモデルについてはすでに一部まとめ，ある雑誌（『草思』2004年7月号，草思社）に発表したので，希望の方はメールをいただければ文書ファイルをお送りします（mail: utad@nifty.com）。

《CMCテクニカルライブラリー》発行にあたって

 弊社は、1961年創立以来、多くの技術レポートを発行してまいりました。これらの多くは、その時代の最先端情報を企業や研究機関などの法人に提供することを目的としたもので、価格も一般の理工書に比べて遙かに高価なものでした。
 一方、ある時代に最先端であった技術も、実用化され、応用展開されるにあたって普及期、成熟期を迎えていきます。ところが、最先端の時代に一流の研究者によって書かれたレポートの内容は、時代を経ても当該技術を学ぶ技術書、理工書としていささかも遜色のないことを、多くの方々が指摘されています。
 弊社では過去に発行した技術レポートを個人向けの廉価な普及版《**CMCテクニカルライブラリー**》として発行することとしました。このシリーズが、21世紀の科学技術の発展にいささかでも貢献できれば幸いです。
 2000年12月

株式会社　シーエムシー出版

電子ペーパー開発の技術動向　　(B0912)

2004年7月30日　初　版　第1刷発行
2010年3月19日　普及版　第1刷発行

監　修　面谷　信　　　　　　　　　　　Printed in Japan
発行者　辻　賢司
発行所　株式会社　シーエムシー出版
　　　　東京都千代田区内神田1-13-1　豊島屋ビル
　　　　電話 03 (3293) 2061
　　　　http://www.cmcbooks.co.jp

〔印刷　倉敷印刷株式会社〕　　　　　　　　© M. Omodani, 2010

定価はカバーに表示してあります。
落丁・乱丁本はお取替えいたします。

ISBN978-4-7813-0176-1 C3054 ¥3200E

本書の内容の一部あるいは全部を無断で複写（コピー）することは，法律で認められた場合を除き，著作者および出版社の権利の侵害になります。

CMCテクニカルライブラリーのご案内

水溶性高分子の基礎と応用技術
監修／野田公彦
ISBN978-4-7813-0153-2　　　　B898
A5判・241頁　本体3,400円＋税（〒380円）
初版2004年5月　普及版2009年11月

構成および内容：【総論】概説【用途】化粧品・トイレタリー／繊維・染色加工／塗料・インキ／エレクトロニクス工業／土木・建築／用廃水処理【応用技術】ドラッグデリバリーシステム／水溶性フラーレン／クラスターデキストリン／極細繊維製造への応用／ポリマー電池・バッテリーへの高分子電解質の応用／海洋環境再生のための応用　他
執筆者：金田　勇／川副智行／堀江誠司　他21名

機能性不織布
―原料開発から産業利用まで―
監修／日向　明
ISBN978-4-7813-0140-2　　　　B896
A5判・228頁　本体3,200円＋税（〒380円）
初版2004年5月　普及版2009年11月

構成および内容：【総論】原料の開発（繊維の太さ・形状・構造／ナノファイバー／耐熱性繊維　他）／製法（スチームジェット技術／エレクトロスピニング法　他）／製造機器の進展【応用】空調エアフィルタ／自動車関連／医療・衛生材料（貼付剤／マスク）／電気材料／新用途展開（光触媒空気清浄機／生分解性不織布）　他
執筆者：松尾達樹／谷岡明彦／夏原豊和　他30名

RFタグの開発技術 II
監修／寺浦信之
ISBN978-4-7813-0139-6　　　　B895
A5判・275頁　本体4,000円＋税（〒380円）
初版2004年5月　普及版2009年11月

構成および内容：【総論】市場展望／リサイクル／EDIとRFタグ／物流【標準化、法規制の現状と今後の展望】ISOの進展状況　他【政府の今後の対応方針】ユビキタスネットワーク／【各事業分野での実証試験及び適用検討】出版業界／食品流通／空港手荷物／医療分野　他【諸団体の活動】郵便事業への活用　他【チップ・実装】微細RFID　他
執筆者：藤浪　啓／藤本　淳／若泉和彦　他21名

有機電解合成の基礎と可能性
監修／淵上寿雄
ISBN978-4-7813-0138-9　　　　B894
A5判・295頁　本体4,200円＋税（〒380円）
初版2004年4月　普及版2009年11月

構成および内容：【基礎】研究手法／有機電極反応論　他【工業的利用の可能性】生理活性天然物の電解合成／有機電解法による不斉合成／選択的電解フッ素化／金属錯体を用いる有機電解合成／電解重合／超臨界CO_2を用いる有機電解合成／イオン性液体中での有機電解反応／電極触媒を利用する有機電解合成／超音波照射下での有機電解反応
執筆者：跡部真人／田嶋稔樹／木瀬直樹　他22名

高分子ゲルの動向
―つくる・つかう・みる―
監修／柴山充弘／梶原莞爾
ISBN978-4-7813-0129-7　　　　B892
A5判・342頁　本体4,800円＋税（〒380円）
初版2004年4月　普及版2009年10月

構成および内容：【第1編　つくる・つかう】環境応答（微粒子合成／キラルゲル　他）／力学・摩擦（ゲルダンピング材　他）／医用（生体分子応答性ゲル／DDS応用　他）／産業（高吸水性樹脂　他）／食品・日用品（化粧品　他）他【第2編　みる・つかう】小角X線散乱によるゲル構造解析／中性子散乱／液晶ゲル／熱測定・食品ゲル／NMR　他
執筆者：青島貞人／金岡鐘局／杉原伸治　他31名

静電気除電の装置と技術
監修／村田雄司
ISBN978-4-7813-0128-0　　　　B891
A5判・210頁　本体3,000円＋税（〒380円）
初版2004年4月　普及版2009年10月

構成および内容：【基礎】自己放電式除電器／ブロワー式除電装置／光照射除電装置／大気圧グロー放電を用いた除電／除電効果の測定機器　他【応用】プラスチック・粉体の除電と問題点／軟X線除電装置の安全性と適用法／液晶パネル製造工程における除電技術／湿度環境改善による静電気障害の予防【付録】除電装置製品例一覧
執筆者：久本　光／水谷　豊／菅野　功　他13名

フードプロテオミクス
―食品酵素の応用利用技術―
監修／井上國世
ISBN978-4-7813-0127-3　　　　B890
A5判・243頁　本体3,400円＋税（〒380円）
初版2004年3月　普及版2009年10月

構成および内容：食品酵素化学への期待／糖質関連酵素（麹菌グルコアミラーゼ／トレハロース生成酵素　他）／タンパク質・アミノ酸関連酵素（サーモライシン／システイン・ペプチダーゼ　他）／脂質関連酵素／酸化還元酵素（スーパーオキシドジスムターゼ／クルクミン還元酵素　他）／食品分析と食品加工（ポリフェノールバイオセンサー　他）
執筆者：新田康則／三宅英雄／秦　洋二　他29名

美容食品の効用と展望
監修／猪居　武
ISBN978-4-7813-0125-9　　　　B888
A5判・279頁　本体4,000円＋税（〒380円）
初版2004年3月　普及版2009年9月

構成および内容：総論（市場　他）／美容要因とそのメカニズム（美白／美肌／ダイエット／抗ストレス／皮膚の老化／男性型脱毛）／効用と作用物質（ビタミン／アミノ酸・ペプチド・タンパク質／脂質／カロテノイド色素／植物性成分／微生物成分（乳酸菌、ビフィズス菌）／キノコ成分／無機成分／特許から見た企業別技術開発の動向／展望
執筆者：星野　拓／宮本　達／佐藤友里恵　他24名

※ 書籍をご購入の際は、最寄りの書店にご注文いただくか、㈱シーエムシー出版のホームページ（http://www.cmcbooks.co.jp/）にてお申し込み下さい。